国网山东省电力公司应急管理中心　组织编写

电力应急救援培训系列教材

电力行业紧急救护

倪家春　主编

中国水利水电出版社
www.waterpub.com.cn

·北京·

内 容 提 要

本书是《电力应急救援培训系列教材》中的一本，以《电力行业紧急救护技术规范》（DL/T 692—2018）为依据，结合当前电力应急救援工作的实际，在国家电网公司山东应急管理中心应急救援实训场培训讲义的基础上，形成《电力行业紧急救护》一书。本书共分九章，主要内容包括应急管理与医疗救援概述、电力紧急救护队伍的建设与管理、心肺复苏与除颤、创伤救护基本技术、检伤分类与后送、触电事故及其救护措施、电力现场常见突发事件自救互救技术、其他事故现场医疗救援、心理危机干预等。

本书内容丰富，知识面广泛，图文并茂，讲解细致，易于理解，具有较强的可操作性。本书可作为电力行业应急救援的培训教材，也可供其他行业应急救援人员和志愿者了解和学习灾害救援、自救互救知识与技能时参考。

图书在版编目（CIP）数据

电力行业紧急救护 / 倪家春主编；国网山东省电力公司应急管理中心组织编写. -- 北京：中国水利水电出版社，2019.12（2021.12重印）
电力应急救援培训系列教材
ISBN 978-7-5170-8277-4

Ⅰ．①电… Ⅱ．①倪… ②国… Ⅲ．①电力工业－突发事件－救援－技术培训－教材 Ⅳ．①TM08

中国版本图书馆CIP数据核字(2019)第280762号

书　　名	电力应急救援培训系列教材 **电力行业紧急救护** DIANLI HANGYE JINJI JIUHU
作　　者	国网山东省电力公司应急管理中心　组织编写 倪家春　主编
出版发行	中国水利水电出版社 （北京市海淀区玉渊潭南路1号D座　100038） 网址：www.waterpub.com.cn E-mail：sales@waterpub.com.cn 电话：（010）68367658（营销中心）
经　　售	北京科水图书销售中心（零售） 电话：（010）88383994、63202643、68545874 全国各地新华书店和相关出版物销售网点
排　　版	中国水利水电出版社微机排版中心
印　　刷	天津嘉恒印务有限公司
规　　格	184mm×260mm　16开本　16.75印张　408千字
版　　次	2019年12月第1版　2021年12月第2次印刷
印　　数	3001—5000册
定　　价	**98.00**元

《电力行业紧急救护》
编　委　会

主　　编　倪家春

副 主 编　魏　峰　谢天朋

编写人员　张晓莹　宫梓超　王　波　付　奇　王骁宙　傅　钰

　　　　　刘松杰　王晋生

前　言

　　近年来，全国各地台风、地震、洪涝、山火等自然灾害频发，危化品事故、交通事故、有限空间事故也时有发生。由于各类突发事件具有与生俱来的破坏性强、波及范围广、难以预测防范等特点，可能给人民群众的生命财产安全造成严重损失，同时对电网的安全可靠运行也造成极大威胁。

　　党的十九大以来，党中央提出要加强、优化、统筹国家应急能力建设，构建统一领导、权责一致、权威高效的国家应急能力体系，提高保障生产安全、维护公共安全、防灾减灾救灾等方面能力，确保人民生命财产安全和社会稳定。《国家突发事件应急体系建设"十三五"规划》等国家级规划对应急管理工作做出了明确部署，要求全面提升应急救援处置效能。

　　国家电网公司根据国家能源局安排和部署，发布《国家电网有限公司应急能力建设行动计划（2018—2020年）》，明确了电网企业应急建设思想、原则、目标和任务。针对电力行业风险等级高、工作环境多变复杂的特点，我们以《电力行业紧急救护技术规范》（DL/T 692—2018）为依据，结合当前电力应急救援工作的实际，在国家电网公司山东应急管理中心应急救援实训场培训讲义的基础上，形成《电力行业紧急救护》一书。本书共分九章，主要内容包括应急管理与医疗救援概述、电力紧急救护队伍的建设与管理、心肺复苏与除颤、创伤救护基本技术、检伤分类与后送、触电事故及其救护措施、电力现场常见突发事件自救互救技术、其他事故现场医疗救援、心理危机干预等。本书详细介绍了心肺复苏技术、创伤救护基本技术、检伤分类、触电急救以及高处坠落、悬吊、挤压、中暑、烧伤、淹溺、缺氧窒息等电力作业现场常见伤害的紧急处置方法；各类自然灾害、事故灾难的救援处置流程；灾后各类人员心理干预技术以及人员选拔、队伍管理、集结出动等组织管理方法等。

　　本书是《电力应急救援培训系列教材》中的一本，是电力基干分队的必读教材。本书内容丰富，知识面广泛，图文并茂，讲解细致，易于理解，具有较强的可操作性，适合作为电力行业特别是电网企业员工的紧急医疗救护培训教材，也是其他行业应急救援人员和志愿者了解和学习灾害救援、自救互救知识和技能不可多得的参考读物。

本书医疗救援方面的内容编写是基于国内外相关学者在医疗救援方面的科研成果，在参考大量国内外有关应急救援、医疗卫勤、灾难医学、心理干预等各类文献的基础上完成的，在此，谨向文献资料的作者表示诚挚的谢意。在成书的过程中得到山东蓝天救援队、国家电网山东电力公司应急管理中心的大力支持，一并表示衷心感谢。

　　鉴于作者水平有限，时间仓促，书中难免有不妥和错误之处，敬请读者批评指正。

作者

2019 年 10 月

目 录

第一章

应急管理与医疗救援概述

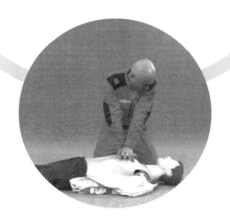

第一节 突发事件的概念

一、突发事件的定义、分类和分级

1. 突发事件定义

突发事件可被广义地理解为突然发生的事情，第一层的含义是事件发生、发展的速度很快，出乎意料；第二层的含义是事件难以应对，必须采取非常规方法来处理。

根据 2007 年 11 月 1 日起施行的《中华人民共和国突发事件应对法》的规定，突发事件是指突然发生的，造成或者可能造成严重社会危害，需要采取应急处置措施予以应对的自然灾害、事故灾难、公共卫生事件和社会安全事件。

突发事件也可进一步理解为突然发生并造成或者可能造成重大人员伤亡、社会财产损失、生态环境破坏和严重社会危害，危及公共安全，需要政府立即采取应对措施加以处理的紧急事件。

2. 突发事件分类

我国把突发事件分为四大类，即自然灾害、事故灾难、公共卫生事件和社会安全事件。

自然灾害是指由自然因素引发的与地壳运动、天体运动、气候变化相关的灾害。主要包括水旱灾害、气象灾害、地震灾害、地质灾害、海洋灾害、生物灾害和森林、草原火灾等。

事故灾难是指在生产、生活过程中意外发生的故障、事故带来的灾难。主要包括企业生产事故、交通运输事故、公共设施和设备事故、环境污染事故和生态破坏事故等。

公共卫生事件是指突然发生的，造成或可能造成社会公众健康严重损害的传染病疫情、群体性不明原因疾病，食品安全、职业危害、动物疫情，以及其他严重影响公共健康的突发事件。

社会安全事件是指危及社会安全、社会发展的重大事件，主要包括恐怖袭击事件、民族宗教事件、经济安全事件、群体性事件以及其他重大刑事案件等。

3. 突发事件分级

根据《中华人民共和国突发事件应对法》，按照社会危害程度、影响范围等因素，自然灾害、事故灾难、公共卫生事件分为特别重大、重大、较大和一般四级。法律、行政法规或者国务院另有规定的，从其规定。突发事件的分级标准由国务院或者国务院确定的部门制定。

可以预警的自然灾害、事故灾难和公共卫生事件的预警级别，按照突发事件发生的紧急程度、发展势态和可能造成的危害程度分为一级、二级、三级和四级，分别用红色、橙色、黄色和蓝色标示，一级为最高级别。

二、突发事件应急准备和应急救援

1. 突发事件应急准备

根据《安全生产事故应急条例》规定，生产经营单位应当针对本单位可能发生的生产安全事故的特点和危害，进行风险辨识和评估，制定相应的生产安全事故应急救援预案，并向本单位从业人员公布。

生产安全事故应急救援预案应当符合有关法律、法规、规章和标准的规定，具有科学性、针对性和可操作性，明确规定应急组织体系、职责分工以及应急救援程序和措施。

要在重点行业、领域单独建立或者依托有条件的生产经营单位、社会组织共同建立应急救援队伍。

国家鼓励和支持生产经营单位和其他社会力量建立提供社会化应急救援服务的应急救援队伍。

易燃易爆物品、危险化学品等危险物品的生产、经营、储存、运输单位，矿山、金属冶炼、城市轨道交通运营、建筑施工单位，以及宾馆、商场、娱乐场所、旅游景区等人员密集场所经营单位，应当建立应急救援队伍。其中，小型企业或者微型企业等规模较小的生产经营单位，可以不建立应急救援队伍，但应当指定兼职的应急救援人员，并且可以与邻近的应急救援队伍签订应急救援协议。

应急救援队伍建立单位或者兼职应急救援人员所在单位应当按照国家有关规定对应急救援人员进行培训；应急救援人员经培训合格后，方可参加应急救援工作。应急救援队伍应当配备必要的应急救援装备和物资，并定期组织训练。

2. 突发事件应急救援

发生生产安全事故后，生产经营单位应当立即启动生产安全事故应急救援预案，采取应急救援措施，并按照国家有关规定报告事故情况。有关地方人民政府及其部门接到生产安全事故报告后，应当按照国家有关规定上报事故情况，启动相应的生产安全事故应急救援预案，并根据实际情况采取相应的应急措施。

应急救援队伍接到有关人民政府及其部门的救援命令或者签有应急救援协议的生产经营单位的救援请求后，应当立即参加生产安全事故应急救援。

第二节　国内外应急管理发展与现状

一、国外应急管理发展与现状

1. 美国

当前，美国是世界上应急管理标准制定最全面的国家。1979 年之前，美国应急管理还处于各州各地区各自分管的状态，并没有形成统一的应急管理体系；1979 年美国联邦应急管理署（Federal Emergency Management Agency，FEMA）成立，大大提高联邦政府层面的应急管理能力。从联邦部门机构来看，应急管理属于国土安全部的职责范畴，2002 年，《国土安全法（2002）》颁布后，美国成立了国土安全部（DHS），旨在进一步增强美国国内安全。2003 年 3 月 1 日，FEMA 整体划归 DHS，作为其下属的职能部门，负责联邦层面的应急管理工作。

美国建立了五级应急管理响应机构（联邦—州—县—市—社区），基本覆盖了全美以及社会的各个领域。但是由于美国联邦政府与各州政府不是直属关系，体现在应急方面就是当灾害发生时，最先由各州政府自行应对，当灾害超出州政府处置能力范围时，与联邦政府签署过协议的州政府向联邦政府提出申请，经过总统命令的签发，联邦层面才会开展应急方面的工作。

2011 年，FEMA 首次发布第一个应急管理发展"五年规划"，即《FEMA 战略规划（2011—2014）》，提出了要重点实现社区应急管理体系全覆盖，以帮助社区应急管理负责人有效开展应急管理工作。2014 年，FEMA 发布了《FEMA 战略规划（2014—2018）》，提出了通过社区应急管理全面制度化，来提高 FEMA 及其合作伙伴在改善灾害幸存者和社区工作方面的效果。FEMA 在最近的一个"五年计划"，即《FEMA 战略规划（2018—2022）》中提出，从营造灾害预防的文化氛围、做好重特大灾害的准备工作和简化 FEMA 救援相关流程等 3 个方面来加强和完善应急管理工作。

美国通过颁布法律法规、整合相关标准等方式形成了成熟的标准化应急管理体系。美国国土安全部（DHS）制定的《全国事故管理系统（NIMS）》建立了美国各级政府对突发事件应急管理的统一标准和规范，为美国联邦、州、地方各个层面提供一整套全国统一的方法，使各级政府都能协调一致和快速高效地对各类事故进行预防、准备、应急和恢复。另外，美国很多部门，诸如消防局、林业局、环保署等也都有针对性地制定了本部门的应急救援系列标准。

美国相关应急企业主要集中在制造业、电子商务业，还有提供服务的第三产业（如提供相关咨询、提供技术培训以及现场紧急救援等）。另外，美国保险业也比较发达，一直延伸到灾后服务，但是由于经济、文化、思想等各方面差异，美国约有 40% 的人口几乎没有积蓄，很多人对灾害保险尚不重视，导致灾后灾民无法维持生活的现象频有发生。

在医疗方面，美国国家应急医疗救援体系是以《国家应急反应框架》（National Response Framework）为基本指南，以国家灾难医疗救援系统（NDMS）为运行主体，以国家健康和人类服务部（DHHS）、联邦应急管理署（FEMA）、国防部（DoD）和退伍军人事务部（VA）四大联邦机构为协调和参与机构的庞大应急体系。其中，NDMS 自 1984 年成立以来，历经数次调整和改革，其管理和运行体制日渐成熟，在应对自然灾害、恐怖袭击、战争等重大事故灾难中发挥了重大的作用，担负起了美国全国范围内卫生应急和医疗救援的重任，成为美国国家应急体系中最具活力、最具示范意义的一部分。

NDMS 下辖 8 种国家级专业救援队伍，分别是灾难医疗救护队（DMAT）、救援人员响应队（NRT）、药物响应队（PRT）、联邦协调中心（FCC）、灾难死亡管理队（DMORT）、兽医响应队（VRT）、国家医疗响应队（MRT）、国际外科医疗队（IM-SURT），主要涵盖包括院外医疗应急、病人转运和终端医疗三项核心功能。

NDMS 能够高效运作主要得益于各机构之间的协同配合；NDMS 结合了 DHHS、DoD 和 VA 三家机构下辖的优势救援资源，分别是 DHHS 的救援队伍、DoD 的空中医疗后送队伍、DoD 和 VA 的联邦协调中心和医院系统，这些优势资源连接起来共同构成了国家应急医疗救援的整个过程。NDMS 的救援效率体现在各机构参与救援的各个分过程并没有任务的大量重叠，仅有任务的相互衔接，使得各机构在救援过程中能够各司其职。

2. 英国

英国很早就建立了灾害应急管理体系，以及完善的相关法律体系。1929年颁布的《紧急状态权利法案》是英国最早的有关防灾减灾的法律，而1948年《民防法》的颁布，为英国整体应急管理奠定了法律基础。20世纪90年代后期，针对各种自然灾害频发情况，英国开始加强防灾、减灾、救灾体系建设。2004年11月，议会通过了英国应急安全最高立法文件——《国民紧急状态法》，第二年又出台《2005年国内紧急状态法案执行规章草案》作为补充法案。从2008年开始，英国灾害应急管理被纳入"大安全"框架，朝着战略风险管理的方向发展。2010年卡梅伦内阁建立国家安全委员会（NSC），由首相担任主席，作为英国国家安全管理的最高领导机构，承担包括自然灾害在内的国家总体的安全责任。

英国采取三级灾难救援机制，每一层级均建立"金、银、铜"三级指挥的运行机制。金层级主要从战略层面对救灾活动制订计划，并将工作内容和工作目标下达给银层级；银层级成员由事发地的负责人组成，针对金层级下达的目标，银层级向铜层级分配任务，具体分工细化到何时、何地、如何做、由谁做等；铜层级则由灾难现场负责人组成，完成银层级下达的命令，决定正确的处置方式。三级指挥的运行机制可以让消防、医护和警察三方之间的沟通协调更加及时、有效。

英国鼓励多部门、机构相互协作，加强应急救援力量。非政府组织和社区是英国应急管理体系的重要组成部分，政府支持志愿者组建各种专业性应急救援队伍，以弥补政府应急资源的不足。为了确保灾难发生时志愿者组织可以有效地参与到救灾过程中，平时政府会定期组织相关培训和实战演练。志愿者的主要工作内容是疏散群众以及灾后受灾群众的心理疏导，具有危险性的工作则由消防员、警察等专业人员负责。

英国应急管理的核心与精髓是"系统抗灾力"，由风险防控、应急培训、业务持续性和灾后重建四个主要部分构成，强调灾前预防、灾时救援和灾后恢复重建为一体的系统能力。

与美国不同，英国应急培训、咨询服务、现场紧急救援等第三产业发展缓慢，但是英国非常注重将高科技成果应用在应急领域，因此其产业领域主要集中在应急装备研发制造上，呈现一种纵深式的发展事态。其应急装备包括：医药急救箱、个人防护用品、切割工具，体积较大的急救车辆、救生筏、临时居住房屋等。产品符合水陆空各个层次的紧急救援需求，种类丰富、齐全，其质量、技术含量在当今世界处于领先水平。

3. 日本

日本由于地处亚欧板块、太平洋板块、菲律宾海板块和北美板块交界处，其地壳活动频繁，据统计，日本平均每年有感地震多达1300次，地震灾害成为日本面对的主要灾害。另外，日本现有活火山86座，为岛屿国家，因此还深受火山喷发、台风、暴雨、泥石流等各种灾害威胁。

由于各种灾害频发，日本应急管理相关法治十分完善。1961年出台的"防灾宪法"是《灾害对策基本法》的前身。《灾害对策基本法》改善了过去日本防灾体制上的不足，有效实现防灾的计划性和综合性。该法包括明确防灾的责任（明确责任主体和灾害各阶段的责任）、推进综合性防灾行政（成立统筹各项防灾事宜的协调机关）、推进计划性的防灾行政（拟定应急预案）、提供财政援助支持、应对灾害紧急措施等。

除了《灾害对策基本法》，日本围绕灾害周期完善应急管理法律体系，由灾害预防和防灾规划相关法、灾害应急法、灾后重建与恢复法以及灾害管理组织法五个大类组成，各项法律50多部。

日本采用三级灾难救援机制，即中央—都道府县—市町村。在非灾害状态下，三级政府召开防灾会议；灾害状态下，成立临时机构（灾害对策本部）来组织应对灾害。

（1）三级政府的防灾会议。日常综合性协调决策体系，由中央防灾会议、都道府县防灾会议以及市町村防灾会议组成。

（2）灾害对策本部。灾害对策本部为灾害时指挥决策的核心机构，是为积极有效应对灾害而成立的临时性机构，分为中央灾害对策本部和地方对策本部。灾害发生或可能发生灾害时，按照灾害的规模和严重性依次从市町村到都道府县再到中央成立相应的灾害对策部。灾害对策本部具有全局指导、统一指挥的权力和职责。

日本应急医疗救援体系发展成熟，是日本灾害管理体系的重要部分，也是灾害救援体系的一部分。应急医疗救援的组织体系贯穿于中央、都道府县、市町村三级组织之中；国家突发公共卫生事件应急管理由厚生劳动省负责；地方上突发公共卫生事件应急管理由都道府县及下一级的市町村负责。

日本应急医疗救援体系的具象化是日本灾害医学救援体系，该体系是日本"国家危机管理体系"的重要组成部分，由"现场应急救护体系"和"灾害医疗救治体系"两个子系统构成。也是以卫生、消防为主体，软硬件结合，中央政府、都道府县、市町村联合互动，卫生、消防、警察、环保、交通、自卫队等各部门密切合作的立体式网络化救援系统。具体由消防厅和厚生劳动省负责组织灾害医学救援，消防厅负责灾害现场救护，厚生劳动省负责医学应急救援和医疗救治。

在日本，灾害发生后的现场救援活动由事发地政府负责组织实施，超出其能力时，迅速上报，都道府县或中央政府快速支援。灾后现场救护（检伤分类、挽救生命、快速后送等）由当地消防部门首长组织指挥，由消防部门负责，必要时灾害医疗中心或医院急救中心予以支援。各级消防厅（局）都设有急救部和指挥中心，各消防队均配属有急救队，由此形成了高度发达的城乡急救医疗网络。

日本灾害医疗救治体系是由1个国家级灾害医疗中心、2个区域性中心、12个地区中心和550家指定医疗机构或急救中心组成。全国灾害医疗定点医院均组建有自己专业的灾害医疗救援队，且每年定期参加灾害医疗技术培训和轮训；建立24h值班制度，全国灾害指定医疗中心内的医疗紧急救援员以及其他专业救援员轮流食宿集体公寓，确保随时应对突发事件；各级灾害医疗中心设备齐全，不仅具有常规医疗设备，而且配备各类化学毒剂侦检和防护装备、快速检验试剂和便捷的医学检验小型设备等。信息、通信、微电子、计算机等现代高新技术已广泛应用于日本灾害救援的组织指挥、情报信息和决策咨询。灾害医学信息系统可实时收集分析国内外重大灾害信息并及时提供专业咨询。各急救中心与消防指挥中心24h畅通连接，指挥中心可随时掌握各急救中心诊疗活动及床位使用情况。

二、国内应急管理发展与现状

我国应急管理事业起步相对较晚，2002年之前，我国实行以各政府专业部门主导、各级政府分级负责为主要特征的应急管理体制。2003年"非典"疫情后，我国应急管理进入快速发展阶段，全面推进应急预案和应急管理体制、机制、法治建设，建立了"统一领导、综合协调、分类管理、分级负责、属地管理为主"的应急管理体制基本架构。2006年成立国务院应急管理办公室，作为国家层面上的突发事件应急管理工作组织协调机构；各相关部门相继成立了应急管理机构；各地普遍成立综合性的应急管理委员会和政府应急办。2007年11月1日，《中华人民共和国突发事件应对法》颁布施行，形成了以"一案三制"为基本框架的突发事件应急管理机制，应急管理逐步进入制度化、程序化、规范化的轨道。2018年3月，根据第十三届全国人民代表大会第一次会议批准的国务院机构改革方案，中华人民共和国应急管理部正式成立。

中华人民共和国应急管理部整合国家安全生产监督管理总局职责、国务院办公厅的应急管理职责、公安部的消防管理职责、民政部的救灾职责、国土资源部的地质灾害防治、水利部的水旱灾害防治、农业部的草原防火、国家林业局森林防火相关职责、中国地震局的震灾应急救援职责以及国家防汛抗旱总指挥部、国家减灾委员会、国务院抗震救灾指挥部、国家森林防火指挥部等部门职责，是防范化解重特大安全风险的主管部门，是健全公共安全体系的牵头部门，是整合优化应急力量和资源的组织部门，是推动形成中国特色应急管理体制的支撑部门，承担提高国家应急管理水平、提高防灾减灾救灾能力，确保人民群众生命财产安全和社会稳定的重大任务。

此举能够更有效地防范化解重特大安全风险，健全公共安全体系，整合优化应急力量和资源。这一里程碑意义的改革，为解决多年来应急管理领域中条块分割、机制不顺、资源分散等弊端提供了体制支撑。以此次改革为契机，我国应急管理体系建设跨入了新的历史阶段。

1. "一案三制"

我国突发事件应急管理体系的核心是"一案三制"。"一案三制"是指应急预案、应急管理体制、应急管理机制和应急管理法制。应急体制是应急机制的组织载体，应急管理机制作为应急管理体系的"龙头"和起点，是应急体制的运行过程，而从法律在整个应急管理体系的地位和作用来看，应急法制在本质上是应急机制及作为其组织载体的应急体制的法律表现形式。应急预案是将法律上的应急策略和方法转化为可供操作的具体方案，因此应急预案本身不是法律，而是法律的执行方案；应急预案本身也不是机制，而是机制的具体化。

"一案三制"是基于四个维度的综合体系，它们具有不同的内涵属性和功能特征。其中，体制是基础，机制是关键，法制是保障，预案是前提，它们共同构成了应急管理体系不可分割的核心要素。作为应急管理体系的四个子系统，"一案三制"共同作用于应急管理的各个层面。

完备的应急管理体系应包含主体、方法、制度、前提等四个要素。完善的应急管理体系，首先要有实现既定目标的主体，这个主体可以是组织也可以是个人。组织目标以及各项制度最终都需要靠组织及其成员来制定、管理和实施。若组织没有专门部门或专人负责，各部门互相推诿，则组织目标只是挂在墙上摆样子，落实不到位。其次要有有效的方法和流程来开展工作，实现各种政策、目标等。有效的方法来源于实践，并经过归纳、总结、提高，使机制起到指导、规范日常工作的作用。第三要有法律规范和制度保障，确保执行到位。应急管理是不确定性条件下的行为，因此在日常做好规范和程序非常重要。没有制度保障的工作方法，即使再有效也可能因为个人的偏好而被废弃。第四要科学制定预案，并结合预案进行培训演练，提高实际操作水平。应急管理体系必须在模拟场景中经过多次实践检验，才能不断提高其作用和功效。由此可见，"一案三制"四个要素有机互动，共同促进应急管理良好运作、持续发展。

"一案三制"共同构成应急管理体系不可分割的重要组成部分，四个核心要素之间相互作用、互为补充，共同构成一个复杂的人机系统。体制属于宏观层次的战略决策，相当于人机系统中的"硬件"，具有先决性和基础性。体制以权力为核心，以组织结构为主要内容，解决的是应急管理的组织结构、权限划分和隶属关系问题。机制属于中观层次的战术决策，以运作为核心，以工作流程为主要内容，解决的是应急管理的动力和活力问题，相当于人机系统中的"软件"。通过软件的作用，机制能让体制按照既定的工作流程正常运转起来，从而发挥积极功效。法制属于规范层次，具有程序性，它以程序为核心，以法律保障和制度规范为主要内容，解决的是应急管理的依据和规范问题。法制类似人机系统中的各种强制性规范、程序以及对人和机器的使用、管理、运行的各项规定和指南，好的制度应确保战略执行到位。最后，预案属于微观层次的实际执行，它以操作为主体，以演练为主要内容，解决的是如何化应急管理为常规管理的问题，主要是通过模拟演练来提高应急管理实战水平。预案具有使能性，相当于人机系统中通过模拟实验得出的紧急应对方案，如对各种外部入侵响应的行动方案，主要是通过日常的模拟演练来不断加强系统应对真实场景的性能。

从表现形态看，"一案三制"中部分是有形的，部分是无形的。具体而言，应急管理体制、法制和应急预案是具体的、有形的、显在的，体现为一系列组织机构、团体以及制定的法律、政策、规则、章程、规定等，具有清晰可见、真实完整、具体准确等特征。应急管理机制是应急管理各种要素相互作用构成的有机互动关系，体现为通过系统内部组成要素按照一定方式的相互作用实现其特定功能和结果的诸多运行过程，具有模糊性、隐含性和难感知等特征。应急管理体制和机制对应急管理法制（包括法律法规和具体制度、规范）和应急预案具有制约作用。同时，应急管理法制和应急预案建设又对应急管理体制和机制的巩固与发展起着积极的促进作用。

应急管理体制与机制的关系体现在两个方面：一方面，体制内含机制，应急组织是应急管理机制的"载体"，应急管理体制决定了机制建设的具体内容与特点，机制建设是应急管理体制的一个重要内容。另一方面，应急管理机制的建设可以促进应急管理体制的健全和有效运转，体制的建设具有滞后性，尤其当体制还处于完善与发展的情况下，机制的建设能有助于完善相关工作制度，从而有利于弥补体制中的不足并促进体制的发展与完善。应急管理机制不同于体制的特点在于它是一种内在的功能，是组织体系在遇到突发事件后有效运转的机理性制度，它使应急管理中的各个利益相关体有机地结合起来并且协调地发挥作用，这就需要机制贯穿其中。总之，应急管理机制是为积极发挥体制作用服务的，同时又与体制有着相辅相成的关系，推动应急管理体制建设。

2. 法律体系

应急管理法律体系是应急管理的依据和保障。当前《中华人民共和国突发事件应对法》是我国应急管理的基本法，根据不同灾种，全国人大常委会、国务院及其各部门也出台了相关法律法规。全国人大常委会颁布了《中华人民共和国防洪法》《中华人民共和国防震减灾法》，国务院颁布了《中华人民共和国抗旱条例》《突发事件应急预案管理办法》《铁路交通事故应急救援和调查处理条例》。国家有关部委和行业主管部门也各自出台了应急管理的相关法规。总的来看，我国目前已基本建立起了以宪法为依据、以《中华人民共和国突发事件应对法》为核心、以相关单项法律法规为配套的应急管理法律法规体系。据不完全统计，与突发事件应急管理相关的法律法规及规章制度目前有60余部，现行国家标准65项，行业标准70项，国家标准制修订计划34项。初步建成了一个从中央到地方的突发事件应急管理法律规范体系，为实施应急管理提供了法律依据和法制保障。

根据《中华人民共和国突发事件应对法》，我国实行的是单灾种应急管理体系，即不同的部门负责不同类型的灾害和突发事件的应急管理以及应急力量建设。单个部门无法应对，需要协调调动多个部门的力量，相应成立了国家防汛抗旱总指挥部、国家森林防火指挥部、国务院抗震救灾指挥部、国家减灾委员会、国务院安全生产委员会等国家相关突发公共事件应急指挥机构，负责突发公共事件的应急管理工作。相应的法律法规也由各自负责，由于其制定、修订法律法规基本局限于各自行业领域，内容交叉、重复甚至相互抵触的现象在所难免。为了改善我国应急管理体现相关问题，国务院成立应急救援部，推动中国特色应急管理体系建设。

3. 标准化体系

近几年，我国应急救援标准化建设得到了快速发展，消防、地震以及安全生产等领域已基本形成了应急救援标准体系，并在此基础上研制了多项应急救援标准。多个全国专业标准化技术委员会（以下简称"标委会"）制定了应急救援相关的国家标准以及行业标准。

结合国内外应急救援标准的特点，应急救援标准可以分为应急基础标准、应急管理标准以及应急救援装备与器材标准三大类，如图 1-2-1 所示。应急基础标准包括符号术语、标志标识、分级分类与编码等标准。应急管理标准根据应急救援流程可以分为应急准备、监测预警、应急响应以及应急恢复四类，其中应急准备包括计划与预案、组织与队伍、技术与方法、培训演练、业务持续管理、风险评估等标准，监测预警包括监测、预测以及预警等标准，应急响应包括指挥协调、紧急避险、应急处置、搜索救援、灾情速报以及保障措施等标准，应急恢复包括事故后的善后处置、救助补偿、事故调查以及预案改进等标准。应急救援装备与器材标准包括预测预警装备、个体防护装备、灭火抢险装备、医疗救护装备、通信与信息装备、工程救援装备、交通运输装备以及应急救援器材等标准，由此可以形成应急救援标准体系框架。

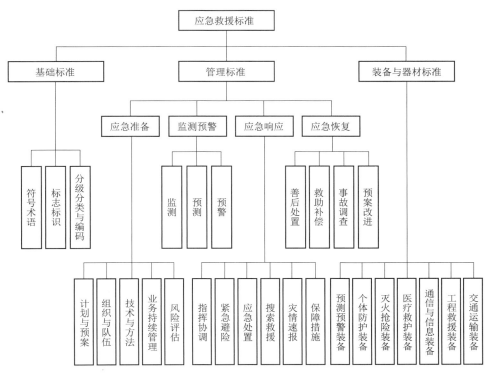

图 1-2-1 应急救援标准体系构架

第三节 我国卫生应急管理体系建设与发展

一、我国突发公共卫生事件卫生应急组织体系

1. 当前我国卫生管理体系

同我国应急管理体系发展相适应，我国卫生应急管理体系同样分为两个阶段：第一阶段是从新中国成立初期到 2002 年，实行全国性的卫生防疫体制；第二阶段是 2003 年"非典"疫情爆发以来，政府对卫生应急工作给予高度重视，明确要求建立健全全国突发公共卫生事件的应急管理体系。

当前我国卫生管理体系主要由国家突发公共卫生事件应急指挥部、专家咨询委员会以及相关医疗卫生专业机构组成，主要依托政府组织管理与各地医院医疗力量；与美国、日本等国家依托专业救援队伍不同，这是因为受当前中国应急管理体系发展状况影响，在我国尚未形成社会其他团体（如救援队、企业、社区）广泛参与的应急救援模式，广泛参与的社会应急理念还未被广大人民群众所接受，应急宣传、教育、培训等各项内容没有规模化开展，缺少专业性应急救援队伍以及培训机构。

图 1-3-1 所示为我国突发公共卫生事件卫生应急组织体系示意图。

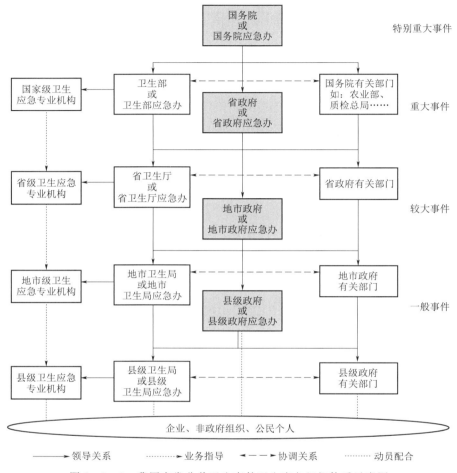

图 1-3-1　我国突发公共卫生事件卫生应急组织体系示意图

2. 国家突发公共卫生事件应急指挥部

国务院及其卫生行政部门成立国家突发公共卫生事件应急指挥部，领导、组织、协调、部署特别重大突发公共卫生事件及其他突发事件紧急医疗救援工作。省、市（地）、县级人民政府及其卫生行政部门成立相应的突发公共卫生事件应急指挥部，承担本行政区域内各类突发公共卫生事件及其他突发事件紧急医疗救援的领导、组织、协调任务，并指定机构负责日常工作。

地方各级政府突发公共卫生事件应急指挥部负责地方突发公共卫生事件及其他突发事件紧急医疗救援的组织、指挥、协调工作。由政府分管领导任总指挥，分管秘书长和卫生行政部门领导任副总指挥，相关单位负责同志为成员。指挥部办公室设在卫生行政部门，负责指挥部的日常工作。

发生突发事件时，各级卫生行政部门根据实际工作需要在突发事件现场设立卫生应急现场指挥部，由现场的最高卫生行政部门的负责同志担任指挥，统一组织、协调现场紧急医疗救援工作。

3．专家咨询委员会

各级人民政府及其卫生行政部门建立专家咨询委员会，对卫生应急工作提供咨询建议、技术指导和支持。

4．医疗卫生机构

各级各类医疗机构承担突发事件紧急医疗救援任务，各级疾病预防控制机构和卫生监督机构根据各自职能做好突发事件中疾病预防控制和卫生监督工作。各级院前急救机构、化学中毒和核辐射事故紧急医疗救援专业机构承担突发公共事件现场紧急医疗救援和伤员转运工作。

二、我国卫生应急法律法规体系

法律法规是体系构建、运行的基石，通过不断修正和完善相关法律法规以规范和协调卫生应急情况下国家行政部门权力之间、国家权力与公民权利之间、公民与公民权利之间等各种社会关系；有效控制和消除突发公共卫生事件可能导致的危机，恢复正常的社会秩序和法律秩序；维护和平衡社会公共利益与公民的合法权益。

我国卫生应急相关法律法规有2003年5月9日公布实施的《突发公共卫生事件应急条例》；2003年11月卫生部发布的《突发公共卫生事件与传染病疫情监测信息报告管理办法》；2004年8月28日公布实施的《中华人民共和国传染病防治法》；2007年11月1日公布实施的《中华人民共和国突发事件应对法》等。

其他相关法律法规还有《重大动物疫情应急条例》《传染病防治法》《传染病防治法实施办法》《食品卫生法》《进出境动植物检疫法》《动物防疫法》《国境卫生检疫法》《进出境动植物检疫法》《植物检疫条例》《国境卫生检疫法实施细则》等，如图1-3-2所示。

三、卫生应急管理体制和机制

1．卫生应急管理体制

卫生应急管理体制是指为了预防和减少突发公共卫生事件的发生，控制、减轻和消除突发公共卫生事件引起的严重社会危害，保护人民生命健康，维护国家安全而建立起来的以政府为核心，社会组织、企事业单位、基层自治组织、公民个人甚至国际社会共同参与的有机体。卫生应急管理体制建设原则是统一领导、综合协调、分级负责、属地管理、机构常设。

2．卫生应急管理机制

卫生应急管理机制是指有机体的构造、功能和相互关系，泛指一个工作系统的组织或部分之间相互作用的过程和方式。卫生应急管理的运行机制是确保对卫生应急组织系统运行过程中的各个环节进行有效协调，对各种要素进行有机组合和配置。卫生应急管理的运行机制原则是依法原则、科学原则、规范统一原则、有力有序原则、动态原则、系统原则。卫生应急运行机制包括风险排查机制、监测与预警机制、应急响应机制、指挥决策机制、组织协调机制、社会动员机制、国际和地区间的交流和合作机制、责任追究与奖惩机制以及事后评估与改进机制。

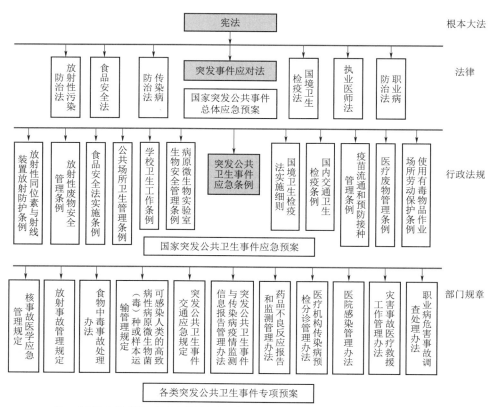

注：本图仅为示意图，没有完整纳入全部的卫生应急相关的地方性法规、卫生标准等。

图 1-3-2 我国卫生应急法律法规体系

四、卫生应急管理预案

完备的应急预案是成功处置各类突发事件的基础，我国卫生应急相关预案包括2005 年 1 月公布的《国家突发公共事件总体应急预案》、2005 年 6 月公布的《国家突发公共卫生事件应急预案》、2006 年 12 月公布的《国家突发公共事件医疗卫生救援应急预案》等。

突发公共卫生事件发生后，事发地卫生行政部门组织专家综合评估，提出启动应急预案的建议，并根据突发事件的类型和性质、影响面及严重程度、目前已采取的措施及效果、突发事件的发展趋势等判断是否需要启动应急机制。省级应急预案的实施由省级政府决定，向国务院报告；全国性应急预案的实施由国务院卫生行政部门决定，报国务院批准。

应急预案启动后省级以上人民政府卫生行政主管部门或者其他有关部门指定的突发事件应急处理专业技术机构，负责突发事件的技术调查、取证、处置、控制和评价工作。

突发公共卫生事件应急处理程序如图 1-3-3 所示。

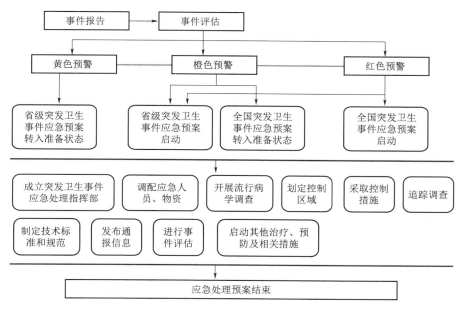

图 1 - 3 - 3 　突发公共卫生事件应急处理程序

第四节　现代救援医学的创立与发展

一、现代救援医学的创立

现代救援医学是一门以急救医学、灾难医学、临床急诊及危重病监护医学为基础，融社会学、管理学、灾难学，以及通信、运输、建筑、工程、消防、生物医学工程等学科在内的新学科，是处理、研究现代社会生产生活及在医院外环境中发生的各种危重急症、意外灾难事故的重要方法。其主要方法是利用通信设备，及时组织救护力量，在现场对个体或群体实施及时有效的救护，进行必要的医学处理，挽救生命，减轻伤残，并在医疗监护下，采用现代化交通手段，将病人运送到医院接受进一步的全面救治。

现代救援医学，其内涵应该有现代化的救护组织，如国际、地区性的专业救援机构中各个健全部门的运作，以及专业救护力量，才能进行救援工作。必须建立相适应的现代科学的学科，才能使救援工作科学化、规范化，救援知识、技能不断得以提高。当然，社会急救意识的提高，大力开展民众救援知识、技能的科学普及则是基础。

这门学科需要社会以及公共事业卫生行政部门、科学教研机构等以现代社会发展为出发点，各部门之间广泛合作，共同建立。

发达国家的医院外的救护工作多以消防机构中受过一定医学训练的消防救援人员组成，医生给予适度的医学指导。他们在意外灾难事故创伤的现场救护中，具有较丰富的救援知识和一定的医学技能，发挥了很好的作用，但在临床急症的院外救护上力度较弱。中国及一些欧洲国家的院外救护工作多由急救中心（站）的机构承担，这些人员受过正规的医学教育，经验丰富，技术娴熟，而救援脱险的知识却显得不足。

二、现代救援医学的发展

救援医学是现代社会发展的需要，对消防救险人员以及各类应急人员、高危行业工作者进行紧急救护教育，将救援脱险的知识技能，有机地融汇在具体医学救治过程，使紧急救护人员在现场能自如地进行脱险与救治。

救援医学学科大致有下述分科：①家庭救援医学，主要指临床各科危重急症、急性中毒和意外伤害；②交通救援医学，主要指陆路交通事故，以及空难、海难意外事故；③旅游救援医学；④城市意外事故救援医学；⑤自然灾害救援医学（地震、洪水等）；⑥战伤救援医学；⑦救援管理医学。显然，在这些分科中有很多交叉重叠，但也各有其特点。

救援医学的学科技术是以心肺复苏为主的常用基本急救技术，救援人员必须熟练掌握心肺复苏方法。另外，止血、包扎、固定、搬运等创伤基本急救技术以及检伤分类、医疗后送等组织流程也是救援人员需要掌握的技术方法。

2001 年 1 月，中国灾害防御协会向国家民政部申请并获得批准成立了中国灾害防御协会救援医学会，军地急救医学专家、学者积极参与活动。成立大会于 2001 年 4 月 21 日在京举行，我国医学泰斗吴阶平医生参加了会议并被推荐为名誉会长，李宗浩被选为会长，标志着我国救援医学行业及学科的建立。

2008 年 11 月 14 日由中国卫生部申请，获民政部批准成立了国家一级协会——中国医学救援协会。卫生部副部长马晓伟当选为会长，急救灾害医学专家李宗浩教授当选为常务副会长兼秘书长。全国政协副主席张梅颖、中国红十字会会长彭珮云为名誉会长。

中国医学救援协会以"挽救生命、减轻伤残"为核心，以提高我国常态下的急救急诊和灾害突发事件的应急救援能力为宗旨。中国医学救援协会的成立标志着我国急救事业与学术不仅在医疗卫生系统内，更将在全社会中得到快速发展，提升公众应急理念，普及医学救援知识与技能。

复　习　思　考　题

1. 突发事件包括哪几个种类？每个种类具体包括哪些事件？

2. 突发事件分几个等级？等级划分的依据是什么？

3. 我国关于卫生应急的法律法规有哪些？

4. 简述"一案三制"的具体内容及其相互关系。

5. 我国突发公共卫生事件应急处理程序是怎样的？

6. 现代救援医学是怎样的一门学科？

7. 院外环境下处理各种危重急症、意外灾难事故的方法是什么？

8. 现代救援医学下分几个分科？

9. 救援医学的学科技术支撑是什么？

10. 中国医学救援协会以什么为核心？以什么为宗旨？

第二章

电力紧急救护队伍的建设与管理

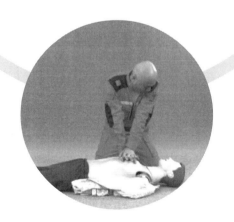

电力作业具有特殊性，其工作场景复杂，包括杆塔高空、电缆隧道、荒野山林、舟船涉水等各种场景，这极大地增加了电力作业的危险性与事故处理的复杂性。触电事故是电力作业最常见的事故之一，对人身、电网、设备都极具威胁，并且常常伴随二次危害。触电事故具有突发性、迅速性、严重性，触电事故发生后，等待医院救护人员赶来救治，很难保证触电者生命安全。为了能够快速反应，减轻触电者伤情、挽救触电者生命，组建电力应急医疗团队，是实现挽救伤员生命的重要保障。在电力医疗救援队伍中，现场班组人员是应急医疗救护的重要组成部分，肩负着挽救生命的重要责任，其自身素质与救援质量有着密切关系，因此，严格管理、规范培训是建设一专多能、全面发展的电力应急医疗队伍的重要举措。

电力企业承担着重要的社会责任，在做好本企业应急救援的同时，还必须充分发挥组织、技术、人才优势，积极参与社会应急救援，服务党和政府工作大局，因此在电力应急救援队伍中有必要成立专业的电力应急医疗队伍。

第一节 技 能 培 训

电力行业风险等级高，对人员生命安全造成最大威胁的就是触电事故。另外，由于电力工作者特殊的工作环境，还将面对高处坠落、悬吊、挤压、中暑、烧伤、淹溺、缺氧窒息、有毒有害气体中毒等危险，因此电力工作者必须掌握必要的应急救护手段，在危机时刻有能力自救、互救。电力紧急医护人员必须具有专业救护能力，能够应对处理触电、高处坠落、烧伤、中暑、淹溺等各类事件，并能够参与社会各类突发事件的社会救援。

日常电力工作中，电力工作者作为突发事件的目击者与第一响应人，在救护员工的过程中发挥着极为关键的作用，在诸如汶川地震、雅安地震、天津危化品爆炸事故等各种自然灾害与事故灾难中，电力工作者也发挥了重要作用。为了有效应对各类突发事件以及在各类突发事件中更好地组织与协同救援，电力应急人员救护必须拥有高水平的业务能力和良好的综合素质，这样才能保证救援任务顺利完成。因此在电力紧急医疗队伍的建设中，应注重加强对救援人员进行综合素质训练，提升救援人员在应急救援中的救护能力。

一、入职培训

组织新员工进行应急救护入职培训，目的是使其了解电力生产作业的危险点、易发事故、常见伤害以及各类事故发生后的应急救护措施；使新员工掌握基本医疗救护手段，会止血、会包扎、会固定、会搬运，能够对心脏骤停的伤病员实施有效心肺复苏，对生产工作中常见的意外伤害有一定应对能力。

（一）培训内容

培训内容分为理论部分和技能部分。理论部分内容主要使参训学员了解掌握应急救援相关法律法规、体制、机制以及救援程序，突发事件的现场组织管理，应急救援知识以及灾难心理干预等内容，使其具备完成应急救援医疗任务所必需的知识；技能部分内容包括通用技能培训、基本技能培训、体能训练以及心理素质训练，使参训学员具备应对事故灾难的心理能力以及救援能力。

1. 知识培训

学习应急医疗相关法律法规、体制、机制以及救援程序，引导学员思考，使参训学员了解应急救援体系及其运作方法，从而能够科学、有效地在各类突发事件和事故灾难中发挥作用。

2. 管理培训

应急救援事件的院前救治是减少死亡率的关键之一，现场的组织管理尤为重要。参训学员需要掌握现场组织管理程序，包括检伤、分类、医护、后送等，当事故发生时能够有条不紊地应对。

3. 应急救护知识

根据电力作业的特点及其特殊的作业环境，学习电力生产作业的危险点、易发事故以及常见伤害，有针对性地学习诸如电击伤、电烧伤、窒息、中毒、各种创伤等相关致伤、致病机理以及应急医疗救护知识。

4. 心理素质培训

通过心理培训课程，提高学员心理素质，强化突发事件应对能力和心理调试能力；并使学员初步了解灾后心理干预方法，能够及时对伤员进行简单心理疏导，缓解伤员及其他需要帮助人员的精神压力。

5. 通用技能培训

主要指卫勤基本知识的训练，如伤病员收容、分类、救护和后送的组织与实施等。

6. 基本技能培训

针对应急救援医疗救护工作范畴，进行专项知识技能培训，主要学习心肺复苏技术、电除颤技术以及止血、包扎、固定、搬运等现场基本救护技术，各种简单医疗设备的使用方法。

7. 体能训练

体能训练是应急救援的基础，没有良好的体能无法有效地进行救援。体能训练项目包括俯卧撑、仰卧起坐、举重、单腿深蹲起立、立位体前屈、负重跑等，根据救援要求设立体能训练标准。

（二）培训方式

采取各种不同的方法对学员进行培训可以达到更好的教学目的。培训方法应根据培训地点的条件能力、培训对象的特点和培训要求等因素进行选择，对应急医疗救护学员的培训通常采用以下两种方式进行。

1. 讲授法

在各种人员的培训中，课堂讲授法一直占有重要的地位。讲授法是一种以教师讲解为主，学习对象接收为辅的传统知识传授方法。授课人员的讲解可帮助参训学员理解一定难度的内容，还可以结合多媒体教学方式，增加授课内容的直观性，适合应急救援理论知识的培训。

2. 实操训练

实操训练是由教师一旁指导，通过模拟灾害场景，参训学员进行实际操作的训练。通过实操训练能够使学员更直观地进行学习，将课堂上的理论知识转化为实践能力，切实提高动手能力，提高技能技术水平。

（三）考核要求

在培训结束后，对参训学员进行必要的考核。培训考核的目的：一是筛选应急救护人员；二是激发参训学员对应急救援医护工作的兴趣，鼓励大家积极参与应急救援知识培训。

1. 理论考核

理论考核主要采取笔试的形式。笔试是指要求参训学员在指定的地点和时间内，在特定的试卷上用笔独立完成试题，再由试卷评定人员根据统一的标准给予判定分数的一种测试方法。理论考核主要用于对参训学员所具备的专业知识的数量、知识的结构和掌握程度进行测试。考试的内容应尽量侧重基本知识、突发事件处理流程及应急救援知识。

2. 技能考核

技能考核主要是对参训学员的实际动手能力进行测试。技术操作考试是应急救援参训学员遴选中极为重要的一个环节，因为应急救援医护是一项实践性、操作性很强的学科，参训学员不仅要具备在笔试中提到的扎实的理论基础，还要将理论知识贯彻落实于应急救援医护实践中。要侧重于急救医护操作的技能考核，如心肺复苏、止血、包扎、固定、搬运以及医疗器具使用等方面。

3. 体能测试

针对应急救援医护工作的特殊性，有必要进行一定的体能测试。体能测试主要测量运动的反应速度、协调性等。可以参照国家体质健康标准进行测试，也可以参照国家地震救援标准规定的内容进行体能测试。

4. 心理测试

心理测试主要是测试参训学员在面对突发事件时的心理调适及心理反应情况。可以进行应激反应问卷测试，由主试老师使用统一指导语对灾害事件的认识、心理压力、生理反应等方面进行团体施测。心理测试可以在较短的时间内迅速了解一个人的心理素质、潜在能力和其他各种指标，也可以比较科学地了解一个人的基本素质。

（四）考核方法

考核的内容依据上述培训内容而定，主要是对参训学员进行基本知识及技能的考核，通过理论考核、技能考核及体能测试后，可取得电力应急救援医护结业证书。

理论考核方法采用笔试的形式。技能考核方法主要分三步，首先是参训学员自评，让参训学员根据操作要求标准、评分细则及个人感知练习的熟练程度进行评价。其次是参训学员互评，在参训学员自评的基础上，所有参训学员既是备考者也是评价者，要求在每名参训学员考核完成后，由学员就操作存在的问题进行评价，提出不足及改进的建议，及时反馈存在的问题以利于不规范动作的改进。最后是专家组考评，成立不少于3人的专家组，对参训学员进行综合评定，对存在的不足分析原因，并提出改进意见及建议。专家组考评，能克服单一带教老师考核的片面性及随机性，用现场点评的方法，能及时纠正参训学员存在的不足并提出改进的方法。通过应急救援培训及考核，切实提高参训学员的综合救援能力。

二、班组医疗培训

班组是一个企业的基本单位，是企业生产的最前线，做的是具体的工作，也是最容易接触突发事件的地方。由于工作性质的缘故，在日常班组工作中可能会遇到触电事故、高处坠落、中毒窒息等各类突发事件，班组人员作为事件的目击者应发挥第一响应人的关键作用，在危急时刻挽救人员生命，因此班组人员作为工作现场救援的主要实施者，必须掌握基本的救护措施。

（一）培训内容

触电能够引起人体呼吸系统麻痹，导致呼吸停止，当电流经过心脏时会引发室颤，导致心脏停搏，这两种情况十分危急。一旦抢救不及时或者抢救失误，轻则致伤致残，重则死亡，因此工作班组必须学习并掌握的医疗救护技术就是心肺复苏技术。

触电事故常常还会引起出血、骨折、烧伤、烫伤等各种二次伤害，在现场救护时救护人员需要对各种创伤妥善处理，以便为伤员争取更好的后续治疗。因此，班组成员学习并掌握止血、包扎、固定、搬运等各项基本技术以及颈托、夹板、担架等各种医疗器具的使用方法也是必要的。

（二）培训方式

培训以实操培训为主，辅助以理论培训，主要培训内容如下：

（1）两人一组，利用心肺复苏模拟人进行心肺复苏术练习。

（2）两人一组，互相利用三角巾、绑带以及夹板等练习止血、包扎、固定技术。

（3）两人一组或三人一组练习徒手搬运技术。

（4）四至五人一组练习各种担架搬运技术。

班组日常培训由班组长定期组织班组成员进行，或由公司专业救援队伍按计划统一进行。

（三）班组成员的主要任务

1. 班组长

定期安排班组成员集中学习紧急救护知识；检查班组医疗用品、药品状态是否良好，数量是否充足。

2. 安全员

讲解班组作业危险点、易发事故、常见伤害以及紧急救护知识、技能；作业前确保工作班组携带医疗用品、药品的状态良好，数量充足。

3. 班组成员

学习掌握应急救护知识、技能，能有效应对触电事故等各类突发事件。

（四）工作班成员的主要救护任务

1. 工作负责人

根据班组工作任务、危险点、易发事故组织配备各类医疗用品、药品；组织指挥救援；保证各类作业地点通信畅通；及时联系专业医疗机构以及信息上报。

2. 安全员

监督作业人员的不安全行为；对现场伤员实施紧急处置；指导其他人员协助伤员救治；分配人员应急救护任务。

3. 作业人员

协助安全员进行心肺复苏、止血、包扎、固定、搬运等应急救护；寻求周围专业医护人员帮助，并寻找医疗器具（如心脏体外除颤仪 AED、担架等）。

三、专项培训

根据检修人员、线路人员、营销人员、电缆隧道工作人员、水上供电服务人员等各类工作人员不同的工作环境，有针对性地进行紧急医疗救护培训，在掌握现场急救基本技术的前提下，开展休克、烧伤、挤压伤、颅脑损伤、胸腹损伤、四肢脊柱伤、动物咬伤等各类常见创伤急救处置，切实提高各类人员的医疗救护能力，有效降低各类事故危害。

专项培训的基本原则是"专项专训，一专多长"。"专项专训"指的是针对各类工作人员作业中面对的不同危害损伤进行专项医疗急救技能强化培训，例如线路作业人员进行针对悬吊伤与高处坠落伤的专项救护技能强化培训，电缆隧道作业人员进行针对有毒有害气体中毒、缺氧窒息的专项技能强化培训，以及针对水上供电服务人员面对的工作环境进行溺水救护专项技能强化培训。"一专多长"指的是各类作业人员在熟练掌握本作业环境下主要伤害的紧急救护措施的同时，也要进行其他相关场景下紧急救护措施学习，做到具备多场景下医疗救护的能力。

四、综合培训

通过入职培训、班组培训以及专项培训，遴选对应急工作以及医疗救护有兴趣且能胜任的人员组建电力应急医疗团队，形成专业化、规范化、规模化的应急医疗救护力量，能够担任医疗救护培训教学、演练拉练、组织管理等各方面工作，能够对突发事件作出快速反应，降低事故灾害带来的损失，并且在事故灾难发生时能够迅速集结，参与社会救援。

（一）培训内容

1. 相关医护知识

需要明确的是，专业紧急救护人员面对的伤员已经不仅仅是企业内部人员，其责任也不再仅仅是应对企业内部事故，而是肩负着企业的社会责任，在大型自然灾害或事故灾难发生时，能够响应国家号召，听从政府指挥，与各方力量协同合作参与社会救援；这就要求电力紧急救护人员必须提高自身专业水平。因此专业紧急救护人员除了掌握基本应急医疗知识外，还应具备各种疾病的认识能力，要有广泛的多学科知识、丰富的知识面。研究资料表明，灾后伤病员得到救护的时间越短，存活率越高。拯救生命必须分秒必争，专业紧急医护人员不能只掌握简单的创伤处置手段以及基本的心肺复苏技术，必须具备根据伤员表现判断伤员伤情并进行相应处置的能力。

2. 创新能力培养

创新是促进医疗救援发展的动力，是研究探索应急医疗理论、技术和方法的手段，是提高应急救援效率的重要措施；创新能够促进高素质、高能力紧急医护人员的产生以及队伍的发展。在近几年发生的严重自然灾害中，医疗救援反应快速、措施得当、效果明显，但同时也暴露了目前的应急医疗救援在法制、体制、机制等诸多方面的问题，在创新能力培训课程中，有必要对医疗救援进行深层次的研究、探索，充分发挥学员的主观能动性，交流分享各自的救护经验以及心得体会，整理、吸收、扩充医疗救援新知识、新方法、新理念，完善应急救援体系，以便更好地应对各类自然灾害和事故灾难。

3. 评判性思维

评判性分析是指通过一系列已知知识或现象去推断某一具体情况的真实性，并鉴别主要的信息和观点，弃去无效的信息和观点。在应急医疗救援方面主要培养的内容包括分诊和预见能力、应变能力、综合分析能力和评估决策能力。

4. 应急救援知识

进一步强化对灾难医学、急救护理学等急救学科知识的学习，将应急救援事件进行分类，如创伤烧伤、挤压伤、溺水、中毒、窒息等事件，结合不同事件开展紧急救护理论知识的系统化培训。另外，培训内容不仅包括熟练掌握急救医学理论知识，还可依托其他专业应急队伍、中国红十字会以及医院急救中心等各种组织机构进行交流学习，强化救护知识及能力。具备扎实的理论基础和应对各种伤病救护的能力，是确保在应急救援中有效处置各类伤病员的重要保障。

5. 管理知识

各种自然灾害以及事故灾难现场情况复杂，救援实施困难，可能随时遇见意想不到的突发状况，为了有条不紊地实施救援，最大限度地发挥救援人员力量，利用药品物资挽救受灾人群，紧急救护人员必须具备一定的组织能力和决策能力。管理知识培训的内容包括人员分工、伤员分类、医疗转送以及人员物资调配等方面。

6. 通用技能培训

除了医疗救护能力培训外，还要进行野外生存能力训练，如周围环境安全评估、营地搭建与运维、野外搜索与营救常识、通信设备应用、各种标识等。为了高效率救援，还要具备破拆、切割、顶撑、车辆维修、舟船驾驶、各种装备的使用和保养等一项或多项能力。

7. 场景演练

掌握多种类突发事件应急救援的专项技能，如地震灾害、洪水灾害、核辐射、危化品泄漏以及暴发性传染病等处置能力，提高对突发公共卫生事件的防护与抢救能力。

8. 体能训练

立足应急救援的特点，增加体能训练内容。体能训练主要是由基础体能训练、专项体能训练和综合体能训练3个子系统构成。基础体能训练包括力量、速度、柔韧性、耐力、灵敏度等，以提高人员整体身体素质、体能及耐力，为医疗救援打好基础，重点项目有俯卧撑、深蹲、器械体操、攀登、球类运用以及越野障碍跑等。在专项训练中增加与应急医疗救援实际工作相关的内容，如伤病员各类搬运、各种担架搬运、心肺复苏等专项训练。综合体能训练结合实际场景，将体能训练融入模拟演练中，包括实景伤员抢救、转运等。各项体能强化训练可使紧急救护人员在体能和技能各方面得到全面提升。在每次体能训练前必须充分做好准备活动，以防止训练过程中受伤。训练结束后要充分放松，一方面防止身体疲劳，另一方面利于肌肉活性。

9. 心理培训

心理培训包括两方面：一是紧急救护人员自身心理素质培训；二是灾后心理干预培训。心理素质培训的目的是提高紧急救护人员的心理应对能力和自我调试能力，使其有过硬的心理素质面对灾难场景，进行应急救援；灾后心理干预培训是使紧急救护人员掌握灾后各类人群的心理问题及表现，掌握心理干预方法，对受灾人群进行心理疏导，防止各类偏激行为。主要学习内容包括心理学基础、创伤后精神障碍的自我适应知识、与幸存者谈话的技巧与方法等内容。

（二）培训方式

1. 实战演练

实战演练的培训需要具备指导老师、评价人员、操作场地和相应的仪器或设备。可以模拟应急救援事件，如地震、矿难、火灾、洪涝灾害等，使广大参训学员掌握应急事件发生时的应对措施及救护知识，提高应急能力。通过应急预案使参训学员熟悉各项工作程序，明确自己的工作内容，提高他们的快速反应能力，对突发问题的应急处理能力以及协同合作能力，以便能从容应对突发事件的发生和救护。另外，进行实战演练，还可以考核紧急救护人员的急救知识和急救技能的综合运用能力。实战演练不仅锻炼整个应急救援医护团队的医护能力，还提高了紧急情况下处理应急事件的组织协调、配合联动等各项能力，适用于各种实践技能的培训。

2. 互相讨论

讨论法是通过参训学员之间的讨论来加深学员对知识的理解、掌握和应用，并能解决学员疑难问题的培训方法。可以采用整体型、小组型、自由型等形式进行组织讨论。讨论法利于知识和经验的交流，也利于启发参训学员的积极思维，讨论法能否高效使用，关键在于培训教师和学员的共同参与，要注意讨论内容和方向的引导，以达到预期的目标。

3. 交流学习

通过与其他救援队伍、公司企业、医学高校以及医院单位、应急专家等交流，学习新方法、新技术，开拓新思路，不断提高应急救援队伍的综合素质，使紧急救护人员能不断汲取新知识、新技能，不断进行自我完善，始终保持活力，随时待战。

（三）取证制度

（1）组织紧急救护队员考取应急救援员等各类资质证书，培养紧急救护专业人才，提高团队的专业性。

（2）建立紧急救护人员人才库，集中管理各单位紧急救护人员。

（3）坚持分训与合训相结合的方式，每年度根据培训时间和要求，组织不同梯队进行培训与考核。

第二节　紧急救护队伍的组建和组织管理

一、紧急救护人员的选拔

（一）选拔条件

1. 政治思想素质

要忠于祖国、忠于人民、忠于中国共产党、忠于企业；服从命令、听从指挥、不怕吃苦、甘于奉献；热爱应急救援事业，具有正确的专业价值观；具有科学的精神、高度的责任感；具有正确的世界观、人生观、价值观，做到自律、自强、博爱、忘我。

2. 身心素质

入选人员要身心健康，自愿从事紧急救护工作，年龄为 23～45 岁（具有特殊技能的人员年龄可适当放宽），无妨碍工作的病症；具有乐观、开朗、宽容、坦诚、豁达、奉献的胸怀，有高度的同情心和责任感；具有积极、健康的情绪状态，具有良好的身体素质，具备较强的适应能力、忍耐力、判断力和应变能力；具有良好的人际交往和沟通能力，尊重他人，有团结协作精神；有良好的心理素质，遇事冷静、理智、果断，能迅速、有效地展开救援，为挽救伤病员的生命赢得宝贵的时间。

3. 专业素质

为使紧急救护队伍良好发展，电力紧急救护人员应具有人员管理经验、接受过应急医疗系统化培训、在单位从事应急工作一定年限，具有本科及以上学历，从事电力专业工作 3 年以上，业务水平优秀，有娴熟的护理操作技能和急救技能。还应具有敏锐的观察能力以及对突发事件有快速反应和处理的能力。要求掌握一门外语及计算机应用技术，能够查阅外文文献，及时获取国际先进的应急救护经验，或在参与国际救援行动中发挥重要作用。

（二）选拔对象

（1）新入职员工具有较强的学习能力与适应能力，在年龄、学历、身体素质等各方面都符合紧急救护人员条件；且心肺复苏等基本救护技术是新入职员工必须学习并掌握的技能。从新入职员工中选拔成绩良好、身心素质较强且对应急救援事业感兴趣的人员，根据公司组织安排进行专项紧急救护能力培训，作为后备人才。

（2）各单位在应急、安全相关工作岗位上工作一定年限，具备应急、安全以及管理相关经验，且年龄、身心素质符合要求，对应急救援事业抱有热忱的人员，在接受专项培训且考试合格后，可纳入紧急救护队伍。平时负责各自单位医疗培训、安全等工作的开展，定期接受培训考核，"战时"响应单位号召迅速集结应对。

二、紧急救护队伍的规模和职能分工及任务

（一）紧急救护队伍的规模

省公司基干分队定员不少于 50 人，设队长 1 人，副队长 2 人；地市供电公司基干分队定员 20～30 人，设队长 1 人，副队长 1～2 人；县级供电公司基干分队定员 10～15 人，设队长 1 人，副队长 1 人。

紧急救护队伍人员不专职专责，根据情况从基干分队人员中抽调兼职，根据事故类型、严重程度确定人员数量。以 30 人队伍为例，组成人员包括指挥小组人员 3 人，内伤救治人员 4 人，创伤救治人员 6 人，护理人员 10 人，检伤分类人员 3 人，后勤保障人员 2 人，司机 2 人。

（二）紧急救护人员的职能分工及任务

应制定紧急救护人员组织管理机制以及响应机制，根据人员的技术能力、知识水平、所在地区、岗位等具体情况任命组长、副组长以及其他管理人员，并进行职能分工。

1. 指挥人员

指挥人员由具有一定救援经验、担任一定领导职务的人员担任，根据救援队伍的规模、救援场景以及救援任务等确定 1～3 人组成指挥小组。

指挥小组的主要任务如下：

（1）下达集结指令。

（2）组织指挥救援和培训。

（3）通信协调。

（4）抢救物资、药品保障。

（5）信息上报。

2. 检伤分类人员

检伤分类人员应接受过专业的检伤分类训练，具备丰富的专业救援知识，能够迅速、准确判定伤员伤情。

检伤分类人员的主要任务如下：

（1）对现场伤员实施紧急处置。

（2）根据伤情按危机程度分为四类并挂放标识牌或检伤分类卡。

（3）根据实际情况进行简单的急救措施（如开放气道、直接按压止血）。

（4）进一步开展全身检查，记录伤员伤情及病史。

（5）协助转运。

3. 创伤救治人员

创伤救治人员要求熟练掌握止血、包扎、固定、搬运等现场急救基本技术。

创伤救治人员的主要任务如下：

（1）止血、包扎、紧急处理伤口。

（2）对胸、肩、肋、脊柱、四肢等各部位骨折临时固定。

（3）必要时转运伤员。

4. 内伤救治人员

内伤救治人员要求能够根据伤员表现、身体症状等判断有无内出血，并进行救治。

内伤救治人员的主要任务如下：

（1）对呼吸心跳停止的伤员进行心肺复苏（CPR）以及心脏除颤。

（2）对休克、昏迷的伤员实施综合抗休克处理。

（3）救治观察危重伤员。

（4）协助后送。

5．观察后送人员

观察后送人员由紧急救护人员或者专业医师、救援人员（其他救援组织人员）以及司机组成。

观察后送人员的主要任务如下：

（1）观察伤员情况。

（2）对伤情恶化或出现危及伤员生命的情况及时采取救治措施。

（3）搬运后送伤员。

6．护理人员

护理人员由具有一定医疗知识、现场急救经验的人员组成。

护理人员的主要任务如下：

（1）协助各组人员现场救治、观察后送。

（2）负责药品准备、文字记录、信息传达等。

7．后勤保障人员

后勤保障人员负责救援队伍的生活保障以及工作保障。

8．其他人员

考虑到灾害现场的特殊环境，可在医疗救援队伍中配备两名具有消防知识的人员，进行现场环境勘察、有毒有害气体检测和监测、顶撑破拆、障碍物移除等工作。

三、紧急救护队伍的组织管理

要加强紧急救护队伍的组织管理，为了保证电力紧急救护队伍时刻保持活力，能对当地各类突发事件迅速作出反应；能够响应党和国家、政府以及企业号召，迅速形成救援力量赶赴灾区；能够与各方救援力量协同合作，积极有效地开展救援工作，共同抗击突发公共事件；应建立平战结合的训练机制、时刻准备的响应机制以及迅速出动的集结机制，在关键时刻拉得出、冲得上、打得赢。

（一）训练机制

采取平战结合的训练机制，队伍成员平时正常工作，定期进行应急医疗救援技术及相关知识训练，遇有突发事件时承担应急医疗救援工作。

突发事件并非常态，应以预防、控制为主，事件发生时积极开展应对措施。而在平时，应急救援工作也需要投入大量人力、物力，为使各方面资源充分有效利用，应急医疗队伍的组织管理应"立足战备，着眼平时，服务社会，服务企业"。

平时队伍成员在各自公司、部门、岗位上做好本职工作；同时发挥紧急救护人员的专业力量，在公司内部组织应急医护培训，传播应急救援知识以及应急医护技能；组织本层级应急救援队伍到社区、敬老院、孤儿院等地讲解防灾措施以及避险、救护方法，传播应急文化。

训练时队伍成员要严格服从公司安排，积极参加公司组织的各项培训、复训、考核以及演练拉练；要处理好本职工作与培训、复训，以及演练拉练之间的关系，做到本职工作随时有序交接，紧急任务时刻迅速出动。

应急技能培训应充分利用公司应急培训基地和各省公司应急培训基地、技能培训中心等资源进行。初次技能培训每人每年不少于 30 个工作日，以后每年轮训不应少于 10 个工作日。培训科目应包括但不限于应急理论、基本技能、专业技能、应急装备操作技能等类别和科目。

培训内容以交流培训和定期复训考核为主，不定期组织举行演练拉练，提高队伍快速反应能力和应急实战能力。

（二）响应机制

应急响应机制是由政府推出的针对各种突发公共事件而设立的各种应急方案，通过该方案使损失减到最小。应急响应机制强度由一级至四级依次减弱。

队伍成员要时刻响应党和政府以及企业号召。根据突发事件类型、严重程度、发生的时间、地点，组织应急救援队伍备战，接到命令迅速出动。

基干分队在接到命令后，应立即响应，做好人员、装备、车辆和后勤保障物资的检查和准备，按要求赶赴集结地点。

（三）集结机制

设置应急联络员，负责紧急情况下的联络工作；队伍成员的手机必须 24h 开机，接到重大突发事件紧急集合通知后，各单位应首先保证应急救援行动的开展，再按照程序办理预算变更或预算追加手续。

（四）奖励机制

应急救援工作具有高度危险性、突发性和不确定性，耗费救援人员巨大精力；事故灾难现场可能发生各种意外情况，威胁救援人员生命健康，灾难现场的残酷场景可能对其心理造成强烈冲击，对个人、家庭、工作都会产生极大影响。建立完善的应急救援奖励机制，补偿队伍成员以及公司、部门等各方面损失，一方面能够缓解队伍成员家庭、工作方面的部分问题与压力，增加成员应急救援的积极性；另一方面也有利于提高公司领导对应急救援的重视程度，促进应急工作发展。同时，救援结束后要做好应急救援人员自身的创伤医疗以及心理疏导，保证队员的身心健康。

第三节　紧急救护队伍现场救援

突发公共事件时，受灾地区往往会遭受沉重打击，受灾地区的救援组织、医疗机构已无法承担所有伤员的搜索救援以及医疗救护任务，在这种情况下，救援需要众多部门及各方专业人员的支持和配合，医疗队伍如何分工合作，有序救援，对提高救援效率、保证救援质量、挽救伤员生命具有重要意义。

一、应急医疗救援的组织形式

根据以往国内外救灾和战争救护的经验，灾难医学救援一般实行分级救护，即把参与救援的救援组织、医疗机构，按规模、技术水平和救治的疾病类别分为三个等级，从低级到高级依次配置医疗资源，把救治伤病员的过程从时间和距离上拉开，使医疗救护资源得到更合理的应用。这种救护和转运结合的整个过程就是分级救护的基本组织形式。当发生特、重大突发事件需要医疗救援时，可以根据突发事件的需求，结合实际，确定医疗救援力量的规模和组织形式，做到随机应变。

分级救护的组织形式能够有效应对灾区医疗机构严重受损，外来医疗队伍携带的医疗装备、药品和器材数量严重不足，灾区医疗点不具备收容大量伤病员能力的情况。分级救护通常分为三个级别，职责各不相同。现场救援时，将经过一级救护机构紧急抢救后的伤员，运送至二级救护机构进行进一步救治，对于需要专科治疗或需较长时间恢复的伤员，转移至三级救护机构或后方医院进行救治。

1. 一级救护机构

一级救护机构又叫现场急救分队，可由医疗救援队成员或者急诊医生、全科医生和救援人员等救援机构成员单独组成或混编组成，每队人员一般不超过 10 人。分为搜救小组和急救小组，搜救小组进行人员搜索，协助救援人员进行伤员现场急救，以及将救出的伤员转移至安全地带或急救站。急救小组在现场伤病员集中点或急救站开展工作，对伤病员实施进一步救助。

一级救护机构的主要任务是发现伤病员，与专业搜救人员共同评估现场风险、制订营救计划、给予基础生命支持（如抗休克）、及时处理危及伤员生命的损伤和预防感染以及并发症；对伤员初步分类、复苏和急救，依伤情填写伤票，利用转运设备快速将伤病员安全转送到二级救治机构；一级救护机构不留治伤病员，只进行开放气道、止血、包扎、固定、搬运以及基础生命支持等内容。

2. 二级救护机构

二级救护机构又叫医疗救援队或野战医疗队，一般由技术力量强、医疗设备较完善的医疗机构组建，规模在 10～60 人，人员构成以急诊科和内外科专业医护人员为主。野战医疗队通常部署在突发事件的现场附近或附近乡镇以上医院，主要任务是对经过现场一级救治或未经一级救治而直接送来的伤病员实施紧急救治或进一步治疗，并对伤病员进行分类、登记、填写或补填伤票。留治已有或疑似特殊感染的伤病员、轻伤及暂不宜转送的危重伤病员，留观伤病员一般不超过 72 小时；对需要专科治疗或需较长时间恢复的伤病员，转出灾区到医疗条件更完善的三级救护机构或后方医院。

3. 三级救护机构

三级救护机构设置在远离灾区的安全地带，一般由后方医院承担或由设备齐全、技术全面的大型医疗机构预编抽组。承担应急救援任务的大型医疗机构，制订有人员抽组方案，配备相应救援装备和药品器材，拟定有机动保障的预案，定期组织训练和应急演练，一旦需要，迅速按预案抽组，开赴救灾现场执行医疗救治与后送任务。规模在 60～100 人的三级救护机构通常称为野战医疗所；在野战医疗所基础上加强专科手术队或与其他机动医疗分队联合展开，规模在100人以上的三级救护机构通常称为野战医院。人员构成以能够完成综合治疗或专科治疗任务为主的医护人员为主。三级救护机构一般独立展开工作，按照保障区域收治伤病员，对危重伤病员进行确定性治疗和护理，直至痊愈出院。野战医院也可根据指令，专门收治轻伤病员、传染病员或精神病员。

根据各级救护机构的组成和任务我们可以看出，电力紧急救护队伍的职责范围主要在一级救护机构，以及在二级救护机构人员短缺，无法应对大量伤患员救治的情况下，支援二级救护机构。

二、分级救护要求

1. 迅速及时

对遭受灾害损伤的伤病员来说，时间就是生命，只有及时准确地救治才能最大限度地提高治愈率、减少伤残率。例如，发生大出血、窒息、中毒时，伤员可能会因为延缓数分钟而死亡，提早数分钟而得救，对生命的拯救往往就在几分钟之间。因此，一线现场抢救，首先要迅速帮助伤病员脱离险境，对危急伤病员立即、果断地采取保命措施；其次救护机构要尽可能靠近现场，缩短转送距离；三要使用快速转送工具；四要加强救护机构的管理，提高工作效率。

2. 前后衔接

分级救治的本身是将完整的救治过程分工、分阶段进行，因此为保证救治工作完整，保证各级救护质量，各级救护措施要前后衔接，既不中断又不重复。前一级要为后一级救护做好准备、创造条件、争取时间；后一级要在前一级救护的基础上补充其未完成的措施，并进行新的救护治疗；各级救护之间要精密联系，共同完成一个完整、统一的救治过程。每级救护机构要按规定的救治范围完成救治任务并填写统一格式的医疗后送文书，使伤员伤情及处置信息有效准确地在各级救护机构之间进行传递，保证伤员救治有据可依，连续进行。

3. 转送与救护结合

伤员转送的目的是使其得到更完善的治疗，各级救护机构不能只强调救治而延误伤员送至下一级救护机构；也不能一味后送而不采取必要的救治措施，使伤员伤情恶化；在转送过程中也不能中断治疗，要给予必要的连续性伤情观察和专科性护理，以免伤员因转运加重病情；伤员转运必须"治送结合"，确保伤员迅速、安全地到达接收医疗机构。

4. 对救护人员的要求

在分级救护的实施过程中，对各级救护机构救护人员的要求如下：

（1）应对各种灾害的损伤特点、发生规律和救护理论的原则有统一的认识，要保证工作步调一致。

（2）树立整体观念，认真执行本级救护范围，本级应该完成的工作，不能推诿下移，否则，将失去救护的及时性。不属于本级救护范围的，在未完成本级救护任务之前，或者条件不具备时，不能勉强去做，否则将影响救护质量。

（3）按规定填写统一格式的医疗护理文书，使前后救治工作的继承性有文字可依，对下一级医疗救护机构制订救治计划也可以提供借鉴。

第四节　医疗救援物资的管理与准备

突发公共事件的特点是现场破坏严重、事先难以预测、救援任务紧急，医疗物资以及各种装备、生活物资短缺，为了保障应急救援行动的有效开展，灾后各种物资、装备必须及时运达灾区现场。这需要相关部门做好应急物资的日常储备与管理工作，以及突发公共事件时应急准备与运送。前期，灾区各类物资装备必定短缺，紧急救护人员需要自行准备必要的急救物品、药品、便携式设备以及自身生活物资和基本救援设备。

一、医疗救援物资管理

（一）应急物资储备库

根据各地自然灾害、事故灾难等的风险等级以及地理、环境、产业等情况，有针对性地在部分地区建立应急物资储备库。应急物资储备库实行"统一指挥，分级响应"的管理模式，做到设备维保专人专责，设备状态实时汇报；提高物资跨区域调配水平；利用物联网、大数据等技术手段完善市、县层面应急物资装备管理信息化建设。

各级应急物资储备库负责应急物资装备的日常管理、维保与调用；总储备库负责所辖地区各分库、各公司、部室的应急物资、装备的配发与管理，确保各地区应急物资、装备充足且状态良好。

各级应急物资储备库需要针对各类突发事件建立应急物资清单，各类事件发生后能够根据清单迅速准备应急物资装备运往灾区；受灾地区或与受灾地区临近的应急物资储备库作为主要支援单位，根据事故等级和现场实际情况调配支援。

（二）装备物资管理

1. 建立资产清单

所有医疗装备、物资必须建立清单、台账，对借出和归还的物资装备及时登记，以便随时清点和查询。

2. 模块化存放

医疗物资、装备的保管要依据类别、性质和要求安排适宜的存放场地，并标明品名、规格、数量，便于查找和发放。所有物资、器材力求配套，凡配套的物资在装箱时不能拆散，以便随时展开使用。根据各类事件场景需要用到的不同物资、器材，研究搭配各种固定配套装箱方法，各种功能箱应品种齐全、配套，补充药材可按单品种分类装箱。应急医疗物资装箱后，必须有装箱单，一式两份，一份放在箱中，另一份使用单位保存。所有的箱、囊、包必须进行统一的编号，不同品种的箱、囊、包要有显著的标识。

各类模块化分装的救援装备、物资属专用物资，平时不得动用，遇有紧急抢救或执行特殊任务，确须动用时，应经领导批准，来不及批准的，可边动用边报告，用后及时补齐调整，并报上级卫生部门备案。

3. 专人管理

医疗装备、物资从消耗登记、请领、补充、定期检查到保养维修等必须专人管理、专人负责，实行岗位责任制；平时鼓励在医疗培训、现场作业等工作中使用，使用和维修必须登记；贵重仪器及药品要专库存放，指定专人定期检查维护；剧毒、麻醉、易燃、易爆药品，要分别包装，专人单独保管，定期检查，以免发生事故；易吸潮生霉、生锈的药材物资，应适时晾晒和擦拭，以防损坏；效期药品，要定期轮换更新，对将到效期的或有变质损坏的应及时更换，以保证医疗应急物资经常处于质优量足状态。

4. 定期维护

定时检查物资状态、数量，及时进行补充和更换急救物资，每年组织1～2次应急物资全面检查。保管人员根据实际情况和季节变化要随时检查，发现问题及时处理，装备、物资保存要做到"六防"（防潮、防霉、防火、防盗、防虫蛀、防鼠咬），达到"四无"（无霉变、无丢失、无失效期、无锈蚀）。

（三）药品管理

急救药品应保持完整的外包装储存。包装内最好备有说明书，且盒内药品产地、规格、剂量等应一致，并按药理性质分类管理。

1. 按药品储存条件存放

救灾药品要尽量按药品储存条件存放，防止药品变色、沉淀或析出结晶、变质等，如若发现，应立即停止使用。

2. 加强药品的效期管理

用于应急救援的所有药品，应设专人负责检查和管理，及时与药房调换近效期的药品，做到不带近效期药品进灾区。药品进入灾区后，要有序放置定时清点和补充。

3. 特设急救药品库

为了方便迅速救治特殊危重伤病员，应特设急救药品库，并将库中所有药品按药理分类顺序登记入卡，分类码放，以备抢救中使用方便。

二、医疗救援物资储备

（一）药品物资

药品是事故灾难发生后非常短缺的物资，在药品储备方面，应根据各种事件类型有针对性地储备各类非处方药物，如各类抗生素、消炎药、烧伤药、冻伤药，各类止血创伤药物等，要结合实际情况，联合医疗机构储备处方药或者特殊药品。应对突发事件时，要结合任务需要，配齐各类所需药品装备。

（二）医疗文书

医疗文书包括检伤分类卡、伤标、伤票、野战病历、医疗后送文件袋、伤病员登记簿、医疗卫勤日志等。例如，汶川抗震救灾过程中，不少医疗队没有使用医疗后送文书，给医疗保障数据的收集、整理、标准化以及保障总结带来相当大的困难。合理规范地使用检伤分类卡、野战病历、伤病员登记簿等医疗文书能够规范医疗救护程序，提高救援效率，为伤员的后期救治以及事后科学研究提供依据。

（三）常用救护装备

常用救护装备主要包括现场急救所需的止血、包扎、固定、气管插管等物品，各类医疗急需物品可以根据需要分放于各种急救箱，如外科急救箱、急救药品箱、急救器材装备箱等。

1. 急救药品箱

急救药品箱可搭配心肺脑复苏用药、心功能不全用药、镇静止痛药、降低颅内压用药、抗休克用药、抗心律失常用药、止血药、溶栓药、急性中毒解毒药、外用消毒用药、静脉输注的晶、胶体溶液等。

2. 急救器材装备箱

急救器材装备箱包括普通诊疗装备箱（含听诊器、血压计、叩诊锤、镊子、砂轮、体温计、剪刀、压舌板等）、复苏箱（含口咽通气管、喉镜、简易呼吸器、气管插管、牙垫等）、除颤起搏器、心脏按压泵、吸引器、骨折固定器、颈托、清创缝合包、换药包、导尿包、颅脑外科器械包、烧伤包、血管吻合器械、呼吸机、微量泵等急救器材。

（四）生活类物资

（1）帐篷。救治机构需要做好营地搭建，配置有足够的帐篷以保证伤病员救治、休养和工作人员的生活需要。

（2）睡铺。应按展开的床位数为伤病员准备睡铺，同时也要准备一定数量的工作人员睡铺。

（3）卫生被服。按展开床位数储备，并适当增加数量作为预备。

（4）餐饮装备。需要根据救援规模准备餐车、餐桌、餐椅等，以满足人员饮食需求。

（5）发电照明装备。包括发电车、发电机、泛光灯等发电照明装备，保障生活、救援各方面供电、照明需要。

（五）通信类装备

通信类装备包括电话、对讲机、无线电通信设备、卫星通信车、中继集群站等。通过搭建应急通信网络，可为救援现场的支、受援队伍间协同及支援队伍内部信息交互提供大范围的语音通信网络覆盖保障，从而实现救援人员通信。同时，可借助于卫星通信网络实现与应急指挥场所的战略通信。

（六）运输装备

运输装备包括担架和转运车辆，担架主要用于救治机构内部各组室之间搬运伤员，运输车辆用于长距离、大规模或紧急转运伤员。各类担架包括脊柱板、铲式担架、卷式担架、篮式担架等；运输车辆包括手术车、危重伤员转运车、轻伤员转运车以及物资供应车等。

手术车具备基本的手术设备，包括手术床、照明灯、麻醉机、呼吸机、心电监护仪、供氧设备等，以及消毒手术器械，可以在紧急情况下开展损伤控制手术。重伤员转运车内应装备监护设备、呼吸机、供氧设备和心肺复苏设备等；轻伤员转运车可以同时转运多名轻伤员，及时疏散，车内配备基本的救治药品和包扎用品；物资供应车主要用来配备、运送野外救援所需的各类救援装备、生活物资等，要根据救援时间做好充分保障。

各类专业医疗车辆要由医疗救护机构人员使用运行或参与使用运行。

（七）其他装备

（1）各类救援装备。如生命探测仪、气体检测仪、破拆工具、顶撑装备、防化装备、绳索装备等。

（2）标识装备。如红色标识喷雾等。

（3）各类标志牌。如指挥旗、分类旗、染毒标志旗、组（室）标志牌与路标等。

（4）摄像装备等。

复 习 思 考 题

1. 为什么在电力应急救援队伍中还有必要成立专业的电力应急医疗队伍？

2. 电力工作者作为突发事件的目击者与第一响应人，在拯救员工的过程中发挥着怎样的作用？

3. 组织新员工进行应急救护入职培训的目的是什么？培训内容有哪些？

4. 对应急医疗救护学员的培训通常采用哪两种方式进行？

5. 在培训结束后为什么还要对参训学员进行必要的考核？考核哪四个方面？

6. 为什么要求班组人员必须掌握基本的救护措施？

7. 为什么要针对检修人员、线路人员、营销人员、电缆隧道工作人员、水上供电服务人员等各类工作人员进行专项紧急医疗救护培训？

8. 专项培训的基本原则是什么？

9. 对哪些人员要进行综合培训？培训内容有哪九个方面？

10. 如何在电力职工队伍中选拔非脱产紧急救护人员？

11. 电力紧急救护队伍的规模是怎样规定的？其职能分工及任务有哪些？

12. 应急医疗救援的组织形式是怎样的？分级救护的要求是什么？

13. 应急医疗物资的管理要求有哪些？

14. 应急演练救援物资的储备要求是什么？

第三章

心肺复苏与除颤

第一节　心肺复苏的发展史

一、心脏骤停

心脏骤停是指由各种原因引起的心脏射血功能的突然停止，同时伴随呼吸停止，是临床医学最紧急的情况。心脏骤停导致血液循环突然停止、脑血流突然中断，人的意识以及各项生命体征消失，进入临床死亡期。心肺复苏（Cardiopulmonary Resuscitation，CPR）就是针对心脏骤停采取的紧急医疗手段，尽早进行规范的心肺复苏是抢救伤员成功的关键。

心肺复苏作为"世界第一救命技术"，无论是在常态救助还是在事故灾害现场的救援过程中，对于挽救人员生命都发挥着巨大作用，但其发展史只有 50～60 年时间。20 世纪60 年代以前心肺复苏技术还未形成，当时对心脏骤停患者的救护还停留在单纯的呼吸复苏上，而所采取的压胸、压背的呼吸复苏方法（如仰卧压胸、仰卧牵臂、仰卧压背式等）复苏效果差，复苏成功率极低。尤其在院外，一旦发生呼吸心脏骤停事件，现场人员无从下手，只能等待医生到来处置，因此难有抢救成功的病例。

二、口对口人工呼吸和胸外心脏按压

1950 年，美国医生 Peter Safar 和 James Elam 通过阅读文献发现助产护士运用口对口呼吸来复苏新生儿，进而重新发现人工呼吸（Rescue Breathing）这一技术，并确认口对口人工呼吸较"压式"人工呼吸法更有效。1958 年，Peter Safar 提出采用口对口吹气式人工呼吸是复苏医学领域里一场革命性的进展。

1960 年，Kowenhoven 医生发现进行胸外心脏按压可以得到明显的动脉搏动，于是他提出了封闭式胸部心脏按压（Closed Chest Heart Massage）即胸外心脏按压术，这是复苏医学中又一个重要的里程碑。这一技术最重要的意义就是可以维持血液循环，产生相当可观的心脏搏出量。

三、心肺复苏技术的诞生

后来 Peter Safar 医生与 Kowenhoven 医生在一次偶然的交谈过程中达成共识，即同时做胸外心脏按压与口对口人工呼吸是合理的，不久之后 Peter Safar 医生将这两种技术有机结合起来，心肺复苏技术（Cardiopulmonary Resuscitation）由此诞生。由于心肺复苏技术简单而有效，不需要复杂的医疗器材，只需要双手就能够有效地实施抢救，这使得其广泛传播。仅美国和欧洲平均每天就能挽救近 1000 例院外猝死患者，这是心肺复苏带来的巨大贡献，Peter Safar 医生也由此被称为心肺复苏之父。

1966 年，Zoll 提出体外电击除颤与心肺复苏相结合。同年，美国国家科学院举行了第一届全美复苏会议对 CPR 技术加以标准化，出版第一部心肺复苏指南。美国国家红十字会建立了 CPR 的标准训练课程，并对美国所有的医疗工作人员、紧急救援反应人员和救生人员进行规范化的培训。

四、心肺复苏技术的发展

1985 年，第四届全美复苏会议对过去的 CPR 标准进行了评价和修改，强调复苏的成功并非心搏和呼吸功能的恢复，而必须达到脑和神经系统功能的恢复。复苏的目的并不是简单的使伤员恢复生命体征，而是要让伤员重新回到正常的生活中去，至少要恢复基本的思维与生活能力。从此心肺脑复苏（CPCR）的新标准诞生了。

2005 年，美国心脏协会（AHA）和国际复苏联盟（ILCOR）重新修订心肺复苏（CPR）及心血管急救（ECC）的推荐方案，使国际心肺复苏指南 *International Guidelines 2000 for ECC and CPR* 更适用于全球范围，并取得学术上的科学共识。目前心肺复苏技术已日渐成熟且仍在不断发展，国际心肺复苏指南由美国心脏协会和国际复苏联盟联合每五年更新一次，对指导和规范全球范围内的心肺复苏具有重要的积极意义。

现代心肺复苏包括基本生命支持、高级生命支持和延续生命支持（PLS）。

第二节　早期心脏除颤

一、心脏骤停的分类

引起心脏骤停的原因可分为两大类，即心源性心脏骤停和非心源性心脏骤停。心源性心脏骤停由心脏本身的病变所致，非心源性心脏骤停是由其他疾病或者外部因素影响到心脏所致。具体原因有急性冠状动脉供血不足、急性心肌梗死、急性心肌炎、心脏或大血管破裂导致的大失血、呼吸骤停、严重的电解质与酸碱平衡失调、药物中毒或过敏、重型颅脑损伤、手术或治疗操作和麻醉意外、触电、雷击、溺水、冲撞击等。其中事故灾难现场的心脏骤停多由触电、雷击、中毒、溺水、冲击、惊吓过度等外部因素引起，电力作业现场触电风险高，触电引起心室纤颤、呼吸中枢麻痹是电力事故发生心脏骤停的主要原因。

心脏骤停之后的 5～8min 被称为临床死亡期，此时伤病员如能得到有效救治，有很大概率能够恢复生命特征，这是因为心脏骤停之后，尽管血流终止，但血液中携带的氧气和养分仍可供给心脏、大脑等主要器官 5～8min。通常大部分伤病员将在心脏骤停后的 4～6min 内开始出现脑水肿、脑死亡等不可逆的破坏，心脏骤停 10min 后任何抢救措施的功效都十分微小，伤病员将进入不可逆转的生物学死亡。因此，心脏骤停发生后及时进行心肺复苏和早期除颤是挽救伤病员生命的关键。

根据心脏骤停的表现不同，临床上将其分为心室纤颤（VF）、心室静止（VS）、电机械分离（EMD）三种，其中心室纤颤约占全部心脏骤停的 2/3，其余两者占 1/3。

1. 心室纤颤（VF）

心室纤颤（VF）是一种致命性的快速室性心率失常，心室纤颤发作时，心脏已停止有效的舒缩活动。正常人心跳频率为 60～100 次/min，当发生心室纤颤时，心室"跳动"可达到 200～400 次/min，此时心室完全丧失排血功能，血液循环中断，心声消失，感触不到大动脉搏动，瞳孔扩散放大，对光反射消失。心室纤颤一旦发生一般不会自动消失，必须立即除颤。心肺复苏（CPR）对心室纤颤的伤病员达不到很好的复苏效果，这是因为心肺复苏（CPR）不能够有效除颤。

2. 心室静止（VS）

心室静止（VS）时心房有收缩，两心室的机械性收缩全部停止，心室静止时间通常为 2.7s 以上，属于严重的心率失常。

3. 电机械分离（EMD）

电机械分离（EMD）指心肌仍有生物电活动，而无有效的机械功能，断续出现慢而极微弱且不完整的"收缩"情况，表现为心电图波形尚可但无有效心排出量。根据心脏有无病变和心脏有无负荷改变，电机械分离可分为原发性电机械分离和继发性电机械分离。心肌对正常电兴奋不能产生有效收缩称为原发性电机械分离，心脏功能尚好但心脏负荷状态突然极度改变导致心排出量显著减少则称为继发性电机械分离。

原发性电机械分离多发生于重症心脏病终末期，或为急性缺血性损害的临床表现，也可见于长时间心脏停搏的晚期。

继发性电机械分离可发生于下列情况：大面积肺栓塞、广泛急性心肌梗死、急性心脏压塞、张力性气胸、各种原因引起的休克（尤其是内出血所致者）、心脏流入道或流出道的突然阻塞、低氧血症、酸中毒、低血糖、高钾血症、低钙血症、高热等。

心肺复苏（CPR）的目的是通过胸外心脏按压和人工呼吸使停止工作的心脏重新工作，恢复人体血液循环。在不同形式的心脏骤停中，CPR 对挽救心室纤颤以及心室静止伤病员的电机械分离效果更为明显，但是 CPR 不能起到除颤作用。为了更好更快地抢救伤病员，CPR 应及时配合电除颤共同进行。

二、电除颤

心脏骤停最常见和最初发生的心律失常是心室纤颤，目前普遍认为电除颤是治疗室颤最有效的方法，越早实施成功率越高，有效除颤能够使心肺复苏（CPR）的功效更为显著，在突发事件或事故灾难现场对于挽救伤病员至关重要。

1. 电除颤原理

窦房结系心脏自动节律性最高的起搏点，其发出的纤维束围绕上腔静脉口，分布于心房肌肉与房室结相联络，成年人窦房结产生 $60\sim100$ 次/min 可传播的动作电位，沿着固定路径由房室结、房室束传到心室，由此支配心脏的收缩与舒张。

在心室纤颤（VF）发生时，心室功能紊乱，窦房结无法支配心室的收缩与舒张。电除颤的原理是用一次极短暂的强大电流直接或经胸壁作用于心脏，使全部或大部分心肌在瞬间除极，然后窦房结发出的脉冲重新主导心脏节律，使心脏恢复节律性收缩，也就是通过电击的方式将异常心脏节律转复为正常窦性节律。

2. 早期除颤的重要性

近代复苏医学认为，电除颤的时间是治疗室颤的决定因素，每延迟 1min，复苏成功率下降 $7\%\sim10\%$。在心脏骤停发生 1min 内进行除颤，患者存活率达 90%。3min 内除颤，患者存活率达 $70\%\sim80\%$，5min 后，此比例则下降到 50% 左右，第 7min 后，此比

例约为 30%，$9\sim11$min 后，此比例约为 10%，超过 12min，此比例则只有 $2\%\sim5\%$。

心肌在发生纤维颤动时，很短的时间内将会消耗所有的能量，如果室颤过久，正常的起搏细胞将无法恢复其功能，即便除颤成功，心脏也没有足够的能量恢复正常跳动。尽快除颤，可减少心肌细胞能量损失，因此越早除颤，伤病员复苏的机会就越大。

3. 心肺复苏（CPR）与电除颤

2000 年的国际心肺复苏（CPR）和心血管急救（ECC）会议上指出，及时有效的CPR 对恢复呼吸、循环具有积极意义，但是对于正在发生心室纤颤（VF）的伤病员，是无力除颤使伤病员恢复正常心跳的。

CPR 无法代替电除颤，在事故灾难现场，医疗救护人员应携带自动体外除颤器（AED）及时对心脏骤停的伤病员进行除颤，并根据提示进行 CPR 或其他抢救措施。

鉴于目前国内 AED 尚未普及，在很多公园、商场、大型车站或者机场等公共场所很少配备 AED 的情况，一旦发生心脏骤停事件，首先要准确有效地进行 CPR，并指定专人寻找 AED 及时除颤。

CPR 虽然不能进行心脏除颤，但是对于延缓心室纤颤的发生以及心室纤颤发生后延缓伤病员生命具有积极意义，能够延长准备除颤器的时间。因此，2000 年国际心肺复苏操作指南中强调 CPR 和电除颤均应尽早采用，两者对抢救心脏骤停的伤病员具有相辅相成的作用。

三、心脏除颤器

1. 心脏除颤器的发展

有文字记载的使用电除颤进行心肺复苏的历史可以追溯到 1788 年，Kite 在英格兰皇家援救溺水协会年鉴上发表了一篇获得银奖的论文，描述了可能是首次成功的电除颤。论文中描述了一个手提式设备，将电无意中击向"所有目击者都认为已经死亡"的溺水女孩，挽救了生命。事实上这套电工用的设备具有许多现代除颤器特征，包括一个储能的电容器、一个充电调节钮和两个电极。但受电生理技术发展水平限制，在其后很长一段时间内，电除颤没有明显发展。

1899 年，Prevost 和 Battelli（Geneva）在世界上首次论证了通过电除颤可终止室颤发作。他们用 $40\sim2400$V 的交流电通过电极片电击狗的身体，结果发现低伏特交流电可诱发室颤而高伏特则可终止室颤发生。

1947 年，Beck 报道一例 14 岁的先天性漏斗胸的男孩在胸廓整形术中发生持续性室颤，他通过开放的胸廓对其心脏进行 45min 按摩，随后又用交流电除颤器对左心室进行了除颤，尽管第 1 次电击未能恢复自主循环，但是第 2 次电击却成功了。伤员的心脏恢复了室上性节律，同时动脉血压逐渐上升，意识也逐渐恢复且未遗留任何神经精神障碍。

1956 年，Paul M. Zoll 首次报道应用体外电击除颤抢救成功一例室颤伤员，并证明电击除颤术可终止临床上任何类型的快速性心律失常，电除颤术无疑掀开了 CPR 史上崭新的一章。早期的除颤器使用正弦波交流电，但是这种设备非常沉重，不适合在院内外快速运输。

1962 年，Bemard Bwn 和其同事论证了直流电除颤与交流电除颤转复室颤的优点，前者除颤后心律失常的发生率远少于后者。直流电除颤器不需要电源，适用于各种抢救现场，且对心脏的有害作用远比交流电小，因此 20 世纪 70 年代中后期在发达国家逐渐淘汰了交流电除颤器，80 年代中期又影响到我国。此后除颤器的应用在全球迅速普及，它使 CPR 的医学理论和实践发展向前迈进了一大步。另外，20 世纪 70 年代还研制出专门为非专业人员设计的自动体外除颤器（Automated External Defibrillator，AED）并于 1979 年年初应用于临床，它是除颤术的又一革命性飞跃。

2000 年 5 月 22 日，美国前总统克林顿亲眼目睹其重要幕僚心脏骤停，白宫工作人员在现场立即使用 AED 电除颤同时进行，徒手心肺复苏，抢救成功，总统为此大发感慨，当日发表致全美人民的讲话："今天我很高兴地告诉大家一种用于挽救成千上万人们生命的新方法，它使那些受害于最大杀手——心脏骤停的人劫后余生"，"感谢有了一种叫自动体表除颤器的新设备，它就是 AED"，"希望在美国所有公众场合配置 AED"。

2. 自动体外除颤器（AED）

20 世纪 80 年代产生，1992 年美国心脏协会（AHA）提出"生命链"这一重大急救概念，并把早期除颤列为"生命链"的第三环节，而且是生命复苏最重要的一环，为自动体外除颤器的出现、不断改进和广泛的社会大层面应用提供了保障。

对发生心室纤颤（VF）的伤病员，在现场由非专业人士使用自动体外除颤器（AED）尽快实施电击，以使其消除，重建正常的心脏节律。

AED 与过去通常在医院诊所使用的传统除颤器之间的主要区别在于：AED 可以由非专业人士操作，它本身具有自动分析心律的能力。也就是说操作者在发出电击前无须分析心律，这极大地扩展了除颤器的使用范围，缩短了有效电击除颤时间。经过短期培训（数十分钟）的"第一目击者"，如警察、消防员、应急人员以及大型商场、娱乐场所、民航机场等公共场所的服务人员均可使用，使伤病员能够及时得到心脏除颤，大大提高院外复苏抢救的成功率。

3. 自动体外除颤器的使用方法

自动体外除颤器（AED）分为全自动与半自动两类。全自动的 AED 只需把 AED 的电板置于伤病员身上，随后启动仪器，通过可任意处置的除颤电极即能分析心律，据此 AED 本身就可决定是否需要进行除颤。如需除颤，AED 就会自动充电、放电完成除颤。

半自动的 AED 操作，是将两个电极片分别置于伤员胸部适当位置，随后 AED 进行心律分析，然后如需给予除颤，则发出指令提示操作者给予放电。AED 能应用视觉信号、音调和语言综合指令，提示操作者实施相应步骤。

（1）先决条件是首先要评估伤员的情况。也就是说在无知觉、无心跳、无自主呼吸的心脏骤停伤病员身上来使用 AED，这是十分重要的先决条件。

（2）准备将两个除颤电极与 AED 接连，然后将电极片放置伤员身上。一个电极片通常置于伤员胸骨上端的右方锁骨之下，另一个置于心尖即乳房的左边腋窝中线上。这两个有吸力的电极片，与传统除颤器的手持电极板不同，救护人能避免在实施电击时与伤员的直接接触。所以，有吸力的电极片必须要确定其与皮肤接触严实完好。

（3）在电极片固定好后，CPR 应该中止。然后，启动 AED 的心律分析按键。AED 即进行心律分析，一般需要 10s 左右。经分析后确认需要除颤，AED 立即指令按动处置放电键，救护人据此放电完成一次除颤。

在电击后，AED 进行心律分析，以确定除颤是否成功以及是否还需要进行除颤。一般 1 次，也可以将 3 次除颤作为一个过程。如果 3 次除颤后仍未奏效，则应立即进行 CPR，然后酌情再予以下一个过程的除颤。

4. 自动体外除颤器的注意事项

（1）使用前确认无人以及金属接触伤员。

（2）确认电极牢固地黏附在伤员的皮肤上（去毛、净水、无折皱）。

（3）关注 AED 语音提示和屏幕信息。

（4）除颤前将氧气搬离营救地点，以免引发火灾。

（5）以下情况之一不可以使用 AED：

1）潮湿的环境下。如若使用 AED，大家都会触电。

2）伤员身上有植入式起搏器时不用，一旦同时放电两败俱伤。怎样知道伤员体内安装了除颤器或起搏器呢？暴露伤员胸部，无论看到胸前上方左、右哪侧有瘢痕，只要触摸一下，发现瘢痕下方有硬块的，就是起搏器或者除颤器。

3）身上有药物贴片。去掉药物贴片后，皮肤上留有氧化锌，可阻止放电。

4）胸毛太多。AED 放电时，胸毛会燃烧，导致皮肤烧伤。应用 AED 前，应先用不干胶贴在放电极片的位置，除掉胸毛后再使用 AED 除颤。

第三节　呼　吸　复　苏

一、急性呼吸道梗阻

急性呼吸道梗阻是急症之中的急症，任何时候必须优先解除呼吸道梗阻。呼吸道梗阻分为上呼吸道梗阻和下呼吸道梗阻。上呼吸道梗阻主要出现在咽喉部位，多表现为吸气性困难；下呼吸道梗阻主要出现在气管、支气管，多表现为呼气性困难。

呼吸道梗阻的病因多种多样，常见病因有：急性咽喉炎、白喉等感染性原因，直接暴力性损伤、化学毒物腐蚀、外伤性血肿及烧烫伤等呼吸道外伤，呼吸道异物、食道异物阻塞以及占位性病变等。

气道部分梗阻时，可听到喘鸣音，可见到呼吸困难，呼吸费力，辅助呼吸肌可参加呼吸活动。严重病例呼吸极度困难，头向后仰，出现紫绀，并窒息。吸气时胸壁下陷，而腹部却隆起；呼气时则相反。虽然拼命用力呼吸，但仍无气流，旋即呼吸停止，继而出现心律失常，最终发生致命的室性心律失常，可因低氧和迷走神经反射引起心跳停止而迅速死亡。

二、清理异物——海姆立克急救法（成人）

日常遇到的呼吸道梗阻多为呼吸道异物、食道异物阻塞，应急救护时应立即清理异物，清理异物最主要的方法是海姆立克急救法（腹部冲击法），包括自救腹部冲击法、互救立位腹部冲击法、互救仰卧位腹部冲击法以及适用于儿童、婴儿的急救法。

1. 海姆立克急救法概述

海姆立克急救法是当今全球对解除"完全的呼吸道梗阻"最为提倡、应用最广的急救方法。海姆立克急救法由美国著名的胸外科医生亨利·海姆立克教授（Henry J. Heimlich）发明，他在急诊工作中发现，气管异物的急症伤员越来越多，根据自己胸外科医生的丰富临床经验及大量的研究，发明了腹部冲击的急救方法即海姆立克急救法。

海姆立克急救法操作简单、效果显著，挽救了大量呼吸道异物、食道异物阻塞伤员，并被纳入国际急救指南。在我国海姆立克急救法也被作为一项重要急救措施得到广泛推广，并纳入心肺复苏教学培训课程。

海姆立克急救法的原理是，当异物阻塞气道发生呼吸梗阻时，在伤病员的双肺下端还残留着部分气体，如果冲击腹部，给膈肌下软组织突然向上的压力，使胸腔压力骤然升高，从而压迫双肺驱使残留气体形成一股强烈气流，该股气流冲击气管，将堵塞住气管、咽喉部的异物驱除，从而达到排出气管异物，解除呼吸道梗阻的作用。

2. 自救腹部冲击法

自救腹部冲击法适用于不完全气道阻塞的患者。患者意识清醒，当无其他人在场相助，打电话又困难的情况下，采用以下操作方法：

（1）手握空心拳，拳眼置于腹部脐上两横指处，然后另一手紧握此拳，双手同时向内、向上冲击5次，每次冲击动作要明显分开。

（2）还可选择将上腹部压在坚硬物上，如桌边、椅背和栏杆处，连续向内、向上冲击5次。若冲击5次无效，可重复操作若干次，直至异物排出。

3. 互救立位腹部冲击法

互救立位腹部冲击法适用于不完全或完全气道阻塞的意识清醒患者。救援人员询问是否有异物进入气道，患者点头承认，救援人员可用立位腹部冲击法急救，同时呼叫120。

立位腹部冲击法操作流程如下：

（1）救援人员站在患者的背后，双臂环绕患者腰部，患者弯腰、头部前倾。

（2）救援人员手握空心拳，拳眼顶住患者腹部正中脐上两横指处。

（3）另一手紧握此拳，快速向内、向上冲击5次。

（4）患者配合救援人员，低头张口，以便异物排出。

4. 互救仰卧位腹部冲击法

对于不完全或完全气道阻塞的患者，如若患者意识不清者，应用仰卧腹部冲击法，并呼叫120。

仰卧位腹部冲击法操作流程如下：

（1）将患者置于仰卧位，救援人员骑跨在患者髋部两侧。

（2）救援人员一只手的掌跟置于患者腹部正中脐上两横指处，不要触及剑突。另一手直接放在第一只手背上，两手掌跟重叠。

（3）两手合力快速向上、向内有节奏冲击患者的腹部，连续5次，可重复操作若干次。

（4）检查口腔，如异物被冲出，迅速用手将其取出。

三、清理异物——海姆立克急救法（儿童）

异物呛入孩子气管时，首先应清除鼻腔和口腔内的呕吐物或食物残渣，但不要试图用手把气管内的异物挖出来，建议试用下列手法诱导异物排除。

1. 腹部立位冲击法

适用于清醒者，方法与成人相同。注意检查口腔，如异物排出迅速用手取出异物；若阻塞物未取出，重复操作1～3次。

2. 推压腹部法

意识不清者用此法急救，具体流程如下：

（1）将患儿仰卧于桌子上。

（2）抢救者用手放在其腹部脐与剑突之间，紧贴腹部向上适当加压。

（3）另一只手柔和地放在胸壁上，向上和向胸腔内适当加压，以增加腹腔和胸腔内压力，反复多次，可使异物咯出。

四、清理异物——海姆立克急救法（婴儿）

1. 背部叩击法

（1）救援人员将婴儿的身体置于一侧的前臂上，同时手掌将后头颈部固定，头部低于躯干。

（2）用另一手固定婴儿下颌角，并使婴儿头部轻度后仰，以打开气道。

（3）两前臂将婴儿固定，翻转呈俯卧位。

（4）用手掌跟向内、向上叩击婴儿背部两肩胛骨之间4次。

（5）两手及前臂将婴儿翻转为仰卧位。

（6）快速冲击性按压婴儿两乳头连线中点下一横指处4～6次。

（7）检查口腔，如异物排出，迅速用手取出异物。

（8）若阻塞物未能排出，重复进行背部冲击和胸部冲击。

2. 倒立拍背法

（1）倒提其两腿，使头向下垂。

（2）同时轻拍其背部，这样可以通过异物的自身重力和呛咳时胸腔内气体的冲力，迫使异物向外咳出。

采取海姆立克急救法过程中要密切观察患者病情变化，若采取上述方法仍然不能解除气道阻塞或者患者出现面色紫绀、重度呼吸困难甚至呼吸停止时，应立即呼叫120或到就近医院进行抢救。

五、开放气道

开放气道（Air Way）是指保持通畅的呼吸道。昏迷伤员由于突然出现的脑实质损害，神经冲动障碍，导致颏舌肌及舌下肌失去神经支配，致使舌体后坠至咽喉部，咽腔容积变小，气道阻力增加，肺通气量减少而表现为上气道梗阻。在危重伤员的抢救过程中，准确、快速地处理呼吸道梗阻是维持生命、稳定病情，为伤员争取进一步诊治机会的关键。

开放气道也是早期心肺复苏的重要一环，突发事件发生时通常不会有专业医护人员在场或者没有医疗工器具，因此掌握徒手开放气道的方法十分重要，是挽救伤患人员必须掌握的措施。徒手开放气道的方法主要有仰头抬颏法、仰头抬颈法、双手抬颌法、稳定侧卧法（复苏体位）等。

1. 仰头抬颏法

伤员仰卧，救援人员位于伤员肩部，一手置于伤员前额，向后下方加压使其头部后仰，另一手的食指和中指置于伤员颏部的下颌角处，将颏部向上抬起，从而开放气道。

2. 仰头抬颈法

伤员仰卧，救援人员跪立于伤员肩部平齐位置，一只手置于伤员颈下，托扶伤员颈部，另一只手置于伤员前额，以小鱼际下压伤员前额，使伤员头部后仰，开放气道。

3. 双手抬颌法

伤员仰卧，救援人员站或跪于伤员的头部，救援人员用双手拇指分别放在患者左右颧骨上，食指、中指和无名指放在患者两侧下颌角处，将下颌向前上方托起，使头后仰，下颌骨前移，即可开放气道。此法适用于颈部有外伤时。颈部有外伤时，不能将伤员头部后仰及左右转动，只需单纯托起双侧下颌即可。

4. 稳定侧卧法（复苏体位）

当伤员多而救援人员缺乏时，对于有呼吸但昏迷的伤员可以使用此方法。救援人员将伤病员靠近自己一侧的腿弯曲，并将同侧手臂至于臀部下方；救援人员一手扶住伤员髋部，一手扶住伤病员头颈部，轻柔地将伤病员反转向自己一侧，使其呈侧卧位，上方手臂至于其脸颊下方，下方手臂至于背后。

稳定侧卧法也称复苏体位，在进行心肺复苏时，当伤病员恢复生命体征后应将其由仰卧位转为复苏体位，以保障伤病员呼吸通畅。

5. 注意事项

（1）开放气道前须清除呼吸道内异物和口腔分泌物、血液、呕吐物等，以免在气道开放时发生误吸。

（2）颈部有外伤者可采用双手抬颌法开放道，不宜采用仰头抬颏法和仰头抬颈法，以避免进一步损伤脊柱。

六、口对口人工呼吸

呼吸是维持生命的重要功能。呼吸停止时人体会失去氧的供应，体内二氧化碳也不能排出去，呼吸停止会引发心脏骤停，导致血液循环停止，使人体在短时间失去生命特征。人的大脑缺氧 $4\sim6$min 就会造成脑细胞损伤；缺氧超过 10min，脑组织就会发生脑水肿、脑死亡等不可逆的破坏。因此，一旦发现呼吸停止的伤患员，必须马上进行人工呼吸急救。

人工呼吸最常用的方法是口对口人工呼吸，另外还有针对伤患员口腔不能打开时的口对鼻人工呼吸以及适用于婴幼儿的口对口鼻人工呼吸。

人工呼吸就是救援人员将自己呼出的气吹入伤员肺内以完成伤员吸气，然后因伤员胸廓和肺的弹性回位而完成呼气。虽然救援人员呼出气体中的氧气较少，只有 $15\%\sim18\%$（正常空气中氧含量约为 21%），而二氧化碳较多，含量为 $2\%\sim4\%$（正常空气中二氧化碳含量约为 0.04%），但只要加大潮气量，完全可以满足短时间内维持生命的需要。口对口人工呼吸的突出优点是受条件限制少，可随时随地进行，可使伤患员及时得到救治。

人工呼吸常用在心脏骤停、气道异物阻塞、溺水、触电、有毒有害气体中毒等导致的呼吸停止场景，是应急救援人员必须掌握的急救措施。

1. 口对口人工呼吸

口对口人工呼吸，救援人员捏住伤员鼻子，用嘴对嘴的方法向其口腔内吹气。具体方法如下：

（1）开放气道。开放气道是维持呼吸畅通，使气体自由进出的保障，是人工呼吸有效实施的前提。开放气道时首先解开伤患员的衣领、衣扣以及腰带，用仰头抬颏法、仰头抬颈法、双手抬颌法等方法使伤患员鼻孔朝天，打开伤患员气道，同时迅速清理伤患员口腔内的异物。

（2）口对口吹气。救援人员一手捏住伤患员鼻孔一手轻压患者下颌，把口腔打开，然后深吸一口气，用自己的口唇把伤员的口唇包住，向其口腔吹气。吹气要均匀，每次吹气时间大于 1s，用力不能过猛。吹气的同时观察伤员的胸部，以胸部有明显起伏为宜，如果看不到患者胸部有明显起伏，说明吹气力度不够，应适当加强。

每次吹气后，放开伤患员口鼻使其胸部自然回落后将气体呼出，救援人员再侧头深吸一口气重复以上操作。直到伤员恢复呼吸或者救护车到达，交给专业救护人员继续抢救。

只做单纯人工呼吸时，每隔 5s 吹一次气，吹气频率控制在 10~15 次/min。

2. 口对鼻以及口对口鼻人工呼吸

当伤员牙关紧闭不能张口或者口腔严重外伤时，用口对鼻人工呼吸的方式进行通气。其操作方法是：救援人员一只手置于伤员的前额并稍微施压使其头部后仰打开气道，另一只手抬举伤员的下颌，同时封住伤员口唇，救援人员深吸口气用口唇包住伤员鼻子用力缓慢吹气，观察到伤员胸部有明显起伏后停止吹气，使其胸部自然回落，重复此过程。

对婴幼儿进行抢救时，应采用口对口鼻人工呼吸并注意吹气力度以及吹气量。

3. 注意事项

（1）一旦判断伤患员出现呼吸停止现象，要立即进行人工呼吸；若伤员同时出现心脏骤停，抢救时应配合胸外心脏按压同时进行，即心肺复苏。

（2）进行人工呼吸时，防止将气体吹入胃内造成胃胀气，后者易使胸外按压时，胃内气体和内容物大量返流进口腔及咽部，影响心肺复苏效果，甚至造成吸入性肺炎。

（3）进行人工呼吸时要保护好自身，使用口对口人工呼吸膜、简易呼吸口罩或利用身边现有的清洁布料盖在伤员口唇（口鼻）之间，避免与伤患员口鼻直接接触，防止传染病。

（4）吹气时不要按压胸部，抢救时首次吹气连续进行两次，每次大于 1s，之后吹气频率控制在 10~15 次/min。

（5）吹气量不宜过大，应根据伤病员的具体情况确定，一般以吹气后伤病员的胸部略有起伏为宜，通常为 800~1200mL。

第四节　胸外心脏按压

一、胸外心脏按压原理和适应症状

1. 胸外心脏按压原理

胸外心脏按压是重建循环的重要方法，就是通过人工的力量对胸壁进行有节奏的按压，间接地迫使心脏收缩与舒张，维持身体血液循环。正确的操作可使心脏排血量达到正常时的 $\frac{1}{4} \sim \frac{1}{3}$，脑供血量达到正常时的 30％ 左右，以保证机体对血液最低限度的需要。

由于心包紧靠胸骨和肋骨后方，通过对胸骨进行按压使胸腔内压力增高，就可促使心脏被动收缩排血，血液由心脏流出经大动脉流至全身；放松时下陷的胸骨、肋骨又恢复到原来的位置，心脏被动舒张，致使胸腔内压力降低且低于静脉压，从而吸引静脉血回流于右心室；通过反复按压与放松，就能够达到维持血液循环的作用。

2. 适应症状

虽然胸外心脏按压在很大程度上可以暂时维持伤患员血液循环，为挽救伤患员生命争取时间，创造条件，但并不是所有类型的心脏停搏都可以用胸外心脏按压来抢救。

胸外心脏按压适用于因各种原因所造成的循环骤停，包括心搏骤停、心室纤颤及心搏极弱等，但对于胸壁开放性损伤、张力性气胸、肋骨骨折、胸廓畸形或心包填塞以及心、肺、脑等重要器官功能衰竭无法逆转者，不适宜进行胸外心脏按压。

二、胸外心脏按压步骤

1. 确定按压位置

实施心脏按压首先要找准按压的位置，正确位置在胸骨中下 $\frac{1}{3}$ 交界处，抢救者将一手的中指沿伤员一侧的肋弓向上滑移至双侧肋弓的汇合点，中指定位于此处，食指紧贴中指并拢，以另一手的掌根部紧贴食指平放，使掌根的横轴与胸骨的长轴重合。此掌根部即为按压区，固定不要移动。此时可将定位之手重叠放在另一只手的手背上，双手掌根重叠，十指相扣，使下面手的手指抬起（以避免按压时损伤肋骨）。左手的掌根部放在按压区，右手重叠在左手背上，两手手指跷起（扣在一起）离开胸壁。双肩正对病人胸骨上方，两肩、臂、肘垂直向下按压。平稳地、有规律地进行，垂直向下按压，每次抬起时，掌根不要离开胸壁，保持已选择好的按压位置不变。

2. 按压方法

按压时上半身前倾，腕、肘、肩关节伸直，与地面垂直，以髋关节为轴，垂直向下用力，借助上半身的体重和肩臂部肌肉的力量进行按压；按压要脉冲式、平稳有规律地进行；按压不可间断；按压与放松的时间相等，放松时要使伤患员的胸部充分回弹。

3. 按压要求

（1）按压时不是整个手掌用力，而是手掌的掌根部用力，范围控制在胸骨下段，以免压断肋骨或造成其他脏器损伤。

（2）对儿童（1～14 岁）进行胸外心脏按压时，应用单掌跟按压；对于婴幼儿（新生儿除外），单手操作用两手指按压。

（3）按压的深度，成人和青少年按压深度至少为 5cm，避免大于 6cm；1 岁至青春期儿童按压深度为 5cm；不足 1 岁婴幼儿（新生儿除外）按压深度为 3cm 左右。

（4）按压的速率，成人、儿童、婴幼儿均为 100～120 次/min。

（5）按压次数与人工呼吸次数的比例均为 30∶2。

（6）按压有效的标志为能触摸到动脉搏动，伤患员颜面部恢复红润，瞳孔由大变小，眼球有明显活动；复苏成功后可停止进行胸外心脏按压。

三、胸外心脏按压注意事项

1. 注意抢救位置

进行胸外心脏按压时，伤员要呈仰卧位于平坦的地面或者硬木板上，不能在软垫上施救，必要时转运伤员。

2. 注意按压位置

按压的位置过高会使按压失效；按压的位置过低会使剑突受损甚至折断，损伤内脏器官；按压的位置偏向两侧易造成肋骨骨折，导致气胸、血胸等。

3. 注意按压姿势

按压时上半身前倾，腕、肘、肩关节伸直，与地面垂直，以髋关节为轴，垂直向下用力，若用力方向倾斜会导致一部分力丢失，达不到按压深度致使按压无效或者造成肋骨损伤；按压时肘关节弯曲同样会导致按压深度不足，造成按压无效。

4. 注意按压频率

按压频率过快或者过慢都会导致抢救失败。

5. 禁止进行胸前叩击

2005 年美国心脏协会心肺复苏指南中指出，胸前叩击不能恢复自主循环。2010 年美国心脏协会心肺复苏指南再次指出，胸前叩击并发症可导致胸骨骨折、骨髓炎、中风以及诱发成人和儿童的恶性心律失常，因此禁止胸前叩击。

第五节　心　肺　复　苏

一、心肺复苏概念

1. 心肺复苏技术

心肺复苏技术（Cardiopulmonary Resuscitation，CPR）也就是当患者忽然出现心搏骤停或者呼吸停止等突发症状时，用人工呼吸来替代自主呼吸的方式，同时对患者进心脏按压以达到形成人工循环的目的，诱导患者自主产生心跳搏动的技术。近年来，心肺复苏技术已日趋规范。

当人突然发生心跳、呼吸停止时，必须在 4～8min 内建立基础生命维持，保证人体重要脏器的基本血氧供应，直到建立高级生命维持或自身心跳、呼吸恢复为止，其具体操作即心肺复苏。心跳呼吸骤停是临床上最紧急的情况，据统计有 70% 以上的猝死发生在院前。心跳停止 4min 内进行 CPR－BLS，并于 8min 内进行进一步生命支持（ALS），则伤员的生存率为 43%。心肺复苏强调黄金 4min，通常 4min 内进行心肺复苏，有 32% 能救活，4min 以后再进行心肺复苏，只有 17% 能救活。

2. 国际心肺复苏指南

国际心肺复苏指南是目前国际上公认的心肺复苏标准，由美国心脏协会（AHA）和国际复苏联盟（ILCOR）联合每五年更新一次。在 2010 年 10 月 18 日美国心脏协会

（AHA）公布的心肺复苏（CPR）指南中，重新安排了 CPR 传统的三个步骤，从原来的 A—B—C（A. 保持气道通畅、B. 人工呼吸、C. 胸部挤压）改为 C—A—B。这一改变适用于成人、儿童和婴儿，但不包括新生儿。

为了提高心肺复苏的成功率，美国心脏协会提出心肺复苏中的 5 个环节，称为生存链。保证每个环节不脱钩，才能最大限度地救助生命，如图 3-5-1 所示。

图 3-5-1　生存链——心肺复苏中的 5 个环节

在这个生存链中，要求第一目击者或救援人员能够在现场准确有效地进行前三个环节，其中国际心肺复苏指南将第三个环节——电除颤，作为生命链中最重要的一环，因此大型公共场所以及救援队伍有必要配备 AED。

二、心肺复苏流程

1. 评估环境

救援人员确认现场安全，从伤员脚的方向靠近伤员，使神志清醒的伤员有所精神准备。对家属或者周围人员说道："我是紧急救护人员，我学过心肺复苏，请问需要我的帮助吗？"，如图 3-5-2 所示。

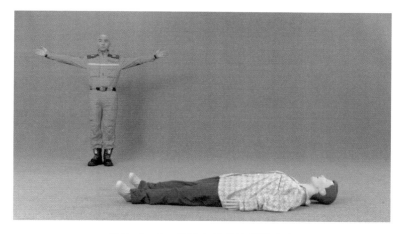

图 3-5-2　救援人员确认现场安全

2. 判断意识

救援人员跪在伤员任意一侧，身体中轴对准伤员两乳头连线，距离伤员 10cm，两腿分开与肩同宽。用轻拍重喊的方式喊道："喂！你怎么啦？你怎么啦？"来判断伤员有无意识，如图 3-5-3 所示。

图 3-5-3 救援人员判断伤员有无意识

3. 高声呼救

伤员无意识时，救援人员要高声呼救："快来人啊！救命啊！"并指定专人拨打急救电话并协助救助，同时请专人取 AED 和帮助救助（口令：有人么，快来人啊！救命啊！这位先生，请你拨打 120，这位先生，请你帮忙取得 AED），如图 3-5-4 所示。

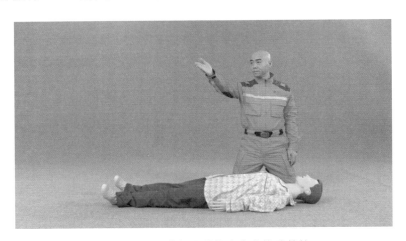

图 3-5-4 救援人员指定专人协助救护

4. 判断呼吸

用 5～10s（读秒的方法是 1001、1002、…、1010，4 个字正好 1s），扫视胸腹有无起伏来判断有无呼吸，没有呼吸或喘息样呼吸时，立即进行胸外心脏按压，如图 3-5-5 所示。

5. 胸外心脏按压

将掌根放在胸部中央胸骨下 1/2 段（定位方法：中指对准乳头），双掌根重叠，十指相扣，肘关节伸直，脉冲式垂直向下按压 30 次，成人频率至少 100 次/min，不超过 120 次/min，深度至少 5cm，不超过 6cm。每次按压确保胸廓完全回弹，放松时救援人员的掌根不离开伤员胸部，按压和放松的时间相等，如图 3-5-6 所示。

图3-5-5 救援人员判断伤员有无呼吸

（a）掌根位置

（b）按压体位

图3-5-6 胸外心脏按压

6. 清理口腔异物

救援人员轻侧伤员头部，清理口腔异物，并将伤员头部回正，如图3-5-7所示。

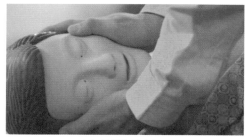

（a）轻侧伤员头部

（b）清除口腔异物

图3-5-7 清理口腔异物

7. 开放气道

救援人员一只手压住额头，另一只手的中指和食指提下颏，使伤员下颌尖、耳垂与地面连线垂直，鼻孔朝天，如图3-5-8所示。

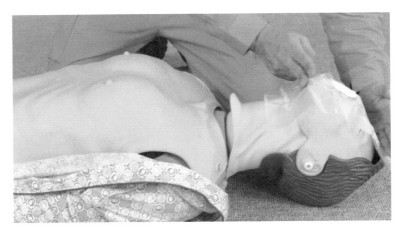

图 3 - 5 - 8　开放气道

8. 人工呼吸

捏住鼻孔、嘴部包严，缓慢吹气，超过 1s。吹气时，眼睛同时斜视胸廓，直见胸部明显隆起即可。2 次吹气后，再次进行胸外心脏按压 30 次。如此循环直至伤员恢复自主循环或有人接替心肺复苏，如图 3 - 5 - 9 所示。

（a）包严口唇

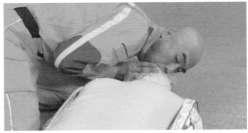

（b）观察胸部起伏

图 3 - 5 - 9　口对口人工呼吸

9. 使用 AED 进行心脏除颤

协助人员取来 AED，救援人员打开 AED，插上插头，AED 锂电池自动充电。根据提示撕掉电极片上的不干胶，在图示指示的位置将电极片贴好，等待 AED 分析。此时要远离伤员，不得接触伤员，以免影响 AED 的分析。等 AED 指示需要除颤时，按下除颤按钮，然后根据 AED 指示进行后续操作，如图 3 - 5 - 10 所示。

当伤员呈俯卧时，救援人员应将伤员双腿交叉，一只手扶住伤员头部，另一只手扶住对侧腋下，保持脊柱呈轴向整体翻转伤员，使其呈仰卧位，如图 3 - 5 - 11 所示。

三、心肺复苏的停止及其有效的判断标准

1. 伤病员转运

发现心脏骤停的伤病员要立即就地进行心肺复苏，进行心肺复苏时伤病员要呈仰卧位于平坦的地面或者硬木板上，不能在软垫上施救；施救过程不能中断，除非现场出现威胁

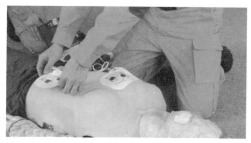

（a）贴放电极片

（b）远离伤员

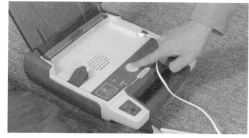

（c）放电除颤

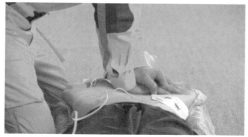

（d）心肺复苏

图 3-5-10 使用 AED 进行心脏除颤

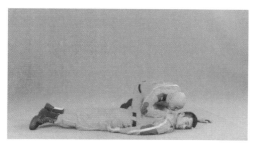

（a）判断意识

（b）交叉双腿

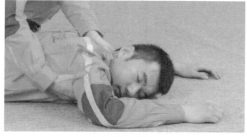

（c）托扶头部

（d）整体翻转

图 3-5-11 翻转体位

人员生命的情况、伤病员身上出现尸斑或者有专业人员接替治疗。

现场心肺复苏应坚持不断地进行，即使在送往医院的途中也应继续进行，需要注意的是鼻导管供氧绝不能代替心肺复苏术。将伤病员由室外转移至室内应迅速进行，中断操作时间不得超过 7s；通过狭窄的道路、上下楼或上救护车时，操作中断不得超过 30s。

将心跳、呼吸恢复的伤员用救护车送医院时，应在伤员背部放一块长、宽适当的硬板，以备随时进行心肺复苏。将伤员送到医院而专业人员尚未接手前，仍应继续进行心肺复苏。

2. 终止心肺复苏的标准

何时终止心肺复苏涉及医疗、社会、道德等各个方面，不同国家对心肺复苏的终止条件也有所不同，但一般而言，在医院，终止 CPR 取决于主治医生。在院外，决定于专业急救人员。

国际心肺复苏指南提出的终止 CPR 标准是：科学研究已经表明，如病情无改善，对成人或儿童延长复苏时间也是不可能成功的，如果已经连续 30min 的高级生命支持后仍无自主循环恢复，则可以停止复苏。然而，任何时间的自主循环恢复，不管持续多久，考虑延长复苏时间都是合适的。其他问题如药物过量和心脏骤停前有严重的低体温（如溺入冰水）等，也应该考虑延长复苏时间。

对于新生儿，如果 15min 后自主呼吸未恢复，可以停止复苏。经过积极复苏 10min 以上仍无反应，预示着效果极差，存活或无后遗症的可能性极小。

3. 判断复苏有效的标准

复苏有效时，可见病人有眼球活动，瞳孔由大变小，伤病员恢复自主呼吸，口唇、甲床恢复红润，能明显感受到动脉搏动或者已经恢复神志等；伤病员恢复生命体征后应将伤员翻转至复苏体位。

复 习 思 考 题

1. 现代心肺复苏包括哪几个环节？

2. 心脏骤停的分类有哪几种？阐述其相互之间病理的区别。

3. 简述自动体外除颤器（AED）的工作原理及其使用方法。

4. 简述海姆立克急救法中互救立位腹部冲击法的救护过程。

5. 开放气道的方法有哪几种？试说明其中一种的具体操作方法。

6. 人工呼吸时有哪些注意事项？

7. 简述胸外按压的要求。

8. 简述心肺复苏的现场操作流程。

第四章

创伤救护基本技术

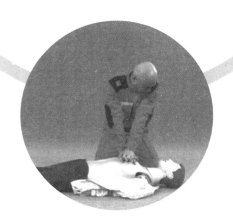

事故灾难现场情况复杂，伤员众多，且伤情、伤势、种类难以预测，这都使现场救援难度增大，不及时以及不准确的救护可能加重伤患者的伤病情，甚至死亡。为了能够最大程度缓解伤员的伤病情，挽救伤员生命，在救援过程中尽量减轻伤员痛苦，减少并发症和后遗症等，救援人员必须掌握止血、包扎、固定、搬运等医疗救援基本技术。

第一节　止　　血

一、失血症状和出血类型

（一）失血症状

血液是人体的重要组成部分，起到运输营养物质、调节人体温度、防御外来入侵以及调节人体渗透压和酸碱平衡等功能。正常成人的血液总量，男子约占体重的 8％，女子约占体重的 7.5％，例如一个 60kg 重的人，按照 8％ 的血容量来算，总血容量为 4800mL。一般情况下，正常人失血量在 10％～15％ 时，人体尚可代偿，但超过 15％ 时发生休克的可能性就会大大增加，危及人员生命安全。

出血是创伤的突出表现，是导致突发事故现场伤员死亡的主要原因。止血是创伤现场救护的基本任务，通常多数出血症状在获得准确医学救助后可以避免人员死亡。正确止血可以减少伤员出血量，保存伤员体内有效血容量，防止伤员休克，是提高伤员生存率，为伤员赢得进一步治疗时间的重要措施。

无论是外出血还是内出血，失血量较多时，伤员会出现面色苍白、冷汗淋漓、手足发凉、四肢无力、呼吸紧迫、心慌意乱等情况，检查时能够发现脉搏快速而虚弱，血压下降，表情淡漠，甚至神志不清。

（二）按血管性质分类的出血类型

1. 动脉出血

动脉血液为鲜红色，出血时呈喷射状，来自伤口近心脏的一端；在单位时间里出血量很大；如果不及时有效地止血，伤者会在短时间内出现休克，严重威胁人的生命。

2. 静脉出血

静脉血液为暗红色，出血时呈泉涌状，随后局部血管收缩，血流逐渐减缓；其危害性小于动脉出血，但大静脉出血对人体的危害同样很大。

3. 毛细血管出血

毛细血管血液为鲜红色，出血时片状渗出，出血量少；找不到明显出血点，危险性小，通常能够自愈。

（三）按出血部位分类的出血类型

1. 皮下出血

多因跌、撞、挤、挫伤等造成皮下软组织内出血，形成血肿、淤斑，可短期自愈。

2. 内出血

内出血是由于深部组织和内脏损伤时，血液流入组织内或体内，形成脏器血肿或积血。内出血从外表看是看不见的，只能根据伤员的全身或局部症状来判断，如通过面色苍白、吐血、腹部疼痛、便血、脉搏快而弱等症状来判断胃、肠道等重要脏器有无出血。内出血对伤员的健康和生命威胁很大，必须密切注意。

3. 外出血

人体受到外伤后血管破裂，血液从伤口流出体外。

（四）按出血时间分类的出血类型

1. 原发性出血

伤后当时出血。

2. 继发性出血

在原发性出血停止后，经过一定时间，再发生出血。

二、止血材料和止血注意事项

（一）止血材料

医疗救护人员到灾害现场救援时，应配备充足的止血材料，常用的止血材料有无菌敷料、纱布、绷带、三角巾、创可贴、止血带等。在救援现场没有充足材料时，需要就地取材，可以使用伤员身上干净的衣物、毛巾、手绢等，但是禁止使用电线、绳子、铁丝等代替止血带。

1. 敷料

敷料的作用有覆盖伤口、吸收血液并引流液体、控制出血、保护伤口、预防感染等，救护时应使用无菌敷料，若现场没有无菌敷料，可以使用伤员身上干净的衣物代替，也可以用干净的毛巾、布料等代替。

2. 止血带

对于四肢有大血管出血或创口大出血过多的情况，应使用止血带止血。使用止血带时尽量选用医用气囊止血带、表式止血带和橡胶止血带，应急时可以用皮带、布条等，但禁止使用电线、绳子等。

（二）止血注意事项

（1）尽可能戴上医用手套，如无医用手套，可用一次性塑料手套、塑料袋、敷料等作为隔离层。

（2）如必须用裸露的手进行伤口处理，处理完后立即用肥皂或医用消毒液清洗手部。

（3）脱去或剪开衣服，暴露伤口，检查出血部位。

（4）依据伤口出血的部位及出血量的多少，采取相应的止血法止血。

（5）不要对嵌有异物或骨折断端外露的伤口采取直接压迫止血。

（6）不要去除血液浸渍的敷料，应在其上另加敷料并保持压力。

（7）肢体出血，应将受伤区域抬高到超过心脏位置。

三、常用止血方法

（一）指压止血法

指压止血法主要用于大血管，特别是大动脉出血的临时止血。当较大的动脉出血时，只要几分钟即可危及伤员生命。临时用手指或手掌压迫伤口近心端的动脉，将动脉压向深部的骨方，阻断动脉血运，可以达到快速、有效止血的目的，使用指压止血法，救护人员必须熟悉人体主要动脉压迫点。

1. 操作要点

准确掌握动脉压迫点；压迫力度适中，以伤口不再出血为准；压迫时间 10～15min，仅是短时间控制出血；若是四肢出血应抬高患肢。

2. 常见压迫部位

（1）侧头顶出血，可用食指或拇指压迫同侧耳前方搏动点（颞浅动脉）进行止血，如图 4-1-1 所示。

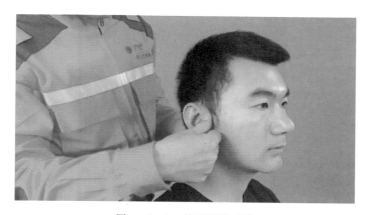

图 4-1-1　按压颞浅动脉

（2）侧颜面部出血，可用食指或拇指压迫同侧下颌骨下缘，下颌角前方 3cm 处（面动脉）进行止血，如图 4-1-2 所示。

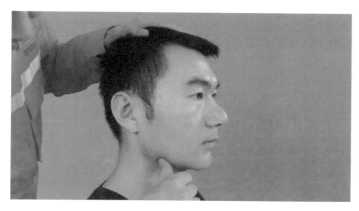

图 4-1-2　按压面动脉

（3）肩腋部出血，可用拇指压迫同侧锁骨中窝中部的搏动点（锁骨下动静脉）进行止血，如图 4-1-3 所示。

（4）前臂出血，可用拇指或其他四指压迫上臂肱二头肌内侧沟处的搏动点（肱动脉）进行止血，如图 4-1-4 所示。

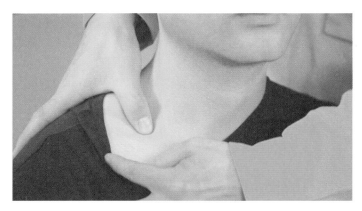

图4-1-3 按压锁骨下动静脉

图4-1-4 按压肱动脉

（5）手部出血，可用两手拇指分别压迫手腕稍上处内外两侧搏动点（尺动脉、桡动脉）进行止血，如图4-1-5所示。

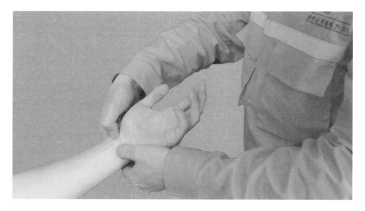

图4-1-5 按压桡、尺动脉

（6）大腿以下出血，可用双手重叠压迫腹股沟中点稍下方的搏动点（股动脉）进行止血，如图 4-1-6 所示。

图 4-1-6　按压股动脉

（7）足部出血，可用两手食指或拇指分别压迫足背中部近脚腕处（足背动脉）以及足跟内侧与内踝之间处（胫后动脉）进行止血，如图 4-1-7 所示。

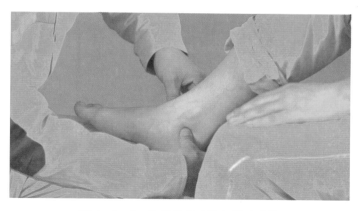

图 4-1-7　按压足背动脉与胫后动脉

（二）包扎止血法

适用于伤口表浅、出血量少的静脉和毛细血管出血。

1. 创可贴止血

将创可贴的一边先粘贴在伤口的一侧，然后向对侧拉紧粘贴另一侧。

2. 敷料包扎

将无菌敷料、纱布覆盖在伤口上，敷料、纱布要有足够的厚度，覆盖区要超过伤口边缘至少 3cm。

3. 就地取材包扎

选用洁净的三角巾、手帕、清洁布料等进行止血。

（三）加压包扎止血法

加压包扎止血是控制四肢、体表出血的最简便、有效的方法，应用最广。将无菌纱布

（也可用干净毛巾、布料等代替）覆盖在伤口处，然后用绷带或布条适当加压包扎固定，即可止血。对肢体较大动脉出血若不能控制，可在包扎的近心侧使用止血带，或去除敷料，在满意的光照下，用止血钳将破裂动脉的近心端临时夹闭。在钳夹时尽量多保留正常血管的长度，为后续将要进行的血管吻合提供条件。加压包扎止血不适用于有骨折或伤口存在异物时的患者。

1. 直接压迫法

直接压迫止血用于外出血，总体原则是"先盖后包"，伤口无大的异物时，将敷料盖于伤口之上，用力按压来达到压迫止血的目的，如果现场没有敷料，可以用干净的衣服、棉织品或者卫生巾来代替。给他人按压止血时，救援人员应带上不透水的手套或用塑料布覆盖在敷料之上，做好自我防护，免受血液传播性疾病的感染。

操作时伤者呈坐位或卧位，抬高伤肢（骨折除外）；检查伤口有无异物；如无异物，用敷料覆盖伤口，覆盖面积要超过伤口边缘至少3cm；如果敷料已被血液浸透，再加上另一敷料；用手施加压力直接压迫；用绷带、三角巾等用力绷紧加压包扎。

2. 间接压迫法

异物插入人体，绝对不能将异物拔出，应借助敷料围在异物周围进行固定，并加压包扎以达到止血目的，如图4-1-8所示。处理完后不可随意移动伤员，以免造成多次损伤，应立即呼叫急救中心。

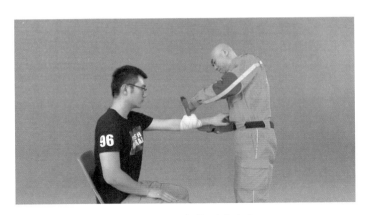

图 4-1-8 间接压迫止血

（四）止血带止血法

止血带止血法适用于四肢较大的动脉出血，在近心端将整个肢体用力环形包扎，通过完全阻断肢体血流来达到止血目的。但其损伤大，一旦导致挤压综合征，可导致肢体坏死、急性肾功能不全等严重并发症。因此，使用止血带止血时，要严格记录止血时间，每过一段时间需要松开止血带，以免出现挤压综合征。主要用于暂时不能用其他方法控制出血的情况，且应尽量避免使用。

1. 操作要点

止血带应放在伤口近心端；伤肢高抬后再上止血带，肢体上止血带的部位要准确；上止血带的部位要加衬垫以防软组织挫伤；上止血带后以伤肢端呈蜡色为宜，止血带的松紧度以能压住动脉血流为原则，准确记录上止血带的时间，每隔 50min 放松 3～5min；放松止血带期间，要用指压止血法、直接压迫法止血，以减少出血。

2. 气囊止血带止血

（1）气囊止血带也称气压止血带，操作时首先在上臂的上 1/3 段或大腿上段垫上衬垫（绷带、毛巾、平整的衣物等）。

（2）将止血带缠在肢体上。

（3）打开充气阀门开关，用充气杆充气，至压力表指针到 300mmHg （上肢） 或 600mmHg （下肢）。

（4）然后关紧充气阀，记录时间及压力值。

（5）为防止止血带松脱，上止血带后再缠几圈绷带加强。

3. 表带止血带止血

表带止血带也称扣式止血带，操作方法与气囊止血带相似。首先将伤肢抬高；在上臂的上 1/3 段或大腿上段垫上衬垫；将止血带缠在肢体上，一端穿进扣环并拉紧，以伤口不出血为度；最后记录止血带安放时间。

4. 橡皮止血带止血

首先在伤口的近心端垫好衬垫，然后再扎橡皮止血带。方法是用左手拇指、食指、中指夹持止血带头端，将尾端绕肢体一圈后压住止血带头端和手指，再将止血带绕肢体一圈，用左手食指、中指夹住尾端，抽出手指即成一活结，最后记录止血带安放时间。

5. 加垫屈膝止血法

四肢膝、肘以下部位出血时，如没有骨折和关节损伤，可将一个厚棉垫或细带卷塞在肘窝部，屈曲腿或臂，再用三角巾或绷带紧紧缚住。用于制止前臂和小腿的出血。

6. 临时绞紧法

没有现成的止血带时，可用手边的现有材料如三角巾、布腰带、细带、手巾等做绞紧带用（但禁用电线或绳索）。先在伤口的近心端放块布料或纸做的垫子，然后用三角巾叠成带状（或用手帕、布条、绷带条等方便材料），将带状三角巾绕肢体 1～2 圈勒紧打一活结，再用笔杆或小棒插入带状的外圈内绞紧，将绞紧后的小木棒插入活结的带中，记录止血带安放时间。

7. 止血带止血法注意事项

（1）止血带应放在伤口的近心端。前臂和小腿一般不适用止血带，因有两根长骨，使血流阻断不全；上臂和大腿部应绑在上 1/3 的部位；上臂的中 1/3 部位不可上止血带是为了避免压迫损伤桡神经，引起上肢麻痹。

（2）止血带止血时要先在缚扎处垫上衬垫，避免造成软组织挫伤。

（3）缚扎止血带要松紧度适宜，以出血停止、远端摸不到动脉搏动为宜。过松达不到止血的目的，且会增加出血量，过紧则易造成肢体肿胀和坏死。

（4）布料止血带本身无弹性，要特别注意防止肢体损伤，不可为了防止脱落一味加压。

（5）扎止血带的时间越短越好，一般不超过 60min，如果必须延长，则应每隔 45～60min

左右放松 3～5min，且总时间不宜超过 3h，在放松止血带期间需用指压止血法临时止血。

（6）放松止血带时，应缓慢松开，并观察是否还有出血，切忌突然完全松开，防止血压波动或再出血。

（7）上止血带必须作出显著标志，注明时间和上止血带的原因等；二次上止血带时要注明第二次的时间；上止血带的伤员优先后送，以便及时进行下一步处置。

（8）要严格掌控止血带的使用，能用其他方法止血时就不用止血带止血，若用了其他方法止血但是伤肢仍然继续出血时再上止血带。

（五）填塞止血法

填塞止血法常用于弹道损伤、贯穿伤等伤口大、深、组织损伤严重的情况，用消毒纱布、敷料等填塞在伤口内，以达到止血的目的，但有造成破伤风、气性坏疽感染的可能性，故不提倡。

（六）药物止血

一般而言，局部出血应用止血药物较安全，将出血部位抬高，用凝血酶止血纱布、吸收性明胶海绵、纤维蛋白海绵、三七粉、云南白药等敷在出血处即可。对外伤经静脉药物止血，则有一定的限制，且盲目注射大量止血药来止血是危险的。

四、不同部位的止血方法

（一）小动脉、静脉、毛细血管出血

小动脉、静脉、毛细血管出血可采用加压包扎止血法；加压包扎未能止血，将伤肢抬高并持续加压；持续加压未能止血，应使用指压止血法；指压止血法未能止血，应使用止血带止血。

（二）中等以上动脉出血、头面部及四肢部位伤口出血

中等以上动脉出血、头面部及四肢部位伤口通常出血量较大，应采用指压止血法；指压止血法未能止血，头面部用三角巾加压包扎止血，四肢部位应使用止血带止血。

（三）头皮出血

头皮分为 5 层：表皮、真皮、皮下组织、帽状腱膜、骨膜（颅骨膜）。其中皮层含有丰富的血管，外伤时出血多，但愈后较快。

由于头皮比较疏松且血管丰富，头皮损伤特点是损伤后可引起广泛的头皮下出血，出现血肿。血肿较小者，局限在直接受损部位，触压无明显痛感。血肿的大小在成人和儿童之间是有区别的，看似同样大小的头皮血肿，在成人来说可能影响不大，但小儿对失血耐受力差，少量出血即可引起休克或者贫血。

现场急救原则：让伤者保持舒适的体位休息，并冷敷伤口，如图 4-1-9 所示；冷敷时间为 20min，停 10min 后再冷敷，交替进行；如果病人出现意识障碍、嗜睡、呕吐等症状或者病人从高于自己身高 2 倍的高处坠落，应立即拨打急救电话。

（四）耳道出血

耳道出血时，不可堵塞耳孔，保持伤员半坐位，头侧向出血一侧。

（五）鼻出血

鼻出血时，保持伤员坐位，头部前倾，使血水流出，指导伤员用口呼吸，用手捏鼻骨

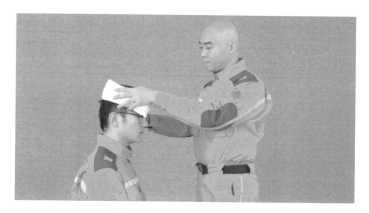

图 4-1-9　冰袋冷敷伤口

下的柔软部位。

（六）手指伤口出血

手指两侧有两条小动脉供血，血运丰富。用拇指和食指掐住伤指根部两侧的指动脉，用一块小纱布（或创可贴）压在伤口上，用尼龙指套套在伤口上固定纱布，或用细带缠绕固定。

（七）内出血

造成内出血的原因有：创伤、坠落伤、击打伤、腹部锐器伤或钝器伤等。

部分内出血的病人检查时可见：局部压痛、淤斑、血管丰富器官的体表衣物压痕、腹部僵硬、血性呕吐物、便血、尿血，无明显原因的休克。

处理伤员内出血时应抬高下肢，如图 4-1-10（a）所示，以保证心、肝、脑、肾等重要器官不缺血；解开衣领保证呼吸道通畅，如图 4-1-10（b）所示；注意保暖；拨打急救电话，尽快让医生介入；需要注意的是颅内出血禁止抬高下肢。

（a）抬高下肢　　　　　　　　　　　　（b）开放气道

图 4-1-10　内出血处置方法

第二节　包　　扎

包扎是创伤急救的主要技术之一，是利用纱布、绷带、三角巾或者现场可利用的布料进行保护伤口、防止感染、固定敷料、减少渗出、止血止痛、防止休克等，为伤口愈合创造良好条件。包扎时要快速、准确，并注意减少伤员伤痛。对有开放性损伤的伤病员现场必须包扎，对脑膨出、肠脱出、眼球脱出伤员进行局部保护性包扎，对开放性气胸进行封闭包扎。正确的包扎能够保护内脏、血管、神经等组织器官，有利于伤员转运治疗。

一、包扎材料

常见的包扎材料包括绷带、三角巾、尼龙套、创可贴，使用三角巾及绷带时注意在创口处加敷料；若现场没有相关材料，可以使用洁净的毛巾、衣物、布料、手帕等代替。

1. 创可贴

常用于急性小伤口的止血、消炎或愈创，尤其适用于切口整齐、清洁、表浅、创口较小且无需要缝合的割伤、划伤或刺伤。创可贴有很多种类，大小规格也各不相同，其中弹力创可贴适用于关节部位损伤。

2. 绷带

绷带是常见的医疗用品，用来包扎伤口，有棉质绷带、纱布绷带、高弹绷带等不同种类，其宽度、长度、材质、适用部位也各不相同。其中纱布绷带有利于伤口渗出液的吸收，高弹绷带适用于关节部位损伤。

3. 三角巾

三角巾可对全身各部位进行止血和包扎，尤其是对肩部、胸部、腹股沟部和臀部等不易包扎的部位使之变得简单易行，同时三角巾还能叠成带状、燕尾状、环形圈垫等各种形状，用于不同场合。

二、绷带包扎法

1. 绷带包扎基本原则

（1）包扎时要掌握好"三点一走行"，即绷带的起点、止点、着力点（多在伤口处）和行走方向，以达到既牢固又不能太紧的效果。包扎方向一般从远心端向近心端包扎，以促进静脉血液回流，即绷带起端在伤口下部，自下而上地包扎，以免影响血液循环而发生充血、肿胀。包扎时，绷带必须平贴包扎部位，而且要注意勿使绷带落地而被污染。

（2）包扎过程中应使伤员处于舒适位置，需抬高肢体时，要给以适当的扶托物。包扎后，应保持于功能位置。

（3）包扎皮肤褶皱处（如腋下、乳下、腹沟），用棉垫纱布间隔，骨隆突处用棉垫保护。

（4）包扎开始时先环形包扎2圈固定绷带。以后每圈压力要均匀，松紧要适当，如果太松则容易脱落，过紧则影响血运。

（5）包扎应从远心端缠向近心端，开始和终了时必须环形固定两圈，绷带圈与圈重叠的宽度以1/2或者1/3为宜。

（6）根据包扎部位，选用宽度适宜的绷带，应避免用潮湿绷带，以免绷带干后收缩过紧，从而妨碍血运。潮湿绷带还会刺激皮肤产生湿疹，导致细菌滋生而延误伤口愈合。

（7）包扎四肢时，必须露出指（趾）端，以便观察肢体血液循环情况，如皮肤发冷、发绀、感觉改变（麻木或感觉丧失）、有水肿、甲床的再充盈时间（用拇指与食指紧按伤员的指甲床，继而突然松开，观察指甲床颜色的恢复情况，正常时颜色应在2s内恢复）及功能是否消失。

（8）不要将绷带缠绕得过紧，经常检查肢体血运，若有绷带过紧的体征（手、足的甲床发紫，肢体远心端皮肤发紫，有麻感或感觉消失，严重者手指、足趾不能活动）时，立即松开绷带，重新缠绕。

（9）固定绷带时，可使用缚结、安全别针或胶带，但不可将缚结或安全别针固定在伤口处、感染发炎部位、骨隆突上、四肢的内侧面或伤员坐卧时容易受压及摩擦的部位。

2. 绷带环形包扎法

把绷带斜放在伤肢上，用手按住，将绷带绕肢体包扎一圈后，再将预留的小角反折，然后继续包扎，第二圈盖住第一圈，以防止绷带脱落。包扎数圈后，将剩余的绷带塞放到肢体外侧，然后检查伤臂甲床再充盈时间是否正常，如图 4-2-1 所示。

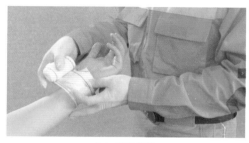

（a）螺旋缠绕　　　　　　　　　　　　　　（b）固定绷带

图 4-2-1　绷带环形包扎法

3. 绷带螺旋包扎法

先进行环形包扎两圈固定绷带，然后从第三圈开始做单纯螺旋状，每圈压盖上圈的 $\frac{1}{2}$，直到将伤口全部包扎完毕，剩余部分绷带塞放到肢体外侧，如图 4-2-2 所示。检查伤臂甲床再充盈时间是否正常。

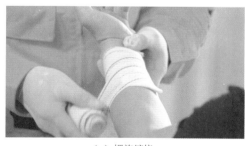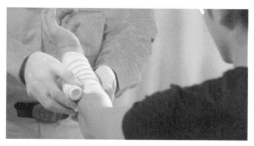

（a）螺旋缠绕　　　　　　　　　　　　　　（b）固定绷带

图 4-2-2　绷带螺旋包扎法

4. 绷带螺旋反折包扎法

做螺旋包扎时，用手指压住绷带上方，将其翻折向下，压住上一圈的 $\frac{1}{2}$，如图 4-2-3 所示。多用于肢体粗细相差较大的部位，包扎完毕后检查伤臂甲床再充盈时间是否正常。

5. 绷带"8"字包扎法

（1）手部"8"字包扎。用环形包扎法固定绷带，然后绷带绕手掌上一圈下一圈地包

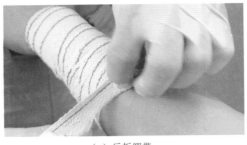

（a）反折绷带　　　　　　　　　　（b）固定绷带

图 4-2-3　绷带螺旋反折包扎法

扎，每圈在正面和前一圈相交，并压盖前一圈 $\frac{1}{2}$，重复此过程直到将伤口全部包扎完毕，将剩余绷带塞放到肢体外侧，如图 4-2-4 所示。检查甲床再充盈时间是否正常。

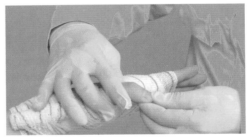

（a）手掌"8"字包扎　　　　　　　（b）甲床再充盈检查

图 4-2-4　绷带手部"8"字包扎法

（2）踝关节"8"字包扎。在踝关节上方做环形包扎数圈，将脚掌上推成 $90°$，然后绷带过足心与脚踝做"8"字形缠绕，每圈压盖上一圈 $\frac{1}{2}$，包扎完毕后，将剩余部分绷带塞放到肢体外侧，如图 4-2-5 所示。检查脚趾回血时间是否正常。

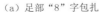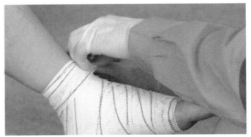

（a）足部"8"字包扎　　　　　　　（b）固定绷带

图 4-2-5　绷带踝关节"8"字包扎法

6.绷带回返式包扎

首先用环形包扎固定绷带，然后将绷带在伤口处回返折叠若干次，直至将伤口覆盖完全，然后螺旋固定，包扎完毕后剩余绷带塞放在肢体外侧，如图 4-2-6 所示。

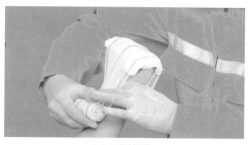

（a）回返绷带　　　　　　　　　　　　　　（b）固定绷带

图 4 - 2 - 6　绷带回返式包扎法

三、三角巾包扎法

三角巾包扎法操作简捷，在应用时可展开为全巾或折叠成半巾、带形三角巾、燕尾式三角巾等不同的形状，以适应于不同部位包扎的需要。目前在军队中广泛使用的三角巾急救包，体积小（仅一小块肥皂大小），能防水，其内包括一块无菌普通三角巾和加厚的无菌敷料，使用十分方便。使用三角巾时，注意做到"边要固定，角要抓紧，中心伸展，敷料贴实"。

1. 三角巾包扎基本原则

（1）包扎伤口时不要触及伤口，以免造成伤员疼痛、伤口出血及污染，要求包扎人员动作迅速、谨慎。

（2）包扎时松紧度要适宜，以免影响血液循环，并须防止敷料脱落或移动。

（3）注意包扎要妥帖、整齐，伤员舒适，并保持在功能位置。

2. 三角巾头顶帽式包扎法

将三角巾底边折叠成 2～3 指宽，底边放于前额齐眉以上，顶角拉向后颅处，三角巾的两底角经两耳上方，拉向枕后并形成交叉，压住顶角，再绕回至额侧处打结，一只手按住头顶，另一只手将顶角向后拉紧，并将顶角以及底角多余部分缠好塞进结里，如图4 - 2 - 7 所示。

3. 三角巾单肩包扎法

将三角巾折叠成燕尾式，燕尾夹角约 90°，大片在上压住小片放到伤侧肩膀上，燕尾夹角对准伤侧颈部，燕尾底边两角绕上臂打结，拉紧燕尾角绕胸、背部于对侧腋窝后打结，如图 4 - 2 - 8 所示。

4. 三角巾胸背部包扎法

将三角巾叠成燕尾式，燕尾夹角约 100°，置于胸前，夹角对准胸骨上窝，两燕尾角过肩放于背后，将燕尾顶角系带绕胸前与底边在背后打结，然后将底角系带绕横带后上提拉紧，与另一燕尾角打结，如图 4 - 2 - 9 所示。背部包扎与此类似。

5. 三角巾腹部包扎法

将三角巾顶角朝下，底边折叠平放在腹部，拉紧底角在腰部打结，顶角经会阴部至腰部于两底角连接处打结，如图 4 - 2 - 10 所示。

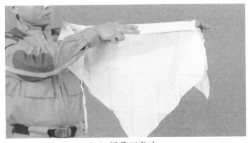

（a）折叠三角巾

（b）放置三角巾

（c）后拉三角巾

（d）收置剩余三角巾

图 4 - 2 - 7　三角巾头顶帽式包扎法

（a）90°燕尾式三角巾

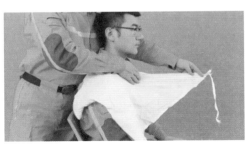

（b）放置三角巾

（c）绕上臂打结

（d）腋后打结固定

图 4 - 2 - 8　三角巾单肩包扎法

6. 三角巾膝关节包扎法

将三角巾叠成条状，倾斜置于膝关节上，再将两边各绕膝盖一圈，于膝盖下方打结，如图 4 - 2 - 11 所示。

（a）100°燕尾三角巾

（b）绕胸前打结

（c）胸部包扎正面展示

（d）胸部包扎背面展示

图 4-2-9　三角巾胸背部包扎法

（a）腹部包扎正面展示

（b）腹部包扎背面展示

图 4-2-10　三角巾腹部包扎法

（a）斜置三角巾

（b）上下缠绕三角巾

图 4-2-11　三角巾膝关节包扎法

7. 三角巾踝关节包扎法

将三角巾叠成条状，用三角巾的适当部位裹住脚心并向上轻拉，并将三角巾在脚背处形成八字交叉，在脚踝部缠绕打结固定，如图 4 - 2 - 12 所示。

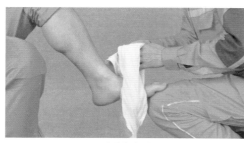

（a）向上提拉足心　　　　　　　　　　（b）踝关节固定

图 4 - 2 - 12　三角巾踝关节包扎法

8. 三角巾小悬吊包扎法

小悬吊包扎法适用于锁骨、肋骨骨折及肩关节脱位时的包扎、固定与悬吊。操作方法如下：

将受伤一侧的前臂斜放在胸前，使手指贴着锁骨；将三角巾全幅展开，遮盖前臂及手背，带尖伸向肘后；将带尾置于未受伤一侧的肩上，前臂仍需保持原有的位置，同时，将带尖及底边折入前臂内，并将三角巾的下段绕过背后置于未受伤的一侧肩部前面；将三角巾两个带尖整理于适当的高度，然后在未受伤一侧的锁骨上凹处打结，继而将松散的带尖收入前臂与绷带之间；最后检查腕部桡动脉搏动，以确认血液循环是否正常。

9. 三角巾大悬吊包扎法

大悬吊包扎法适用于前臂、上臂、手及手腕部创伤的包扎、悬吊，操作方法如下：

支起受伤的前臂，手及手腕高于肘部，形成约 $80°\sim85°$ 的角；将三角巾全幅展开，置于前臂与胸部之间，带尖伸展至肘部；将上面的带尾从未受伤的肩部绕过颈后，到受伤一侧的肩前；这一过程中前臂应保持原来的位置，将下面的带尾向上覆盖手和前臂，然后在锁骨上凹处打结；将带尖向前折，然后扣紧或将带尖扭紧；扎紧后，须露出小指的指甲，以便观察血液循环的情况。

四、需要缝合伤口的处理原则

需要缝合伤口的处理原则是不冲洗、不上药、包扎好，送医院。

1. 不冲洗

需要缝合的伤口，无论伤口中有多脏，现场处理绝对不能冲洗。因为在现场冲洗的液体是低渗液体，会导致伤口周围组织水肿，在缝合伤口时，无法系缝合线，导致处理无效。

2. 不上药

如果在伤口内撒上各种止血剂，医生在缝合伤口之前，必须将撒在伤口内的药物清洗干净，否则不能缝合。这样的话，不仅造成处理的困难，还会给伤员造成更大的损伤。

3. 包扎好

根据不同的伤口情况，采取不同的包扎方法，以达到止血、保护伤口的目的。包扎好之后，要检查远端肢体的血液循环情况，如果压迫指甲后 2s，血液回流状况超过 2s，视为血液循环不良好。这说明包扎过紧，需要调整松紧度。天黑或者伤员染了指甲无法直视判断时，可以询问伤者远端指头/趾头凉不凉、麻不麻、跳不跳，以此来判断包扎是否力度合理。

4. 送医院

现场将伤口包扎好后立即送医院，由医生进行后续处理。

第三节 固 定

骨折是骨的连续性和完整性遭到了破坏，导致骨的完全断裂或者部分断裂，是灾害发生时常见的创伤，现场救护骨折的伤员必须进行临时固定。正确的固定可以防止骨折断端损伤周围的血管、神经和重要器脏，可以减轻伤员伤痛，有利于伤员的搬运以及后续确定性治疗。

一、骨折原因和骨折类型

（一）骨折原因

骨折多是由于遭受强烈外来力量撞击所致，骨骼本身的病变以及长时间重复相同的动作也会引起骨折。

1. 直接受力骨折

骨骼遭受强烈外力造成扯断或者粉碎，如地震时被重物砸伤、高处坠落、突然摔倒等情况，都有可能造成各种骨折。

2. 间接受力骨折

非因直接受力发生骨折，如由高处坠下着地时，震荡由脚跟向上传，引起颅底骨折。

3. 劳损性骨折

长时间重复某一相同的动作，对骨骼某处造成长时间的创伤性压力，导致该处骨折，如运动员因过度训练导致脚掌骨骨折。

4. 病理性骨折

有一些疾病能够改变骨骼的结构，导致骨骼在日常生活中仅因很小的力就造成断裂，比如年老、各种营养不良和内分泌等因素引起的全身性骨质疏松，骨的原发性或转移性肿瘤等。

（二）根据骨折端是否与外界相通分类

1. 闭合性骨折

骨折外皮肤或黏膜完整，骨折断端与外界不相通。

2. 开放性骨折

骨折处皮肤或黏膜破裂，骨折端与外界相通。骨折处的创口可由刀伤、枪伤由外向内形成，亦可由骨折端刺破皮肤或黏膜从内向外所致。

（三）根据骨折断裂的程度分类

1. 不完全性骨折

骨的完整性和连续性部分中断，按其形态又可分为裂缝骨折和青枝骨折。裂缝骨折骨质发生裂隙，无移位，多见于颅骨、肩胛骨等；青枝骨折多见于儿童，骨质和骨膜部分断裂，可有成角畸形，有时成角畸形不明显，仅表现为骨皮质劈裂。

2. 完全骨折

完全骨折是指骨的完整性或连续性全部破坏，包括骨外膜完全破裂者。按骨折线的方向及其形态可分为横形骨折、斜形骨折、螺旋形骨折、粉碎性骨折、嵌插骨折、压缩性骨折、凹陷性骨折和骨骺分离。

（1）横形骨折：骨折线与骨干纵轴接近垂直。

（2）斜形骨折：骨折线与骨干纵轴呈一定角度。

（3）螺旋形骨折：骨折线呈螺旋状。

（4）粉碎性骨折：骨质碎裂成三块以上。骨折线呈 T 形或 Y 形者又称为 T 形或 Y 形骨折。

（5）嵌插骨折：骨折片相互嵌插，多见于干骺端骨折，即骨干的坚质骨嵌插入骺端的松质骨内。

（6）压缩性骨折：骨质因压缩而变形，多见于松质骨，如脊椎骨和跟骨。

（7）凹陷性骨折：骨折片局部下陷，多见于颅骨。

（8）骨骺分离：经过骨骺的骨折，骨骺的断面可带有数量不等的骨组织。

（四）根据骨折端稳定程度分类

1. 稳定骨折

骨折端不易移位或复位后不易再发生移位者，如裂缝骨折、青枝骨折、横形骨折、压缩性骨折、嵌插骨折等。

2. 不稳定骨折

复位固定后骨折断端仍然容易移位，如骨折断面呈螺旋形、长斜形、粉碎性或一骨多折及周围肌肉丰厚的股骨干骨折都属此种类型。

二、骨折判断和骨折固定的目的

（一）骨折判断

骨折的临床症状有局部疼痛、肿胀、畸形、功能障碍等，只要具备以上条件，基本上就可以怀疑发生了骨折，救援现场针对是否发生骨折可用以下方法判断：

（1）用手指轻按伤处，有疼痛加剧或可摸到骨折断端者，搬运伤员时疼痛更加剧烈。

（2）受伤部位或伤肢已变形，伤肢有明显弯曲或有其他位置异常。

（3）受伤部位有明显肿胀，肢体不能活动或有活动性疼痛。

（4）稍移动肢体，骨折端有骨摩擦音，但切不可为了检查骨摩擦音而去反复移动骨折肢体，以免增加伤者痛苦或并发症，如刺伤血管、神经等。

（二）骨折固定目的

（1）防止骨折进一步移位或脱位。

（2）减少出血和肿胀，减轻伤员的疼痛，防止休克。

（3）避免骨折断端损伤周围组织、血管，神经；保护伤口，防止感染。

（4）防止闭合性骨折转化为开放性骨折，导致伤情加重。

（5）便于搬动伤员。

三、固定材料

（一）夹板

夹板是骨折固定中最常用的急救材料，因其使用方便而得到了广泛普及。夹板的种类多种多样，有铁丝夹板、塑形夹板、充气气囊以及牵引式夹板等。现场缺乏材料时也可以使用硬木板、木棒、树木枝干等，切不可使用硬纸板等代替。

1. 充气式夹板

充气式夹板为筒状双层塑料膜，适用于四肢骨折，充气夹板不仅对伤肢有加压作用，同时还能起到一定的止血作用，也可以用于加压止血，防止进一步感染和水肿。但其缺点在于透气性差、吸水性差，炎热天气不宜使用，在寒冷天气则要注意伤肢的保温。

充气式夹板有前臂夹板、全臂夹板、小腿夹板、全腿夹板、手部夹板、足部夹板等多种类型，用于不同部位的骨折固定。使用时，首先根据骨折部位选择相应的筒状双层塑料膜套在骨折肢体外，使肢体处于需要固定的位置，然后向进气阀吹气，双层膜内充气后立刻变硬，达到固定作用。

2. 铝芯塑型夹板

铝芯塑型夹板采用金属（铝板）与高分子材料复合加工而成，其优点是牢固、轻巧、携带方便、可随意变形，适合上、下肢骨折、额部骨折、手指骨折等各种部位。

3. 牵引式夹板

牵引式夹板适用于股骨骨折。股骨骨折的成因相当复杂，很多情况下骨折断端可能会导致大量出血。大腿肌肉的收缩将拉动断骨的两端使骨折断端重叠或交叉，加重骨折程度，导致失血严重、剧痛以及组织损伤。牵引式夹板提供的拉力可以有效调整肌肉的受力情况，有助于减少失血，减轻疼痛，减少损伤。最常见的牵引夹板包括双向牵引式夹板和单向牵引式夹板。

（1）双向牵引式夹板。双向牵引式夹板是指从踝关节和坐骨两个方向施加机械力，以达到牵引目的。具体操作步骤如下：首先轴向牵引并稳定受伤的腿，目测足踝至坐骨长度，手动调整夹板长度；然后将夹板放置于受伤的腿下，坐骨衬垫靠近臀部骨突；再将坐骨扎带放置于腹股沟处，系紧；将足踝固定带放置于足跟部，保持足部竖直向上，将S形拉钩连接到D形环并施加机械牵引力，直到疼痛和肌肉痉挛减少；连接腿部支撑带；检查所有扎带，确保牢固；最后检查趾端甲床血液循环。

（2）单向牵引式夹板。单向牵引式夹板是指从一个方向施加机械拉力，对骨折部位起到支撑牵引作用的夹板。具体操作步骤如下：首先将夹板放置于受伤腿的内侧，顶部至覆股沟处；然后调整长度，使夹板超出足跟部约10cm；将绑带系在大腿上，足跟固定带包裹踝部，保持足部竖直向上；用伤员体重约10%的拉力牵引足部，并使用绑带固定小腿；检查所有扎带，确保牢固；最后检查趾端甲床血液循环。

（二）脊柱固定器材

1. 颈托

颈托是最常用的颈椎固定器材，能起到支撑头部、制动颈椎、放松肌肉、减少神经磨损、减轻椎间关节创伤性反应等作用，常见的颈托类型有：普通型颈托、充气型颈托以及可升降颈托等。在救援现场最常使用的是可升降颈托，其优点有：结构简单，易携带、易操作；内部材质柔软，伤者佩戴过程中有舒适感；长短可调节，扩大使用范围；特有的固定锁确保颈托的稳固和对称；透气性好，气道口径大，便于伤员呼吸、确诊和颈动脉监测；配合脊椎固定板、头部固定器使用效果更佳。

可升降颈托的使用方法如下：

（1）协助人员采用头锁制动头部，牵引复位，使伤员头部处于正中位。

（2）救援人员测量伤员颈部长度，将拇指与食指分开成直角，四指并拢，拇指置于下颌正中，食指置下颌下缘，测量下颌角至肩部最高处的距离，然后再度量调整颈托大小，扣紧锁扣，塑型。

（3）由后向前安置颈托，注意动作轻柔，颈托松紧适度，位置正中。

2. 脊柱板（长脊板）

脊柱板由纤维板或木板制成，四周有对应空洞用以固定伤员，对怀疑脊柱损伤的伤员必须用脊柱板固定、搬运，脊柱板需要与颈托、头部固定器配合使用，以达到更好的固定效果。脊柱板的使用方法在下一节的"担架搬运"中详细介绍。

3. 解救套（短脊板）

解救套是脊椎受伤伤员的快速制动工具，与脊柱板的区别是，解救套适用于伤员坐位颈椎骨折，常用于狭小空间环境下的救援工作。

解救套通常包括两条头带、三条腹带、两条裆带和一个软垫，配合颈托使用，可以保持伤员的躯干、头部和脊柱正中位置，水平和垂直地转移伤员，有效防止转运过程中对伤员脊柱的伤害。

解救套的操作流程如下：

（1）协助人员用胸背锁固定伤员，救援人员对伤员头部、颈部进行检查，并测量伤员颈部长度。

（2）救援人员与一协助人员合作进行复位，开放气道，放置颈托。

（3）颈托放置后，救援人员进行全身体格检查，顺序由上到下，由躯干到四肢，内容包括额、眼、鼻、颧骨、下颌骨、锁骨、胸骨、肋骨、腹部、骨盆、上肢、下肢等。

（4）将解救套放置于伤员背部，胸部护甲围绕身躯上拉至腋下，依次扣好并收紧中间、腹部固定带，扣好胸部固定带，暂不收紧。

（5）固定收紧腿部固定带（黑色）。

（6）放置头垫，固定头部护甲。

（7）用三角巾或绑带固定膝、踝部，收紧胸带。

（8）两位助手分别提起胸部护甲处的提起手，另一只手放置伤员腿下互相抓住对方前臂，分两次45°转体至90°，使伤员处于"仰卧位"。

（9）将伤员平稳放到长脊柱板上，松解腿部、膝踝部三角巾或绑带，使伤员仰卧位躺在长脊柱板上，并进行固定。

（三）现场自制材料

1. 自制颈套

用报纸、毛巾、衣物卷成卷，从颈后向前围于颈部，颈套粗细以围于颈部后限制下颌活动为宜。

2. 自制脊柱板

表面平坦的木板、床板，以大小超过伤员的肩宽和身高为宜，配有绷带及布带用于固定。

四、骨折固定基本方法

（一）前臂骨折固定

用两块夹板或木板分别放在前臂两侧，夹板下放衬垫，将三角巾叠成条形，在骨折上端、下端分别绑扎固定，用大悬臂带将前臂悬吊于胸前，指端露出，再用一条带状三角巾绕胸背一周于健肢侧腋后打结固定，如图4-3-1所示。检查甲床再充盈时间是否正常。

（a）放置夹板

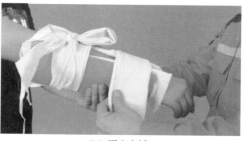
（b）固定夹板

（c）悬吊大悬臂带

（d）固定伤肢

图4-3-1　三角巾前臂骨折固定

（二）上臂骨折固定

在上臂外侧放一块夹板或木板，加衬垫，用两条带状三角巾分别绑扎固定骨折处上下两端，用小悬臂带将前臂悬于胸前，最后用一条带状三角巾绕胸背一周于健侧腋后打结固定，如图4-3-2所示。检查甲床再充盈时间是否正常。

（三）肘关节骨折固定

当肘关节弯曲时，将一块硬木板斜置于关节上下两臂，用两条带状三角巾分别固定；用小悬臂带将伤臂进行悬吊，如图4-3-3所示。

（a）放置夹板

（b）固定夹板

（c）悬挂小悬臂带

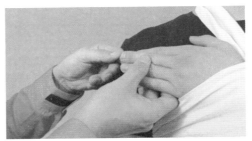

（d）甲床再充盈检查

图 4-3-2 三角巾上臂骨折固定

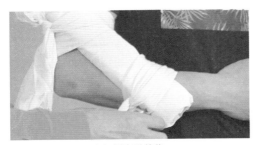

（a）固定肘关节

（b）小悬臂带悬挂伤臂

图 4-3-3 肘关节弯曲位骨折固定

当肘关节伸直时，将一块硬木板置于肘关节内侧，用两条带状三角巾在关节上下两侧分别固定，再用一条带状三角巾过肘关节将伤肢固定于躯干上，如图 4-3-4 所示。

（a）固定肘关节

（b）固定伤臂

图 4-3-4 肘关节伸直位骨折固定

（四）大腿骨折健肢固定

将一条带状三角巾从伤员腰部穿过，并向下移至髋部；将三条带状三角巾从双腿膝关节处穿过，并分别移至大腿、膝关节上部、小腿；脱下伤员鞋袜，将一条带状三角巾从踝关节处穿过；在伤肢与健肢之间加衬垫，并分别于髋部、大腿骨折处上下两端、小腿处打结固定，最后用带状三角巾将双足"8"字包扎固定，如图4-3-5所示。检查脚趾回血是否正常。

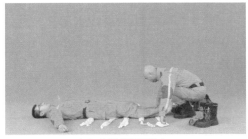
（a）放置带状三角巾

（b）放置衬垫

（c）固定伤肢及踝关节

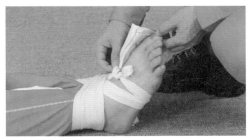
（d）再充盈检查

图4-3-5　大腿骨折固定（健肢固定法）

（五）小腿骨折固定

将三条带状三角巾分别从伤肢膝关节、踝关节处穿过，并分别移至膝关节上下方、踝关节上方，用两块夹板置于伤肢两侧，夹板与小腿之间加衬垫，在小腿骨折上下两端、膝关节上方处打结固定，最后用带状三角巾将伤肢足部"8"字包扎固定，如图4-3-6所示。

（六）骨盆骨折固定

伤员成仰卧位，使其双下肢屈曲，将三角巾置于臀后，顶角朝下，两底角向前绕骨盆在下腹部打结，顶角经会阴部拉至下腹部于两底角连接处打结。在双膝下放置软垫，两膝部之间加衬垫，用条状三角巾绑扎固定，如图4-3-7所示。

（七）锁骨骨折固定

将两条三角巾叠成2~3指宽的条带状，分别环绕两侧肩关节于背后收紧打结，再用一条带状三角巾穿过两肩，并将三角巾收紧，在两肩后张的情况下打结，如图4-3-8所示。

五、操作要点及注意事项

（1）凡有或可疑骨折的伤员，均应妥善固定。

（a）放置带状三角巾

（b）放置夹板及衬垫

（c）固定小腿

（d）固定踝关节

图 4-3-6 小腿骨折固定（夹板固定法）

（a）放置三角巾

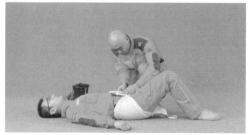

（b）骨盆固定

（c）放置软垫

（d）固定膝关节

图 4-3-7 骨盆骨折固定

（2）肢体与夹板之间要加衬垫，以防软组织损伤。

（3）夹板要超过骨折部位上、下两个关节。

（4）前臂、小腿部位的骨折，尽可能在损伤部位的两侧放置夹板固定，避免与骨折断

（a）固定肩关节　　　　　　　　　　　（b）固定锁骨

图 4-3-8　锁骨骨折固定

端相互接触。

（5）指尖（趾尖）要暴露在外，以便观察末梢血液循环状况。

（6）开放性骨折断端外露，不可拉动，不要将其还纳至伤口内，现场不要冲洗或上外用药，仅进行止血、包扎、畸形固定。

（7）救援人员进行固定前，要对现场进行安全评估，应本着就地固定的原则，但若现场不安全，应将伤员搬运至安全地带后再固定。

（8）固定后，上肢为屈肘位，下肢呈伸直位。

（9）脊椎骨折固定内容，详见搬运技术中脊柱板搬运的有关内容。

第四节　搬　　运

搬运是救援现场的关键环节，能够使伤员迅速脱离危险场所。搬运方法多种多样，有单人搬运、双人搬运、多人搬运、担架搬运等，搬运时应根据现场情况以及伤员伤情灵活地选取搬运方法。正确的搬运有助于伤员救助，不正确的搬运会引起伤员不适以及造成二次伤害加重损伤，严重时可导致伤员瘫痪甚至死亡。因此救援人员必须熟练掌握各种搬运方法，并在搬运过程中时刻观察伤情，一旦伤情变化应立即抢救。

一、搬运材料

救援现场搬运时，应根据现场情况灵活地选取搬运材料，如木板、地毯、衣物等都可以成为搬运材料。当然在条件允许的情况下，担架搬运仍是最常用的搬运方式，不同担架的适用场所、使用方法也有所不同，救援现场常用的担架有帆布担架、铲式担架、卷式担架、篮式担架、多部位骨折固定担架等。

（一）帆布担架

帆布担架是使用最为广泛的担架之一，伤员躺在上面的舒适度较高，特别适用于头部受伤的伤员，但脊柱伤伤员禁止使用帆布担架。

（二）铲式担架

铲式担架为铝合金结构，长度可调节，具有重量轻、便于携带等优点，搬运时可减少对伤员的移动，以降低搬运对伤员造成二次伤害。

（三）卷式担架（SKED 担架）

卷式担架采用聚乙烯制成，体积紧凑，具有重量轻、体积小、耐腐蚀等特点，适用于消防救援、化学品救援、有限空间救援、高空救援等各种场景。

（四）篮式担架

篮式担架由钢管或聚乙烯塑料构成外部框架，担架面为高密度聚乙烯材料，常用于伤员的吊运，有些篮式担架还配有漂浮装置，可用于水上救生。

此外，还有分离式篮式担架，这种担架将普通篮式担架分成两块，两块可分开携带，使用时只需将两部分对应的螺栓与螺孔接上，即可组合成完整担架。

（五）多部位骨折固定担架

多部位骨折固定担架的顶部为乙烯层，底部为易洗消的聚乙烯材料，能在搬运途中固定骨折部位，适于多发骨折伤病员的转运。

（六）新型充气式担架

新型充气式担架附有充气垫及吊带，通过调整吊带长度可将伤病员转为半卧位或坐位抬运，适于颅脑伤及胸外伤伤病员的搬运。

（七）漂浮式担架

漂浮式担架适用于水上及水面向空中运转伤员，可用于海军航空兵的直升伤员转运。

（八）应急带轮担架

应急带轮担架的担架铝合金框架下安装有转向小轮，只需一人就可方便抬运伤员，常用于直升机的伤员转运。

（九）自制担架

自制担架是在缺少担架或担架不足的情况下，就地取材临时制作的担架。一般采用两根结实的长杆物配合毛毯、农作物等结实的织物制成临时担架，用来应对紧急情况下的伤员转运。

如在伤者无骨折的情况下，可使用毛毯、床单、被罩、雨衣等替代担架。用两根木棒将坚实的绳索交叉缠绕在其之间，两端打结系牢，可制成担架；用两根木棒插入衣物的袖子中，将衣物整理平整，也可制成担架。

二、搬运模式

伤员的搬运模式一般可分为紧急搬运和非紧急搬运，伤员抢救应掌握就地原则，如有危险情况要及时转移。

紧急搬运通常是由于现场有潜在的危险（如火灾、爆炸、风灾、水灾、地震、泥石流等），或环境不适合即时施救（如水中、淤泥中、树上、岩石上等）；伤员及救护人员随时可能因周围环境的改变而受到伤害的情形下，必须毫不犹豫地、快速地将伤员搬离危险现场；或者当伤员呼吸、心跳停止，需立即施行心肺复苏而灾害事故现场不具备条件时，应迅速将伤员移送到安全、平坦、坚硬的地面上，以利于进行心肺复苏。

非紧急搬运是指在非危急的一般环境状况下，救护人员不须、不用、更不应该快速、草率地移动伤员，通常是在对伤员进行救护处置后，待其生命基本体征相对稳定后进行的搬运，如将伤员搬至救护车或急救站等。

三、搬运方法

搬运方法分为徒手搬运和器材搬运两大类。搬运时要根据伤员的具体情况、现场情况、救护人员数量、搬运工具种类以及搬运路途的长短、可能遇到的困难等各种因素，灵活地选取搬运方法。

（一）单人搬运

（1）适应症：适用于轻伤员。

（2）常用方法：爬行法、掮法、背负法、抱持法、条带抱运法、拖拉法等。

1. 爬行法搬运

救援人员骑跨在伤员腰部两侧，将伤员双手捆绑，放于头颈部，起身抬头使伤员臀部着地，利用爬行法携伤员逃离现场，如图 4-4-1 所示。

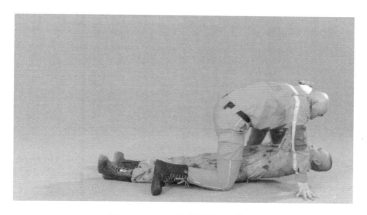

图 4-4-1　爬行法搬运伤员

2. 掮法搬运

将伤员扛在肩部，一只手臂抱住伤员腿部并拉住同侧手腕以固定伤员，另一只手臂空出用于攀附，如图 4-4-2 所示。

图 4-4-2　掮法搬运伤员

3. 背负法搬运

救援人员使伤员抱住自己的颈部，伤员的前胸贴近自己的后背，用双手托住伤员大腿中部，将伤员背起，如图4-4-3所示。

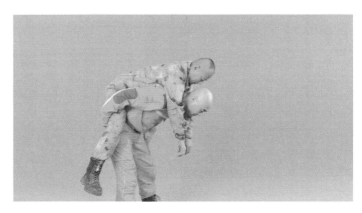

图4-4-3 背负法搬运伤员

4. 抱持法搬运

救援人员将伤员一手臂搭在自己颈部，一手抱住伤员背部，一手托起伤员大腿将其抱起，如图4-4-4所示。

图4-4-4 抱持法搬运伤员

5. 拖拉法搬运

救援人员从后面双手抱住伤员腋下将其拖出，也可拉住伤员衣领或用毛毯垫在伤员身下，将其拖出，如图4-4-5所示。

（二）双人搬运法

双人搬运法适用于头部、胸部、腹部等部位受伤的伤情较重的伤员。

1. 双人椅托式搬运

（1）两名救援人员面对面站在伤员两侧，各伸出一只手放于伤员膝关节之下并相互抓住胳膊，另一只手也彼此抓住胳膊，交替在对方肩上，起支持伤员背部作用，如图4-4-6所示。

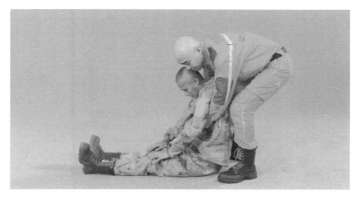

图 4 - 4 - 5　拖拉法搬运伤员

图 4 - 4 - 6　双人椅托式搬运伤员之一

（2）两名救援人员面对面站在伤员两侧，各伸出一只手臂托扶伤员肩部，另一只手臂托住伤员大腿，协力将伤员抬起，如图 4 - 4 - 7 所示。

图 4 - 4 - 7　双人椅托式搬运伤员之二

2．双人拉式搬运

两名救援人员，一人站在伤员的背后两手伸于腋下，将其抱入怀中；另一人站在伤员的两腿之间，用肘关节放在伤员的膝关节下钩住双腿，步调一致将伤员抬起，如图4-4-8所示。

（a）抓握伤员手腕　　　　　　　　　　（b）搬运伤员体位

图4-4-8　双人拉式搬运伤员

3.轿杠式搬运

两名救援人员面对面站在伤员两侧，把手联在一起做成椅子，伤员坐在上面，伤员两臂搂住救援人员的脖颈保持身体稳定，如图4-4-9所示。

（a）搭建"手椅"　　　　　　　　　　（b）搬运伤员体位

图4-4-9　双人轿杠式搬运伤员

（三）担架搬运

1.卷式担架使用方法

（1）伤员呈仰卧位躺于卷式担架上，头部位于担架"T"字侧，脚部位于"V"字侧。

（2）扣好、收紧担架内侧两条黑色约束带，固定伤员于担架上，如图4-4-10（a）所示。

（3）扣好、收紧担架外侧四条灰色约束带，使担架卷起，以达到保护伤员的目的。

（4）将"T"字侧和"V"字侧约束带扣好、收紧，使两侧卷起，进一步固定、保护伤员，如图4-4-10（b）所示。

（5）将担架内侧两条黑色约束带进一步收紧，完成伤员固定，如图4-4-10（c）所示。

（6）担架两侧提手用于搬运伤员，配合绳索技术可进行水平横渡。

（7）贯穿担架两侧及上下部孔洞内的绳索，配合三脚架、锁扣等器具，可用于狭小空间垂直起吊，如图4-4-10（d）所示。

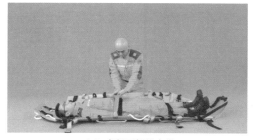
（a）束紧两侧约束带

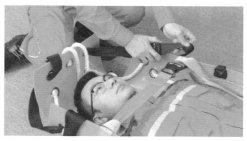
（b）束紧两端约束带

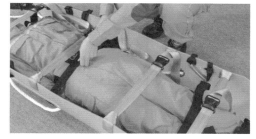
（c）固定伤员躯干

（d）起吊、转运伤员

图 4－4－10　卷式担架使用方法

2. 铲式担架使用方法

（1）救援人员 B 打开双侧调节担架长度的开关，调节担架长度与伤员相适宜。

（2）分别打开头部卡扣以及脚部卡扣，使担架分离为两叶。

（3）救援人员 A 一手扶住伤员肩部，一手扶住髋部，使伤员微微倾斜，另一人将担架一叶置于伤员身下；同理放置另一叶担架。

（4）将脚端卡扣扣紧，再扣紧头侧卡扣。

（5）扣好拉紧约束带，将伤员固定于担架上。

（6）四名救援人员分别位于担架头、脚两侧，同时用力将担架抬起，步调一致进行搬运。

3. 脊柱板的使用方法

对于脊柱伤或怀疑脊柱伤的伤员必须使用脊柱板进行固定以及转运，将伤员转移到脊柱板的过程中，为了防止对伤员造成二次伤害，需配合"五形拳"的手法徒手固定伤员，并配合颈托及头部固定器使用。需要注意的是脊柱伤处理不当会对人体造成严重二次损伤，因此非紧急情况下，脊柱伤伤员应等待专业医护人员处理。

脊柱板搬运的操作流程如下：

（1）头锁锁定及牵引复位。救援人员 A 用"头锁"锁定伤员，救援人员 B 用食指指在胸骨正中，救援人员 A 以头锁做牵引复位，使伤员鼻尖、下颌与救援人员 B 的食指成一直线，并开放伤员气道，如图 4－4－11 所示。

（2）放置颈托。救援人员 B 将拇指与食指分开成直角，四指并拢，测量伤员下颌角至肩部最高处的距离，然后调整颈托大小，扣紧锁扣，塑型；由后向前安置颈托。

（3）验伤。救援人员 B 由上到下、由躯干到四肢对伤员进行全身体格检查，如图 4－4－12 所示。

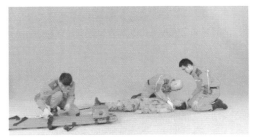

（a）判断伤员意识

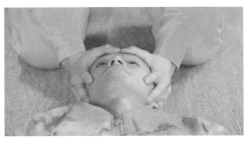

（b）固定伤员头部

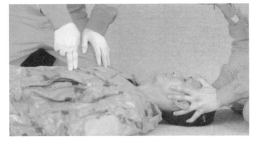

（c）头锁牵引复位

（d）开放气道

图 4-4-11　头锁锁定及牵引复位

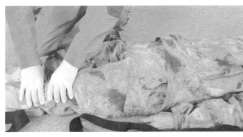

（a）检查四肢伤情

（b）检查有无内伤

图 4-4-12　验伤

（4）胸锁锁定。救援人员 B 进行胸锁锁定并大喊"胸锁锁定"，救援人员 A 听到口令后解除头锁，如图 4-4-13 所示。

（5）头肩锁锁定。救援人员 A 进行头肩锁锁定，并大喊"头肩锁锁定"，救援人员 B 听到口令后解除胸锁，如图 4-4-14 所示。

（6）翻转体位。救援人员 B 扶握伤员肩部、髋部，救援人员 C 扶握伤员腰部、踝部；救援人员 B 下口令，同时用力翻转伤员，使伤员成侧卧位；并同时将伤员平稳放到脊柱板上，如图 4-4-15 所示。

（7）胸锁锁定。救援人员 B 再次用胸锁锁定伤员，并大喊"胸锁锁定"；救援人员 A 听到口令后解除头肩锁。

（8）双肩锁锁定。救援人员 A 进行双肩锁锁定，并大喊"双肩锁锁定"，救援人员 B 听到口令后解除胸锁，如图 4-4-16 所示。

（9）平移伤员。救援人员 A 双肩锁锁定伤员，救援人员 B、C 用手臂平铺在伤员躯干

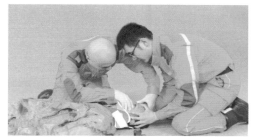

（a）解除头锁

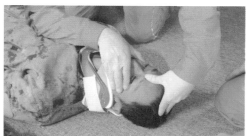

（b）胸锁双手位置

图 4 - 4 - 13　胸锁锁定伤员

（a）头肩锁头部固定

（b）头肩锁肩部固定

图 4 - 4 - 14　头肩锁锁定伤员

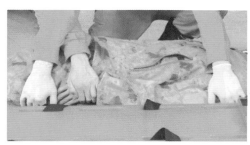

（a）托扶伤员躯体

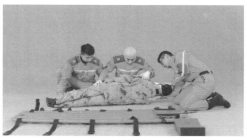

（b）翻转伤员

图 4 - 4 - 15　整体翻转

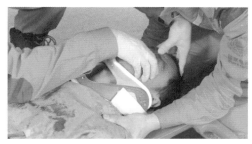

（a）解除胸锁

（b）双肩锁体位

图 4 - 4 - 16　双肩锁锁定伤员

一侧，救援人员 B 下口令，同时平推伤员，如图 4-4-17 所示。

（a）救援人员手臂平铺

（b）同时推送伤员

图 4-4-17 整体平移伤员

（10）胸锁锁定。救援人员 B 再次用胸锁锁定伤员，大喊"胸锁锁定"，救援人员 A 解除双肩锁。

（11）放置头部固定器。救援人员 A 放置头部固定器，先束紧伤员前额部约束带，再束紧伤员下颚部约束带，使伤员头部固定，救援人员 B 解除胸锁，如图 4-4-18 所示。

（a）放置头部固定器

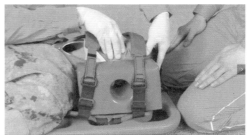
（b）解除胸锁

图 4-4-18 固定伤员头颈部

（12）固定伤员。救援人员 B、C 将伤员躯体和四肢固定在长脊板上，如图 4-4-19 所示。

（13）搬运伤员。四位救援人员同时起身，平稳抬起伤员，足侧先行，术者在头侧，同时注意观察伤员头颈部情况，如图 4-4-20 所示。

图 4-4-19 固定伤员躯干

图 4-4-20 四人搬运伤员

（四）"五形拳"操作手法

1. 头锁

伤员仰卧位，救援人员双膝跪在伤员头顶位置，并与伤员身体成一直线，先固定自己双手手肘（放在大腿上或地上），双掌放在伤员头两侧，拇指轻按额，食指和中指固定其面颊，无名指及小指放在耳下，不可盖住耳朵。助手食指指在胸骨正中，以便救援人员调整颈部位置。

2. 胸背锁

救援人员位于伤员身体一侧，一手肘部及前臂放在伤员胸骨之上，拇指及食指分别固定于面颊上，另一手臂放在背部脊柱上，手指锁紧枕骨，双手调整好位置后同时用力，手掌不可遮盖伤员口鼻，适于坐位患者。

3. 胸锁

伤员仰卧位，救援人员跪于伤员头肩位置，一手肘及前臂紧贴伤员胸骨之上，手掌固定伤员面颊。另一手肘稳定后，手掌固定伤员前额，不可遮盖伤员口鼻。

4. 双肩锁（斜方肌挤压法）

伤员仰卧位，救援人员位于伤员头顶部，与伤员身体成一直线，先固定双手肘（放在大腿或地上）。双手在伤员颈部两侧，拇指和四指分开伸展至斜方肌，掌心向上，手指指向脚部，锁紧斜方肌，双手前臂紧贴伤员头部使其固定。

5. 头肩锁（改良斜方肌挤压法）

伤员仰卧位，救援人员双膝跪于伤员头顶部，与伤员身体成一直线，先稳定自己双手手肘（放在大腿或地上），一手锁紧伤员肩部，另一手则像头锁般固定伤员头部，手掌及前臂须用力将头部固定。注意：向哪一侧反转，长臂位于哪一侧。

（五）整体翻身

（1）两位协助人员跪在伤员一侧，一人扶握伤员脚踝部和腰部，另一人扶握伤员髋部和肩部。

（2）救援人员用头肩锁固定伤员头部和肩部，固定肩部的手与协助者位于同侧。

（3）救援人员下口令，三人同时用力翻转伤员，使伤员成侧卧位。

（4）其他协助人员迅速将脊柱板置于伤员身下。

（5）救援人员下口令，三人同时将伤员平稳放下。

（6）将伤员躯体和四肢固定在长脊板上，按从头到脚顺序固定，头部固定器固定头部，胸部固定带交叉固定，髋部、膝部固定带横行固定，踝关节固定带绕过足底"8"字形固定。

（7）四位人员平稳抬起伤员，足侧的助手先行，术者在头侧，同时注意观察伤员头颈部情况。

四、搬运原则和搬运注意事项

（一）搬运原则

在紧急情况下搬运伤员有可能造成身体损伤，尤其当救援现场存在各种障碍物、道路不通畅以及有威胁人员安全的情况时，各种意外情况更容易发生，这不仅会对自身造成伤害，更会波及其他救援人员，甚至给伤员造成致命性损伤，因此搬运时需要掌握以下原则：

（1）若伤员的体型或伤势超过了自己的能力范围，绝不能强行搬运，要等待其他救援者来协助搬运。

（2）搬运时手臂要尽量靠近身体，以保证重心稳定而不至于跌倒，同时也可以使手臂免受较大的压力，减少酸痛，避免意外拉伤和扭伤。

（3）搬运时使用肱二头肌、股四头肌等长肌用力，因为这些大型的肌肉较为强壮，可以产生较大的力量，其强度及韧性也较一般的小肌肉强，能够更长久、更稳定地搬运伤员。

（4）救援人员搬起伤员时，在起身的过程中必须保持背部平直，因为弯曲背部用力或携重物起身容易造成肌肉扭伤、拉伤等危险，所以在搬运伤员时，救援人员应使用双膝及臀部来施力，以避免不必要的伤害。

（5）多人抬起伤员时要缓慢平稳，步调一致前行，行进的速度应尽量保持稳定，注意转弯时的速度及稳定性，严禁倒行。

（二）搬运伤员注意事项

（1）保护自己：保护自身腰部，防止腰部急性扭伤；注意道路情况，避免自身摔倒。

（2）保护伤员：搬运过程中要防止伤员摔下、防止搬运对伤员造成二次伤害，加重伤员病情。

（3）颅脑伤伤员：使伤员取侧卧位，若只能平卧位时，头要偏向一侧，以防止呕吐物或舌根下坠阻塞气道。

（4）胸部伤伤员：使伤员取坐位，有利于伤员呼吸。

（5）腹部伤伤员：使伤员取半卧位，双下肢屈曲，有利于放松腹部肌肉，减轻疼痛和防止腹部内脏脱出。

（6）脊柱伤伤员：使伤员一定要保持平卧位，条件允许时要使用脊柱板搬运；救援现场情况危急，又没有其他工具可以使用时应采用多人平托法搬运；搬运要同时抬起同时放下。

复 习 思 考 题

1. 如何区别动脉出血、静脉出血和毛细血管出血？
2. 简述止血时的注意事项。常用止血方法包括哪几种？
3. 绷带包扎有哪些方法？
4. 三角巾包扎时为什么要暴露肢体末端？
5. 救援现场如何判断伤员是否有骨折现象？
6. 单人搬运伤员的方法有哪些？
7. 双人搬运伤员的方法有哪些？
8. 搬运伤员的原则是什么？搬运伤员的注意事项有哪些？

第五章

检 伤 分 类 与 后 送

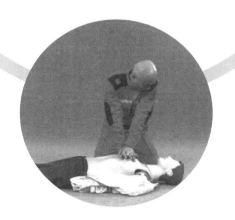

突发公共事件会在短时间内造成大量伤亡，而在灾后的短时间内，不可能会有大量的救援人员、医护人员以及救灾装备、物资进入受灾现场。面对伤患员众多而救护人员不足、各种装备物资短缺的情况，如何把有限的资源合理化利用，发挥其最大效益，最大化地挽救人员生命，这就是检伤分类所要解决的问题。

第一节　检伤分类的发展与现状

一、检伤分类的概念

检伤分类也称伤员检诊分类或治疗优先分类，是在人员、资源以及救助条件不充足、不充分的情况下处理、救助大批伤员最有效的方法，正确地判断伤员伤情并根据伤情分类救治，能够极大地提高伤员生存率，降低伤员伤残率。

检伤分类提供了将伤患员按其伤情轻重缓急或按治愈的效益性进行分级救治的方法，决定了伤员的救治顺序，是灾难现场、战场和医院急诊室不可忽略的急救措施，也是医疗设施和人员无法同时满足所有患者的治疗需要时不得不执行的分配举措，是不得已而为之的重要医疗行动。

大量实践证明，检伤分类有助于提高灾难现场伤患员存活率，能够更有效更合理地对有限的资源进行分配，其方法是科学合理的。检伤分类方法不仅能够使救治效率得到提高，对减轻救援人员心理压力，保证救援人员的良好心态与高效救援也有积极作用。

二、检伤分类的起源

检伤分类最早由战争催生，早在拿破仑时期，外科军医 Larrey 就在救治和运送伤兵时提出了检伤分类的概念，其主要内容是根据伤兵需要医疗救助的紧迫性和存活的可能性来决定哪些伤员优先治疗和后送。

在第一次世界大战和第二次世界大战期间，检伤分类广泛应用于伤兵的现场处置。后来，检伤分类逐渐发展成医院急诊救治和灾害救援中的必须工作程序之一。

大规模伤员分检（Mass Casualty Triage，MCT）的概念是英国海军外科医生 John Wilson 提出的，Wilson 认为，为了使得这些有限的医疗资源能够拯救更多的伤员，应该将资源提供给最需要他们的人。MCT 的目的就在于区分出哪些伤员需要立即进行救治，哪些伤员可以进行延迟处理，哪些伤员可能需要放弃治疗，以求得获救伤员数量最大化。但这一救治目标要面临一个很严峻的伦理问题，很多医学伦理学家也对此进行了讨论，认为这违背了公平、公正的原则，加入了功利主义的性质，但是也因为这一目标才获得了MCT 的结果最优化，所以这一矛盾一直存在。

1963 年美国 Yale - New Haven Hospital 最早成立急诊检伤分类制度，由医师评估患者并将患者分为危急（emergent）、紧急（urgent）和不急（non - urgent）3 类。此后，不同的国家和地区有不同的分检方法，不少学者主张将其分为 4 类，我国台湾台北市荣民总医院依患者病情，如就诊原因、主诉、病史、疾病严重度及急迫性等，将疾病的危急程度分为 4 级：1 级表示患者情况极其紧急，即将危及生命，需立即紧急处理；2 级表示紧急，患者相当痛苦或生命征象异常，但无即刻生命危险，需在 10min 内处理；3 级表示次紧急，应在 30min 内处理；4 级表示非紧急，可延后处理。

目前国际上的检伤分类渐趋一致，大致分为：立即治疗（Immediate Treatment，T1）、延后治疗（Delayed Treatment，T2）、轻伤（Minimal Treatment，T3）及期待治疗（Expectant Treatment，T4）4 级，分别用不同的颜色来加以区别和显示，T1 为红色、T2 为黄色、T3 为绿色，T4 在不同的国家和地区则不尽相同，大多数采用黑色，英国则使用白色。

三、检伤分类的发展与现状

经过不断改进与发展，目前检伤分类系统已经相对完善，广泛应用于灾难救援现场。当代检伤分类系统分为现场分类（初级分类）、医疗分类（二级分类）和伤员后送三个阶段。目前在世界上较广泛为人们接受的检伤分类方法是美国人提出的 START 系统。另外，还有一些比较常用的其他分类方法，如类选对照指标（Triage Checklist，TC）法、院前指数（Prehospital Index，PHI）法、格拉斯哥评分（Glasgow Coma Scale，GCS）法、创伤计分（Trauma Score，TS）法、CRAMS 评分法、简易创伤计分法、Careflight 法、Triage Sieve 法、STM 法以及适用于儿童的 Jump START 法和 PTT 法等。

其中 TC 分类方法是 1985 年由 Kane 提出的，该方法无需计算打分，而是根据伤员血压、呼吸、心率、意识状态、受伤状况来确定需要优先治疗和转运的伤员，如表 5-1-1 所示。PHI 分类方法由 Kochler 等在 1986 年提出，它主要是根据伤员血压、呼吸、脉搏和意识这四项生理指标，以及伤员是否有胸腹穿透伤来进行打分，如表 5-1-2 所示。格拉斯哥评分法也可称为昏迷评分法，是以伤员的运动反应、语言反应、睁眼反应来作为打分指标，并没有相关的量化指标；1981 年 Champion 等在 GCS 的基础上加上了四项生理指标进行综合打分，分数越高表示受伤越轻，如表 5-1-3 所示。创伤计分法（TS）评分标准如表 5-1-4 所示。CRAMS 评分法是 Gormican 等在 1982 年提出的，它将伤员的循环、呼吸、语言表现、胸腹状况以及运动反应等作为参考指标进行打分，总分为 10 分，分数越高受伤越轻，9~10分为轻度伤，7~8 分为重度伤，小于 6 分为危重症伤，如表 5-1-5 所示。

不论是目前被广泛使用的 START 系统还是其他检伤分类系统，都具有局限性，目前还没有证据表明其中一种方法优于其他方法。对于不同的受灾害种类、伤员规模、受灾地区的地理位置以及受灾人群的伤势轻重，需要确定不同的分类方案和处置手段，因此分检人员需要掌握足够的信息和专业知识来实现更加有效的检伤分类。我国简易创伤记分对照表，如表 5-1-6 所示。

表 5-1-1　　　　　　　　　　TC　分　类　方　法

项　目	0 分	1 分	2 分	3 分	4 分	5 分
收缩压/mmHg	>100	86~100	75~85	<75		
脉搏/(次·min⁻¹)	51~119					
呼吸/(次·min⁻¹)	正常			浅或费力		<10 或需插管
意识状态	正常			模糊或烦躁		言语不能理解
腹部穿透伤	无				有	

表 5 - 1 - 2 　　　　　　　　　　　PHI 评 分 标 准

项　目	1 分	2 分	3 分	4 分	5 分	6 分
睁眼反应	不睁眼	刺痛睁眼	呼唤睁眼	自动睁眼		
语言反应	不能发音	智能发音	乱讲乱说	回答错误	回答正确	
运动反应	不能运动	过伸反应	过屈反应	刺痛能躲避	刺痛能定位	按吩咐动作

表 5 - 1 - 3 　　　　　　　　　　　GCS 评 分 标 准

计　分	呼吸频率 /(次·min^{-1})	呼吸幅度	收缩压 /mmHg	毛细血管充盈	GCS 总分
0 分	0	浅或困难	0	无	
1 分	<10	正常	<50	迟滞	3～4
2 分	>35		50～60	正常	5～7
3 分	25～35		70～90		8～10
4 分	10～24		>90		11～13
5 分					14～15

表 5 - 1 - 4 　　　　　　　　　　　TS 评 分 标 准

计　分	循　环	呼　吸	胸　腹	运　动	言　语
0 分	毛细血管不充盈或收缩压<84mmHg	无自主呼吸	连枷胸，板状腹，腹部有贯通伤	无反应	不能言语或无法理解
1 分	毛细血管充盈迟缓或收缩压 85～100mmHg	费力、浅或呼吸频率>35 次/min	胸或腹部压痛	只对疼痛刺激有反应	言语错乱
2 分	毛细血管充盈正常或收缩压>100mmHg	正常	均无压痛	正常，能按吩咐动作	正常

表 5 - 1 - 5 　　　　　　　　　　　CRAMS 评 分 标 准

A. 呼吸计分		B. 收缩压计分		C. 神智计分	
呼吸频率 /(次·min^{-1})	分值	收缩压 /mmHg	分值	神智等级	分值
10～29	4	>89	4	13～15	4
>29	3	76～89	3	9～12	3
6～9	2	50～75	2	6～8	2
1～5	1	1～49	1	4～5	1
0	0	<1	0	3	0

表 5 - 1 - 6 　　　　　　　　　　　我国简易创伤记分对照表

睁眼动作	分数	语言反应	分数	运动反应	分数
自动睁眼	4	有定向力	5	能按吩咐做肢体动作	6
语言呼唤后睁眼	3	对话混乱	4	肢体对疼痛有局限反应	5
痛刺激后睁眼	2	不恰当的用语	3	身体有屈曲逃避反应	4

睁眼动作	分数	语言反应	分数	运动反应	分数
对痛刺激无睁眼	1	不能理解语言	2	肢体异常屈曲	3
		无语言反应	1	肢体伸直	2
				肢体无反应	1

第二节 灾难现场检伤分类

根据灾区现场实际情况，灵活选用不同的检伤分类方法对伤患员进行分类，根据伤情等级确定救治顺序，使急、危、重伤患员得到及时治疗和处置，能够有效减少死亡率和伤残率，提高救治效率。通过检伤分类从宏观上对伤亡人数、伤情和发展趋势作出全面、客观、正确的考量，及时准确地向有关部门汇报灾情，对应急救援指导，决定增援与否有重要意义。

一、检伤分类的目的

检伤分类是一种医疗卫生资源分配决策系统，用于灾害事故或战场上大量伤员治疗优先顺序的分配。在短时间内导致大批伤员产生的大型事故及灾难的现场急救中，降低死亡率及伤残率最关键的不是技术，而是高效的组织。例如，2008 年我国汶川强烈地震发生后，尽管各级政府迅速反应，组织了各种救助行动，但由于伤员数量多，地形、环境情况复杂及交通闭塞等原因，特别是未能在第一时间对伤员进行及时、良好的分类，结果造成未能及时提供与患者相对应的医疗救援和及时后送，灾区现场及附近医院早期处于工作混乱和极度超负荷状态，直到震后第 4 天才开始组织伤员后送，严重影响了伤员的救治质量。

大型灾难事故的发生常产生群体患者，在事故发生后的相当一段时间内，大批急救人员、物资及设备不可能立即到达现场，故现场急救时医疗资源不足在所难免。实施检伤分类是尝试将有限的急救资源做最大的利用，其道德基础来源于有效性原则。有效性原则认为，一个行为的正确与否应该由它的结果来判断，当一个行为能够产生最大的利益时，这个行为就是正确的或者是好的。有效性原则必须考虑到所有人的利益，但并不对所有人均产生相同或相似结果。为了产生最大的利益，一个行为对某些个体产生不良后果也被认为是公平的。为了争取最大的整体利益，有时会否决一个受伤严重的伤员的治疗权甚至生命，以换取更多的伤员得到治疗资源，挽救更多的生命，也就是说为了抢救更多人的生命，允许个体伤员死亡。有人将检伤分类原则称之为功利主义原则，即"为最大多数人谋求最大的利益"或"牺牲小我，完成大我"的原则，这是检伤分类的哲学及伦理基础。

灾难事故发生后，大规模物质和人员伤害是不以人的意志而转移的，损失和牺牲在所难免，关键是如何将损失和牺牲降至最小。London 等提出伤后 1h 是挽救生命、减少致残的"黄金时间"，对严重创伤员伤后 30min 内给予急救，可多挽救 18%～25% 的生命。在这段珍贵的黄金时间内,将有限的医疗资源用在最需要的伤员身上,首先抢救最有抢救价值的患者,使救援效益最大化,这就是检伤分类的目的。

在众多患者中,有的是已失去生命迹象的特重伤员,有的是奄奄一息的重伤员,有的则是轻病微伤。特重伤员已无生命体征或生命体征极弱,说明其伤情已经造成不可挽回的结果,因此没必要浪费有限的急救资源;轻伤员不管有没有治疗均会存活,并且能够忍耐和等待一段时间,因此不立即治疗也不会产生严重后果;而重伤员则是有治疗就会存活,没治疗就会死亡,得到及时救助就能增加生存希望。检伤分类的目的就是将最需要得到抢救的重伤员甄别出来,给予及时的救助,以达到利益的最大化,尽可能减少损失。此时的主要救治目标首先是拯救生命,其次是保全肢体及脏器功能,再次是避免各种并发症的出现及减轻痛苦、降低治疗费用等。此外,在出现群体性伤害事件时,还可避免非重伤人员的过度转运,节省宝贵的急救资源。

二、检伤分类的道德基础

检伤分类不仅是一项技术措施,而且更是一种决策手段,检伤分类涉及的是伤患员的救治顺序,在灾难现场复杂且危急的情况下,这很可能就决定了伤患员能否存活。救援人员在事故灾难现场时常要面对生死抉择,这是对救援人员技能技术的考验,也是对其伦理、道德、心理、价值观等各个方面的考验。救援人员需要掌握检伤分类的道德基础,否则可能会做出错误的判断,甚至陷入心理危机。

检伤分类的道德基础主要由公平原则、功利原则和科学决策原则三部分构成。

(一)公平原则

公平是伦理的基本属性,主要包括平等和公正两个方面。检伤分类的公平性正是救援人员面对突发公共卫生事件时,救援现场医疗资源短缺的情况下所寻求的一种伦理解决方案。用实践理性的原则来思考,检伤分类的公平原则具体分为四个方面。

1. 救治机会均等原则

突发公共卫生事件检伤分类的重要原则主要体现在救援现场的每一名伤病员均享有均等接受医疗援助的机会上,与国籍、民族、性别、年龄、伤病前的健康状况等因素无关。按照先重后轻、先急后缓的分类原则,将救治机会平等纳入突发公共卫生事件时有限的医疗资源保障范畴,既体现了医学的人道主义,同时也是医务工作人员服务广大人民群众的重要体现。

2. 不伤害和有利原则

公平是各种关系就利益问题达成妥协的产物,符合社会伦理学"不损害他人利益"这一最基本原则。由于突发公共事件时各救援机构、医疗机构的救治水平和条件不均衡,同一个伤员可能因为检伤不仔细、分类不当导致某些严重的并发症被遗漏甚至受到生命威胁。从这个意义上来讲,不伤害原则是分类员最起码的伦理守则和道德底线。在此基础上,遵循行善和有利原则。行善和有利原则要求救护的措施对伤员确有帮助,在利害共存时要权衡利害大小,使用最优化原则,以最小的损伤代价获得最大的健康利益。

3. 效用原则

效用原则也被称作最大幸福原则,它要求无论谁来做某项工作,都需要有相同或者相似的产出与后果。检伤分类方案在抢救伤员时系统地将医疗救护的产出、资源受限的负担、延期处置的压力一一分解。这种行为在公平分配领域引发了一个经典的问题，那就是从伦理学的角度看，在批量伤员中应当怎样去分配这些医疗服务的好处，又怎样去分担医疗资源受限所带来的压力。效用原则衡量的是检伤分类中最受人关注的公平性。但完全处理好检伤分类的公平有两个难题：一个是与分类利害相关的范畴以及分类所关心关注的群体是否就是应当给予关注的；另一个是对于公平与不公平的分类的后果又应当如何评判。

检伤分类往往聚焦于特定形势下有医疗救护需求的伤员，要求配置可利用的资源来达到使每个伤员的伤情稳定或完全康复。这些伤员是检伤分类最需要直接关注的人，这个分类方法的效果也是很容易被预测和测量的。那么，分类员在检伤分类的过程中是应当关注处于特定状态的有医疗服务需要的伤员还是要关注现在或一个可以预知的时限内的所有的同样具有医疗需要的人呢？因为一个分类决策往往会决定一个伤病员的预后，所以检伤分类的效用原理要求所有能预见的后果都要考虑到。基于检伤分类预期的结果而作出的选择行为要求分类员能够精准合理地预测出这个行为所带来的后果究竟会是什么。在检伤分类后果权衡这个问题上，我们需要考虑到某些现场检伤的分类方法与程序。如果这些伤员受了致命伤，检伤分类员通过检伤准确判断其为濒死状态，然后对其所负伤病实施延迟处置将有助于提高可利用医疗资源的利用效率，因为保存下来的资源就能够用来救治更多的危重伤员。实质上，权衡后果的标准之一就是在检伤分类状态和分类员评估技能基础之上的救治效用最大化。由于在突发公共事件时医学救援现场医疗资源与需求存在不平衡，某些伤病员需要从顾全大局的角度服从其他人的需要。因此，一个由效用原则映射的检伤分类方案可以指导医生把资源投向那些负有重伤但可以救活的重伤员。在这个背景下，某个濒死伤员就不得不以接受死亡的方式来挽救其他的难友。

4. 公正原则

决策和行动在程序上和实质上有不同的内涵。在程序上，如果分类员的行为符合既定的检伤分类标准和实施方案的要求，就可以被认作是公平的。因为检伤分类决策是根据在行动之前就已经定好的框架实施的，人们就得承认检伤分类程序的正确性，这个分类框架是必须要遵守的。在程序层面上，分类原则的偏差主要来自于分类员的武断或者个人偏见。在实质上，分类员的行动要是符合一个公认是公平的标准或者是法则，我们就得认可这个行为是公平的。因为检伤分类在伤员中间分配稀缺的医疗资源，需要一个或更多的公平的法则也就是既定的检伤分类方案来支撑。

（二）功利原则

功利主义是以目的论和结果论为主张的伦理学思想。突发公共事件时伤员检伤分类的功利原则主要体现在以下两个方面。

1. 检伤分类的功利性质

检伤分类是关乎伤员的健康与疾病，生存与死亡的行为，其功利性是医学人道主义，其核心是救死扶伤。这种特性要求分类员在应对突发事件时要发扬革命英雄主义精神，排除万难，不怕牺牲，争取救治更多的伤员，挽救尽可能多的生命。

2. 集体主义

突发事件时医疗资源面向的是已经发生的和将要发生的所有伤员，检伤分类的功能是在有限资源的框架下尽可能多地展开医疗救护。因此，分类员开展检伤分类工作要立足于集体利益。

（三）科学决策原则

1. 恪守科学认定准则

对伤员分别做出暂不处置、期待救治、紧急救治、延迟救治等分类对危重伤员个体而言，往往关系到生命或者是器官功能的存续。对突发事件时的整个现场医学救援而言，如能有效分类出经过简单处置就可以参加到救援工作的伤员对现场救援的人力是一个有效的补充，对救援的结果也会带来积极的影响。因此，对任何一名伤员的分类都必须首先进行科学的医学判断和准确的评价，只有具备充分的科学依据，才能作出精准的分类医疗决策。这些必备的科学依据是：由两名以上的验伤分类员根据现场救治需要，结合单个伤员的伤情、伤部、伤类、伤型和伤势做出明确诊断，证明符合某一医学处置指征，按现场的医疗资源占有水平，实施检伤分类。

2. 尊重生命尊严

检伤分类在这个问题上有两个方面的内涵。

（1）针对伤员。如果伤员头脑清醒，医患沟通充分，就需要参考并尊重其意愿；如果伤员为脑死亡或不可逆昏迷，意识丧失，则需由两名以上人员确定其医学处置分类。

（2）针对救治需要和可利用医疗资源占有水平。分类员有权根据现场需要和救治伤员所需的可利用的医疗资源的占有水平，自主决策伤员流向和医学处置类型，这种情况下能够有效避免由于过度分类和分类不足的行为给伤员带来更为严重的甚至是不可挽回的医学伤害。

3. 遵循必要的检伤与分类程序

为了克服检伤分类实施过程中的随意性，避免出现疏漏，除了强调分类员个人医德修养和职业素养外，从管理上建立和运用程序机制尤其重要。这套程序机制应该覆盖突发公共事件时伤员从受伤开始到做完确定性治疗后康复性治疗的全过程，尤其是在检伤标准、伤情与伤势判断、分类流向、分类处置等几个关键环节上必须起到严把关口的作用。例如，在分类组编配急救经验丰富的高年资分类员负责检伤分类，评价对期待救治和暂不处置的分类是否符合伤员真正的医疗需求和救治现场的实际需要；评价对期待救治分类的伤员的伤情与伤势判定是否与客观事实吻合；评价对紧急医疗处置的分类是否有分类过度的现象存在。遵循必要的检伤与分类程序可以避免主观偏差与人为失误，对于降低突发事件时伤员伤死率和伤残率具有积极意义。

检伤分类要坚持科学决策原则，遵循必要的检伤与分类程序。检伤分类程序的制定是为了使包括检伤分类人员在内的各类救援人员在现场检伤分类时能够具有统一的行动标准作为指导，在人员资源短缺的情况下最大程度地为伤员提供救治。

现场检伤分类一般分为初检和复检。通过初检，对伤病员的伤情有了粗略的估计。初检的同时还要处理危及生命的或正在发展成危及生命的疾病或损伤。特别要注意基本伤情估计及呼吸、循环和意识的检查，将那些有生命危险但迅速处置仍可抢救的伤员区分出来。复检是在危及生命的损伤已被鉴别出来，且伤员的进一步危害已减低到最低程度之后进行的。复检中可以获得受伤原因的简单病史和症状，并会进行较为细致的体检及创伤评分，根据复检中获得的资料，对伤病员进行重新分类，而后选择适宜的处置方式或后送方式。伤员检伤分类工作不是一次性完成的，须不间断循环进行。由于伤员状况随时会发生变化，其处理的顺序也会随之变化，只要伤员未得到最终的医疗救护，就必须不断地对伤员进行检伤分类。另外，事故灾难现场情况复杂、危急，检伤分类人员在救援的过程中要时刻防范危险发生，确保自身以及他人的人身安全。

三、检伤分类的原则

检伤分类的原则总体上可分为最大效益原则、快速性原则、动态性原则和反向实施原则。

（一）最大效益原则

最大效益原则是检伤分类的基本原则，要求检伤分类人员具有较高的技术性和专业性，能够将有限的资源合理地分配给最需要救治且救治成功率更高的伤员，确保有限的人力物资在合理的时间地点以及伤员身上发挥最大效益，在理想情况下使最多的伤员得到有效救治。

具体表现为：由受过训练、经验丰富、有组织能力的专业医疗人员或救援人员来担任检伤分类人员；通过综合现场环境、医疗条件、人员状况等灵活选取分类方法，确定伤员治疗价值；分类完成后根据伤员治疗价值首先抢救那些生命垂危但有救的伤员。

（二）快速性原则

快速性原则要求检伤分类的过程要迅速准确，通常初检一个伤员的时间需要控制在30s以内。在灾难救援过程中时间就是生命，1s的时间可能就会对伤员能否获救以及恢复情况产生巨大影响。检伤分类是制订救援方案，分配救援力量的基础，只有迅速准确的分类才能够保障救援效益的最大化。

具体表现为：不在一个伤员身上停留太长时间；只做简单可以稳定且不耗人力的急救动作，如开放气道、指压止血等，不做心肺复苏；开放气道后仍无自主呼吸，放弃治疗。

（三）动态性原则

动态性原则要求检伤分类人员对伤员进行循环检查，以便随时掌握伤员伤情变化，及时变更伤员分类和救治。灾害现场伤员的伤情复杂，在短时间内没有得到及时救治伤情很可能进一步加重，为了防止错误分类情况，需要检伤分类人员定期对已分类伤员进行重新评估，对需要调整分类级别的伤员及时更换分类标识，以便现场指挥员对救援方案进行调整。

具体表现为：时刻走动、巡视，不断进行再分类；对伤员进行简单抢救，边抢救边分类；随时观察伤员情况，对有明显感染症状的伤员及时隔离。

（四）反向实施原则

反向实施原则是要求检伤分类人员以及各类救援人员时刻注意救援现场情况，当有危急人员生命安全的情况发生时，迅速转移伤员。灾害现场危险因素众多，易发生二次危害，可能危及现场救援人员和伤员的生命危险，如地震救援现场发生的余震等。当危急情况发生时，为保证救援效益最大化，救援人员可采取反向实施救助策略，即先救助轻伤员、后救助危重伤员的顺序，以保障救援安全。

四、对检伤分类人员的要求

检伤分类作为提高救治工作效率的一种手段，必须要做到迅速、准确判断，不能因分类耽误救治时机，也不能因分类失误造成伤病员救治措施不当。因此，从事检伤分类工作的人员应满足下列条件。

（一）业务能力强

进行检伤分类的人员要接受过专业的训练，熟练掌握分类的指征和方法；并且会运用心理学知识快速地稳定和安抚现场伤病员及家属的情绪。

（二）熟悉分类标识

检伤人员能正确使用分类标识，准确地判断伤员伤情，避免分类重复和遗漏。

（三）头脑清晰、处事果断

检伤人员应把精力集中在对伤情的评估上，一般只对极紧急的情况进行简单处理，如遇呼吸道堵塞时应立即开放气道，遇有大出血时要快速止血处理。对非危及生命或无能力救治的伤情，应果断放弃。

（四）严格掌握检伤标准

在检伤中，要求做到快速准确，尽量节省时间，对每个伤员的伤情判断控制在 30s 以内，不能把有生命危险的重伤病员误判为轻伤病员造成类选不足而耽误救治时间，增加伤残和死亡率；也不能把一般轻伤误判为重伤，出现类选过量使轻伤病员涌向重伤抢救组，造成重伤病员抢救区负荷过重，影响救治工作。

（五）良好的检伤环境

伤员检伤工作的地点要安排在安全、宽敞、照明条件良好的场地，使检伤人员一眼便可检视伤病员的所有伤情。检伤时应褪去伤病员的衣物，暴露受检部位，如遇秋冬季节应注意保暖。二级救助机构检伤时，检伤场地应临近抢救室，方便随时对危重伤病员进行抢救。

五、现场检伤分类区

当医疗救援队到达灾区后，遵照"三靠一避"的原则（靠近水源、公路、现场，避开危险品），选定合适位置设立移动医院（Mobile Hospital，MH），确认安全后立即展开医疗救援工作。

选择空旷和安全的场所作为检伤分类区，且需要良好的照明条件，可一眼检视所有伤病员。检伤分类区位置选择应考虑以下因素：靠近灾害现场；处于远离危险源和污染源的上风向安全场所；不受气候条件影响的地方；伤员容易看到的地方；有便于陆地和空中疏散的通道。必须准备的医疗救护用品包括：担架、输液器、听诊器、血压计、吸痰器、气囊呼吸器等。特殊医疗物品包括：气管切开包、抗休克裤、颈托、脊柱板、心电图机、除颤器等。

六、检伤分类的方法

（一）按是否定量分类

按是否定量评估，可将检伤分类的方法分为两大类：模糊定性法和定量评分法。

1. 模糊定性法

模糊定性法的优点是简单、方便、快速，通常完成每一例检伤分类的时间可控制在10s以内，不用记忆分值和评分计算。其缺点是缺乏科学性与可比性，结果粗糙，可能会重判或轻判。模糊定性法仅适用于院前的紧急检伤分类，尤其重大灾害对大批伤员的最初筛选，目前常用的方法有START系统和ABCD系统。

2. 定量评分法

定量评分法的特点是量化打分，用数字直观地评价。必须记忆分值并进行评分计算，具备科学性和可比性，符合标准化，便于科学研究、论文撰写及国际交流。但由于耗费时间，故不适用于重大灾害现场对大批伤员的最初筛选。创伤评分始创于20世纪70年代初，目前发展为几十种方法，各有特点和应用范围。

（二）按适用范围分类

按适用范围的不同，可将检伤分类法分为两种体系：院前检伤分类法和院内检伤分类法。

1. 院前检伤分类法

重大灾害事故检伤评估时，每个伤员的检伤分类时间需控制在10s左右，这是因为重大灾害事故现场伤员人数众多，如果花费60min以上的时间才能完成现场检伤分类，重伤员就会因此而失去最佳的抢救时机，这种检伤分类变得没有任何实用价值。所以用于院前的检伤分类方法，必须具备简便、快捷的特点。

2. 院内检伤分类法

院内的检伤分类在时间上不需要那么紧迫，因此其方法应该尽量全面、详尽、准确，即使繁琐、费时一些也没有关系。常用的创伤评分法包括 AIS-ISS 法、ASCOT 法或APACHEⅡ法等，院内检伤分类法不属于现场救援任务，本书不进行详细讲解。

需要说明的是检伤分类方法的选定需要根据现场具体情况而定，包括救援现场环境、伤员数量、救护人员数量、医疗物资以及转运工具是否充足等。针对单一伤员或现场伤员较少，救护人员能够及时有效地进行抢救的情况，可采用定量评分法进行分类，以为后期院内治疗节约时间。同样，当院内接收大量未经分类直接运送来的伤员时，也应先采用模糊定性法简单分类，然后针对重伤员和中度伤员再采用相应方法确定其治疗顺序。

（1）检伤分类的等级和标识。按照国际公认的标准，现场检伤分类分为4个等级，使用统一标识，如图5-2-1所示。死亡为黑色标识，重伤为红色标识，中度伤为黄色标识，轻伤为绿色或蓝色标识。

（2）检伤分类的救治顺序。第一优先重伤员，其次优先中度伤员，延期处理轻伤员，最后处理死亡遗体。

七、检伤分类的程序

检伤分类总体程序分为初级分类、二级分类和医疗后送。初级分类由一级救护机构（现场急救队）进行，面对的是灾难现场的大批量伤员或单个伤员，二级分类由二级救护机构（野战医疗所）进行，面对的是经一级救护机构分类或未分类而直接转送至野战医疗所的伤员，对需要专科救治或长时间恢复的伤员，由野战医疗所转送至三级救护机构（野战医院）或者后方医院。

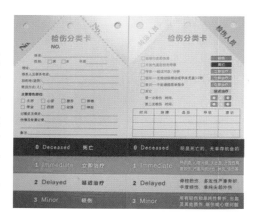

（一）初级分类

检伤分类由现场受过专业训练的救援人员或者医疗人员开展；根据具体情况在事发现场或者检伤分类区进行，根据伤员伤情进行分类并做好标记，以便后续二级分类和确定性治疗。初级检伤分类分为初检、抢救和复检三部分，由于目前尚未形成统一的检伤分类标准，下面将介绍目前国际上较为认可的 START 系统法和 ABCD 系统法两种检伤分类方法。

图 5-2-1　检伤分类的等级标识

1. 按 START 系统法进行初检

START 系统法适用于大规模伤亡事件现场短时间内人员物资不足的情况下对大批伤员的初步检伤，由最先到达现场的救援人员或医疗人员进行，其具体检伤流程如图 5-2-2 所示。

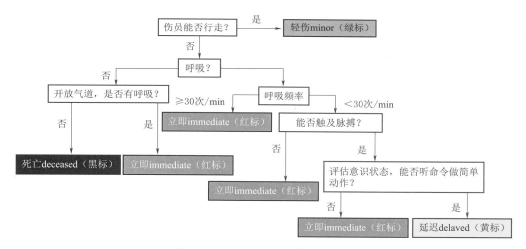

图 5-2-2　START 系统操作流程

（1）行动检查。行动自如（能行走）的伤员视为轻伤员，标记绿色；不能行走者进行呼吸检查。

（2）呼吸检查。无呼吸者，需要开放气道，仍无呼吸视为死亡，标黑色标识，恢复呼吸者标红色标识；有呼吸着判断呼吸频率，呼吸频率不小于 30 次/min 为危重伤员，标红色标识；呼吸频率小于 30 次/min 者进行循环检查。

（3）循环检查。判断桡动脉搏动存不存在，或甲床毛细血管再充盈时间。甲床毛细血管再充盈时间不小于 2s 或脉搏不小于 120 次/min，为危重伤员，标红色标识；甲床毛细血管充盈时间小于 2s 或脉搏小于 120 次/min，进行意识检查。

（4）意识检查。不能回答问题或执行指令者，红色标识；能够正确回答问题和执行指令者，黄色标识。另外，检查时应去除伤员衣物，充分暴露受伤部位，以免遗漏伤情；秋冬季节要注意保暖，检查完毕后用毛毯或其他可以保暖的材料遮盖伤员身体，防止失温。

2. 按 ABCD 系统法进行初检

ABCD 系统的四种含义为：A（Asphyxia），窒息与呼吸困难，常见胸部穿透伤、气胸或上呼吸梗阻；B（Bleeding），出血与失血性休克，短时间内急性出血量大于 800mL；C（Coma），昏迷与颅脑外伤，伴有瞳孔改变和 NS 定位体征；D（Dying），猝死与心搏骤停，心脏停搏时间不超过 8～10min。

ABCD 分别代表着创伤的各种危重症情况，只要其中任何一项及以上出现明显异常，即速分类为重伤员（异常的项目越多说明伤情越严重），A、B、C、D 四项重要生命情况如全部保持正常，则为轻伤员；介于两者之间，即 ABC 三项（D 项除外）中只有一项异常但不严重，则可判定为中度伤。

该法简便快捷，只需 5～10s 即可完成对一个伤员的检伤分类，非常适合于灾害现场的初步检伤评估。其具体流程如下：

（1）判断伤员有无呼吸困难，如果有则属于重伤，如果没有不是重伤，判断时间为 1～2s。

（2）判断伤员有无大出血或休克，如果有则属于重伤，如果没有不是重伤，判断时间为 1～2s。

（3）判断伤员有无昏迷，如果有则属于重伤，如果没有不是重伤，判断时间为 1～2s。

（4）判断伤员是否有呼吸心跳，如果没有并且在 10min 以内属于重伤，如果没有并且已超过 10min，或者出现头颈胸腹碎裂甚至断离属于死亡，如果有并且保持正常不是重伤，判断时间为 5s。

（5）判断伤员是否属中度伤，如果伤员没有上述 A、B、C、D 中的任何一项情况，但受伤部位在人体的重要解剖位置——CHANS，即头（H）、颈（N）、胸（C）、腹（A）或者脊柱（S），任一部位存在开放伤，即使全部生命体征都保持稳定，仍应归于中度伤，判断时间为 1～2s。

3. 抢救

在初检过程中一旦发现危及生命的伤情要立即给予相应简单而有效的抢救措施，提高伤员的存活率。抢救措施基于"边检查、边抢救"的理念，抢救措施包括清除口腔异物、开放气道、通气供氧、控制出血、保证循环以及固定刺穿异物和固定伤员等，具体抢救顺序遵循 ABC 原则。

（1）Airway（气道）。如判断有气道梗阻（有窒息、呼吸微弱、咳嗽、嘶鸣声、面色青紫、发绀等症状）或有气道梗阻的风险时，应立即清理伤员口腔异物并采取方法解除伤员呼吸梗阻，如仰头抬颏法、仰头抬颈法、双手抬颌法等。若条件允许可进行气道插管或插口咽通气管，建立高级气道；若伤员开放气道后仍无呼吸或抢救过程中呼吸心跳停止，立即放弃治疗，继续检查下一位伤员。

（2）Breathing（呼吸）。早期可严重影响通气功能的外伤包括张力性气胸、连枷胸、大量血胸和开放性气胸，应尽早处理这些外伤。如张力性气胸穿刺减压、封闭胸壁开放性伤口、固定连枷胸。如果通气不足（呼吸小于 8 次/min 或呼吸表浅），立即使用硅胶复苏球辅助通气。如通气过度（呼吸过快），给予高流量氧气。所有多发创伤的患者都应给予高流量氧气（如果现场条件允许）。

（3）Circulation（循环）。动脉、大动脉出血非常危险，可在短时间内使人体休克死亡，大静脉出血同样非常严重，因此控制出血非常重要。在检查过程中一旦发现伤员大量出血要立即采取指压止血法进行止血并进行简单加压包扎，若是动脉出血可立即采用止血带止血，待初步检查完成后再采取进一步抢救措施。若现场有专业医疗人员且条件允许时，可建立静脉通路进行补液治疗。使用大口径的套管针至少建立两条静脉通路，一般选取上肢静脉，需要注意的是积极补液不能代替止血。

4．复检

（1）复检开始的时机。只有当初检已全部完成，所有伤员的初步分类已进行完毕，所有抢救措施已经开展，伤员的生命体征基本稳定或者部分救援人员（医护人员）正在进行伤员抢救且人员富余的情况下，才能开始复检。复检的目的是发现初检中忽略的不会立即危及人员生命的损伤，如擦伤、挫伤、骨折等，并尽可能记录伤员病史。

（2）复检多采用定量评分法。下面以院前指数法（Prehospital Index，PHI）为例进行介绍。评价某种创伤评分法是否科学实用，比较其方法的优劣性，有两个客观指标可供衡量：灵敏度与特异度，以及两者之间的平衡。灵敏度反映判断重伤的敏感程度，越高越敏感，但太高则可能出现假阳性（轻伤重判）；而特异度表达判定重伤的准确程度，越高越准确，但太高则可能出现假阴性（重伤轻判）。鉴于灾害现场急救的特殊性，为避免将重伤员误判为轻伤，防止因延误救治而造成的严重后果，应允许在事故现场将一定数量的轻伤员评判为重伤，也就是容忍出现假阳性"重伤员"。所以院外的检伤评分方法应保持较高的灵敏度，同时合理降低其特异度。

院前指数法在 CRAMS 评分法的基础上改进、简化而产生，是各种评分法中灵敏度与特异度最高，并且保持最佳均衡的一种方法，如表 5 - 2 - 1 所示。因此 PHI 属于目前灾害现场检伤评分体系中最好的一种院外定量分类法，得到世界各国的广泛应用。

表 5 - 2 - 1　　　　　　　　　　院前指数法（PHI）评分表

分值	收缩压/mmHg	脉搏/(次·min⁻¹)	呼吸/(次·min⁻¹)	神　志	附加伤部及伤型
0	＞100	51～119	正常（14～28）	正常	无　胸或腹部穿透伤
1	＜100	—	—	—	—
3	＜85	＞120	费力或表浅＞30	模糊或烦躁	—
4	—	—	—	—	有　胸或腹部穿透伤
5	＜75	＜50	缓慢＜10	不可理解的言语	—

将上述 5 项指标级别所得分值相加：

评分 0～3 分　　　轻伤员

评分 4～5 分　　　中度伤员

评分 6 分以上　　　重伤员

对于重伤员，其各项生命体征测量值通常会随着时间推移不断变化，需要定期进行伤员生命体征测量与记录，重伤员一般每 5min 测量一次，伤情相对稳定的伤员每 15min 测量一次。伤员伤情变化要及时采取救护措施，救护完成后也要进行测量检查。

复检过程中要注重对伤员的病史采集，为后期确定性治疗提供条件。病史采集要特别注意伤者的主诉，根据主诉可以判断伤员伤情并影响进一步检查，寻找重要创伤线索，如发生过昏迷、气短、身体剧痛部位等。记录伤员进食、进水时间以及食物种类，为后期手术治疗收集条件。同时记录伤员的既往史、过敏史、药物史等。

（3）全身检查。全身检查是记录伤员伤情的重要一步，是运用视、触、扣、听的方法进行全面体格检查，检查顺序为从头部、颈部、胸部、腹部、脊柱、骨盆、上下肢体、体表皮肤八个部分进行检查，其中以头、颈、胸、腹和脊柱这五个部位最为重要，如果是这五个部位任何一处开放伤，其伤势至少属于中度以上。

1）头部检查。检查头部、颌面部有无挫伤、出血、肿胀、骨折，查看鼻孔、耳道内是否有血液或脑脊液流出，是否出现熊猫眼，如有可判断为颅底骨折。

2）颈部检查。检查颈部有无挫伤、擦伤、裂伤，有无气管位移，有无皮下气肿，有无压痛，是否存在生理弯曲，如果颈部已经贴在地面上，或者皮下有淤血，说明颈椎骨折，此时尽量不要移动伤员，等待专业医护人员处置。如必须转移，应采取保护措施（详见脊椎固定搬运）。

3）胸部检查。检查胸部有无伤口、胸部形状是否变化，用手轻轻挤压胸部，询问是否有疼痛，如有可以考虑肋骨骨折。

4）腹部检查。检查腹部有无伤口、有无腹部隆起或内脏脱出。如果没有，按顺时针方向依次按压伤者的左下腹、右下腹、右上腹、左上腹检查。观察伤者是否疼痛，来判断是否存在内脏受损、内出血等情况。

5）背部检查。检查背部有无伤口、出血，触诊脊椎有无压痛和畸形，如果检查前怀疑伤员有脊椎损伤，此步检查应在使用整体翻转将伤员转移到脊柱板的过程中进行检查。

6）髋部检查。检查伤员髋部有无伤口、出血，询问伤者骨盆处是否疼痛，轻挤髋部来判断是否发生骨折。

7）四肢检查。检查四肢有无伤口、出血和畸形；有无压痛和骨擦感，注意四肢末梢循环、运动和感觉以判断神经血管功能。

初检由一级救护机构进行，采取边检查边救护的原则，初检完成后视现场情况确定是否立即进行二次检查。若初检完成后现场已具备转运条件，应立即将伤员转移至二级救护机构，再进行二次检查以及后续确定性治疗；若初步检查完成后现场仍无转运以及治疗条件，应立即进行复检。需要明确的事，无论是否需要转运都要时刻观察伤员伤情，随时准备抢救以及变更伤员伤情分级。

（二）二级分类

二级分类也称医疗分类，一般在二级救护机构或三级救护机构内由有经验的医师负责，特殊情况下也可由接受过系统培训的救援人员进行，其主要目的是对经过初步分类的伤员进行综合评价，合理安排伤员治疗顺序，使有限的医疗资源得到合理利用。

Savet Riage 系统法是专门为巨大灾难，如大地震设计的，这时现场的医疗资源有限，而后送伤员接受确切治疗的时间延误。它需要与 START 系统法联合使用。Savet Riage 系统法中认为灾区的伤员应该被分为三大类：①无论接受多少治疗都将死亡的患者；②不管是否接受治疗都将存活的患者；③在野外接受治疗将明显受益的患者。Savet Riage 的目的是把有限的医疗资源应用于那些最有希望从中受益的伤员，使资源的分配更加合理。首先要评估各种外伤员的存活率，然后把治疗的预期收益与资源消耗以及存活率结合在一起，计算出治疗价值。描述这种关系的等式如下：

$$治疗价值 = \frac{预期收益}{所需资源} \times 存活率$$

治疗能产生最大价值的患者拥有最高优先权。如果把挽救生命的预期收益定为 100 分，则其他的预期收益的分数可能如下：生命＝100；挽救肾脏＝75；挽救肢体＝50；避免感染＝25。

资源也可以定为相对应的分值。充足且容易替代的资源分值较低，供给有限、很难被替代的资源分值较高。例如：医生 1h 工时＝3；1L 生理盐水＝2；1 剂止痛药＝1；1 块伤口敷料＝0.5 等。

举例来说，敷料加压包扎在出血的伤口上可以挽救生命，而只需要很少的材料和医务人员很短的时间。当存活率达到 100％时，通过等式可以计算出治疗该患者的价值为 $\frac{100}{0.5} \times 1 = 200$，那么这名患者将是第一优先接受治疗。

相反，50％烧伤的患者，需要大量的液体治疗、止痛药物、工时以及大量敷料。如果是一名老年伤者，存活率为 50％，需要医生 1h 工时，4L 生理盐水，1 剂止痛药，第一个 4h 需要更换 1 块敷料，那么他的治疗价值计算如下：$\frac{100}{3+8+1+0.5} \times 0.5 = 4$。该患者的优先级很低，应被分类为黑色。

另一种二级分类的方法是 Triage Sort 系统法，它需要和 Triage Sieve 系统法联合使用，用于在医疗资源相对较充裕的灾难中，为大量伤员的治疗和转运进行排序。它结合格拉斯哥评分、通气频率和收缩压得到一个加权分数，根据这个分数对伤员进行分类。

第三节　医　疗　后　送

一、及时、高效转运伤员的重要意义

事故灾难发生后，灾难现场的医护机构需要为大量伤员提供及时、有效、正确的救治，这是一项极具挑战性的工作。救援人员在救援现场伤员集中点或急救站对伤员进行检伤分类并及时转运，是解决批量伤员与相对医疗资源不足之间矛盾的重要措施。及时、高效地转运伤员能够使最需要救治的危重伤员得到更有效的治疗，是合理分配医疗卫生资源，提高伤员生存率的重要手段，是整个灾难应急救援的重要工作之一。伤员后送最理想的方式是利用救护车转运，但由于救援现场资源有限、伤员众多、情况复杂，必要时也要考虑汽车转运、铁路转运、船舶转运以及航空转运等各种转运方式。在转运途中需要重点监护的伤病员必须有医护人员陪同，控制伤员伤情，保证伤员在转运途中不发生感染、伤情加重等情况。

二、伤员后送的基本原则

伤员后送要求及时、高效，但并不是所有伤员都适合后送，也不是任何时间都适合后送。合理的后送能够提高伤员生存率，不合理的后送会造成资源浪费，不仅不能使伤员得到及时救治，甚至加重伤员伤情。

伤员后送首先要运送危重伤员，其次是中度伤员，但对伤情已危及生命的伤员，例如猝死、大出血、创伤性休克等，应先行现场救治，待伤情稳定后再转运；伤员伤情较轻且30min内可到达医院得到救治者，应缩短现场急救时间，采取边转运边急救的战略；对伤情不稳定者应先控制伤情后再进行转运。

（一）安排后送

伤员具备下列情况之一者，应安排后送：

（1）后送途中没有生命危险者。

（2）手术后伤情已稳定者。

（3）应当实施的医疗处置已全部做完者。

（4）伤病情有变化已经处置者。

（5）骨折已固定确实者。

（6）体温在 38.5℃ 以下者。

（二）暂缓后送

具备下列情况之一者，暂缓后送：

（1）休克症状未纠正，病情不稳定者。

（2）颅脑伤疑有颅内高压，有发生脑疝可能者。

（3）颈髓损伤有呼吸功能障碍者。

（4）胸、腹部术后病情不稳定者。

（5）骨折固定不确定或未经妥善处理者。

（6）大出血、严重撕裂伤、内脏损伤、颅脑重伤、开放性或非开性骨折、严重挤压伤、窒息性气胸、颈部伤等伤情特别严重的伤员，无法后送。

（7）患者病情十分严重或不稳定，随时有生命危险者，如需要在现场心肺复苏、呼吸道阻塞未解决、化学烧伤未得到彻底洗消、脊柱损伤无有效的固定措施、高位截瘫伴呼吸障碍、接受全麻手术尚未清醒者等，应指定有经验的急救人员严格把关。

（三）特殊情况

在某些特殊情况下，伤病者情况危急不具备转送条件，但由于现场抢救条件较差等原因没有能力对伤病者进行有效救治时，或伤员可以边抢救边转运者，此时应由有经验的急救人员权衡利弊，决定患者是否转院或等待救援，例如大面积烧伤的伤员，当急救现场或收治危重伤员的当地医疗机构条件太差，无法提供有效治疗时，需针对具体情况及时处理，绝不能机械地等待休克期平稳渡过后再实施转运。实施复苏术后，只要准备工作充分，即使在休克期进行转运也具有较高的安全性。

（四）伤员后送组织管理原则

事故灾难现场伤员人数众多任务繁重，加之环境复杂多变，运送条件恶劣，这都极大地增加了后送工作的困难，为使后送工作有序进行，后送组织管理则显得非常重要。

1. 严格筛选后送伤员

明确规定伤病员后送指征，根据伤员后送指征明确需要后送的伤员、后送顺序以及后送责任，避免发生后送事故。

2. 坚持后送复查制度

伤病员后送前应进行后送复查严格把好后送关。复查内容包括：①近期实施的救治内容是否已经完成；②医疗后送文书及其他手续是否齐备；③伤员的伤情是否符合后送指征的要求。坚持后送复查制度可有效提高后送工作质量。

3. 保证伤病员后送安全

后送成批伤病员或危重伤病员时，应安排有经验的医疗救护人员组织护送。在后送途中随时观察伤病员的情况，特别注意有无休克、窒息和大出血等情况发生，一旦发生伤情变化，要及时采取救护措施。

4. 合理安排运力、提高运输效率

要准备充足的专用后送运力，确保伤员能够及时转运；要根据事故灾难现场具体情况和运输条件，组织各种后送转运方式。担架搬运适用于路途较短的现场转运或者车辆等运输工具无法到达的转运，应尽量采取短程接力的方法，既节省人力，又能提高后送效率。车辆后送是最常见的后送方式，要确保车辆情况良好，燃油充足，并由有经验或熟悉地形的司机驾驶。条件允许或某些特殊情况下，可选择医疗列车或空运后送。

三、伤员后送方式

（一）后送工具

转运工具的选择要根据现场情况具体而定，主要考虑以下因素：灾难种类、后送转运路途长短、灾区的气候以及天气情况、地理情况以及路况还要考虑伤员伤情。目前常见的后送方式有空运、陆运、海运，具体工具有汽车、火车、飞机、船舶等。在各种后送方式中，空运是最迅速、效果最好的方式，但不能大规模运送伤员；陆地运输在今后的一段时间内仍然是主要的运输方式。事实上没有最好的运输方式，只有最适合的运输方式，无论采取哪种运输方式，其目的都是保证伤员安全与及时、有效救治。

（二）徒手搬运

徒手搬运适用于将伤员从有危险地带移送至安全区域，通常搬运距离较短，具体方法有搀扶法、背负法、托抱法等单人搬运法，抬轿式、拉车式、椅托式搬运等双人搬运法以及多人搬运法。徒手搬运应动作轻巧、敏捷，注意步调一致，避免震动，只能用来短距离运输，以免加重或延误伤情。具体技术方法见第四章第四节。

（三）担架后送

伤员担架搬运通常采取平卧位；胸部受伤呼吸困难的伤员要采取半卧位；颅脑伤、颌面伤及全麻未清醒的伤病员应将头部转向一侧；昏迷伤病员可采取侧腹卧位；颈椎骨折伤病员应取仰卧位在领下放一小枕，头部用软垫或沙袋固定两侧，防止左右摇摆；胸腰椎骨折使用硬板担架仰卧位，无硬板担架使用软担架时，应选择俯卧位。

寒冷天气注意采取保暖措施；要遮盖包扎伤员伤口，防止伤口感染；搬运时要将伤员牢固固定在担架上，以免发生意外；搬运途中防止上下颠簸，上下坡时应注意保持平衡，防止体位过度倾斜；同时救援人员要时刻注意伤员伤情变化，及时采取抢救措施。

将伤病员抬下担架时，搬运者的手臂应当从伤病员身下伸到对侧，先将伤病员上抬，使伤病员离开担架，再移至床上，不得将伤病员拖下担架，防止造成二次伤害。

（四）车辆后送

车辆后送前要确保车载急救设备、器材、工具完备充足，能够应对运送途中伤员伤情变化和紧急救护使用。

使用车辆运送前，要详细了解伤员伤情、有无晕车史以及中途治疗项目等内容；长时间运输要慎用止血带；未危及生命的治疗管道，在后送途中可以暂时夹闭。

伤员运送应根据伤员伤情及轻重分类乘车，以方便后送途中针对性治疗，如出血、骨折、截瘫及昏迷等危重伤病员，应作为重点照顾护理的对象。运送中伤病员的体位应依伤情而定，重伤病员每2h给予翻身一次，防止发生压疮，脊柱伤等不可进行翻身。

受路况影响车辆运送多颠簸不稳，易使伤口出血加重，不利于伤员伤情稳定。因此，运送途中必须严密观察病情变化情况，定期测量与记录伤员各项生命体征，注意伤病员的脸色、表情、呼吸、伤口、瞳孔、脉搏、指（趾）端颜色和体温变化，检查伤口敷料的渗血、引流袋内引流液的颜色等。运送途中若伤员有意识，应保持与其交流，对过于安静的伤病员要提高警惕。

到达后送目的地后，逐一移交伤病员，危重伤员作为重点移交对象，移交完毕后要对车辆进行消毒处理。

（五）铁路后送

列车运载伤员数量多，运行平稳，车厢内可进行各项检查和治疗，是大批伤员远距离后送的理想工具。铁路转运伤员的列车有卫生列车和普通列车两大类。

卫生列车是专门为运输伤员而设计的铁路运输车辆。车体编组合理，设备齐全，是运送伤员的最理想列车。

按我国现行规定，卫生列车的专用技术车厢、治疗车厢等预制成套备用，伤员车厢则按当时任务临时编组。卫生列车一般是13节，除去工作人员的卧铺、手术室、餐车外，有8节是收治伤员的，载运伤员可达330名左右。

普通列车是卫生列车后送伤员的补充力量。普通列车每列一般12节，每次可运载伤员350～400人。普通列车因无专用设备，给治疗、护理工作带来诸多不便。需要承担普通列车转运伤员的单位，应想办法自己配备必要设备。

（六）飞机后送

飞机后送具有机动灵活、安全平稳、运送速度快、救治效果好等特点，其受山地、河流、泥沼等地形因素影响小，且越是地形复杂、交通不便、运输距离越长，飞机后送的优势就越加明显。

飞机运送伤病员需要重点关注的是机舱内压力变化，机舱内压力变化可能会对伤病员的呼吸循环系统及受损的肢体伤口产生影响。机舱压力还可能使伤病员使用的输液袋、引流袋、气管导管等出现破溃溢液问题。因此，保持机舱内压力恒定十分重要，飞机应尽量保持低空飞行。

同其他运送方式相同，飞机运送伤员时也要时刻观察伤员伤情，包括瞳孔、体温、脉搏、呼吸、血压、伤部创口以及伤员意识；定期用电子血压计测量血压。要对颅脑伤伤员进行密切关注，颅脑损伤的伤病员，空运前虽已经过医疗处置，病情大多已经稳定，但多数伤病员仍处于脑水肿期，意识障碍，呼吸道分泌物较多，尤其是昏迷伤病员的咳嗽、吞咽反射减弱，容易误吸窒息。颅骨骨折后多累及鼻旁窦和中耳，空气容易进入颅腔，造成气颅，或发生脑脊液漏；颅内金属异物因飞机的颠簸、震动，造成异物移位，加重脑损伤，或导致颅内出血。因此，飞机上应重点观察伤病员的意识状态、瞳孔变化等生命体征及肢体的活动情况等。应在担架上铺垫较厚的棉被或软垫减轻震动，适当抬高头部，保持呼吸道通畅。对气管切开的伤病员，应及时吸出呼吸道的痰液，持续吸氧；保持良好的静脉通道；进行脱水治疗的伤病员，应留置导尿管，注意观察和记录尿量的颜色及性状等；烦躁不安者，可给予静脉或肌注安定 10mg，使伤病员保持安静，应避免使用影响呼吸及瞳孔的药物。

另外，高空对胸部损伤的伤员也有一定影响，主要表现为呼吸困难和循环紊乱。这是因为随着海拔高度的增加，伤员肺泡内的氧分压随着空气中氧分压降低而使伤员缺氧严重。加之血胸、气胸等因空气中气压降低而产生气体膨胀，压迫气管、肺脏等，影响伤员呼吸。空运胸部伤员时要严密观察伤员生命体征，尤其应注意观察有无呼吸困难，发绀及其他缺氧表现，检查气管位置是否居中，并观察呼吸动态及胸廓和肋间隙的饱满程度等。运送过程中使伤病员保持半卧位，并持续鼻导管吸氧，有胸腔引流管时，保持引流管畅通，妥善固定引流管并观察引流液的量、颜色及性状等。

（七）船舶后送

船舶后送的特点是容易发生晕船，所以在运送途中要采取预防措施；轻伤员在转运途中应遵医嘱做好预防晕船的对症处理；危重伤员应慎重使用镇静药防止发生休克。运送过程中若必须进行治疗和护理操作，应使用无创器材，操作者要保持重心稳定以减少失误发生。新鲜的空气有助于缓解晕船现象，稳定伤员情绪，因此要注意通风换气，保持舱室内空气清新，同时也要注意采取保暖措施。伤员一旦发生晕船现象，及时应对处理并清理呕吐物，防止室内污染，加重晕船现象和感染。

四、后送组织管理

（一）建立后送组织机构

灾难现场伤员后送需要建立起专门的后送组织机构，明确责任分工。分级救治（阶梯治疗）是灾难应急救援中很重要的一环，是使更多伤病员得到更合理、有效治疗的必要保证。做好分级救治工作，必须要建立转运组织领导机构并明确职责分工，这项工作关系到整个救援任务的成败。大批量伤病员转运的领导指挥工作，一般由医疗行政部门主要领导或救援队队长担任，便于全面指挥，国家卫生健康委应急办负责组织、协调、监督实施。在整个救援转运队（组）中，根据灾难应急救援保障需求，成立 5 个工作小组。

（1）转运指挥组：负责指导现场转运工作。

（2）后勤保障组：负责各类转运所需要的物资供应。

（3）协调联络组：负责对内对外进行沟通、协调。

（4）宣传报道组：负责发布转运队的工作进展情况，及时向上级主管部门汇报转运情况。

（5）转运组：根据人员车辆情况，建立若干个转运小组，以救护车长途转运为例，每个组由2～3个车组组成，每个车组包括司机1～2名、救援人员1名、医师1名；每个组确定1名组长和1名联络员，建立起队长—分队长—组长—队员之间的4级管理制度，使分工到位、职责明确，为伤病员转运工作提供组织保障。

（二）编制预案

针对转运时可能遇到的困难和问题，快速制定解决方案，提前做好预案，编制出批量伤员转运预案，主要包括：

（1）规定伤病员转运的适应症、禁忌症。

（2）转运物资准备。

（3）转运途中紧急抢救预案等。

（4）建立分队长每日例会制度，及时汇总本分队当日伤员转运情况，查找存在的问题和不足，并为下一步工作进行部署。

（三）物资保障

转运分队配备有物资供应车、食品、药品、饮水、睡袋、手电等生活必需品；随时供给抢救物品，维修车辆可随时检修，保证急救车辆的正常行驶；每辆转运急救车上应配备急救及监护设备。在转运保障时，应依靠当地政府，积极协调解决人员食宿、车辆加油、交通引导、医院联络等事宜。

（四）知情同意

在灾难救援转运中，往往会涉及一些法律问题，甚至导致纠纷发生，要求在实施转运过程中，要坚持以伤情为指导转运的原则。

1. 统一行动

是否转运或什么时候转运，常常由医疗机构与上级主管部门协调决定，医务人员应听从指挥和安排，家属或伤病员本人也要了解转运的目的和意义，充分理解转运是一个国家行为，主动服从救援组织的指挥，让危、急、重、难伤病员先转运。转出伤病员的医院切不可因经济利益或政治因素，滞留伤病员。

2. 知情同意

在大型灾难应急救援转运中，履行知情同意程序必不可少，应告知伤病员、家属或法定代表人进行转运的必要性、存在的风险和受益。转运告知后，应及时签署知情同意书，对病情危重或无意识伤病员，由监护人或法定代表人签署；对无法完成或来不及履行告之程序和签字程序时，应在随行医疗文件中记录。

（五）伤情评估

转运的宗旨是将伤病员舒适、安全地送达目的地，所以在转运实施前必须进行转运风险评估。通过评估，明确伤病员是否能够转运以及是否能承受长时间、长距离转运。分清伤情的轻重缓急和决定转运的优先顺序，这是做好伤病员转运的基础。要做好这项工作，核心任务就是要对做过初期处理或未处理的伤病员进行再次伤情评估或检伤分类。

（六）转运前的处理措施

1. 气道控制和呼吸功能维持

检查呼吸道的通畅情况，有气管插管或气管切开指征者，在转运前完成气管插管或气管切开操作，备足氧气。对存在有张力性气胸、气道阻塞、大动脉损伤、实质性脏器损伤、严重颅脑损伤影响生命者，在转运前均应给予确定性治疗，保证转运途中的安全。

2. 循环功能维持

对危重伤病员，应在上肢建立 2 条或 2 条以上液体通道。对严重创伤伴失血性休克伤病员，需要通过液体复苏纠正休克。

3. 其他

如中枢神经系统功能维持者转运前需记录神经系统检查结果和 GCS 评分。外伤伤员应进行骨折固定，妥善处理肌腱、血管、神经损伤伤病员。

（七）转运中的管理措施

1. 医护人员能力要求

灾难应急救援中，伤病员往往伤病情复杂，要求承担转运任务的医护人员应具备良好的身体素质，具备处理各种急、危、重症的能力。组队时，应选择急救技能精湛、知识全面、经验丰富、遇事沉着的医务人员承担转运工作负责人，以确保能顺利完成在转运途中各种突发事件的医疗救护。

2. 医疗物资设备要求

要有便携式呼吸机、除颤器、脚踏式吸引器、多功能心电监护仪、便携式血氧饱和度计等急救医疗设备，具体数量应由需转运的伤病员数量、病情等因素决定。对各种需要携带的仪器，救援人员均应事先检查性能，以免转运途中因器械问题影响治疗与抢救工作。此外，要根据情况携带充足的常规的急救药品和针对性药品。

3. 与外界保持联系

转运途中应随时与相关管理机构和接收医院保持联系，及时通知负责接收伤病员的医院，详细告知转运伤员的数量、转运工具的类型和数量以及具体到达的时间，便于对方做好接收准备。

（八）后送交接

1. 医疗文书的交接

交接前应完善所有伤病员的医疗文书，伤病员的基本信息、基本伤情及处理描述都尽可能详细记录在案。在与接收医院交接时，根据伤情记录上有关伤病员的信息向接收医院详细报告伤病员病情和途中用药情况，向接收医院转交所有的救治记录文件，包括主要病情摘要、相关辅助检查结果、所有影像学资料和病历复印件等。

2. 伤病员的交接

协助接收医院医务人员按先重后轻的顺序，有秩序地将伤员转运到相应病房内，防止轻伤病员走失，对伤情进行床旁交接，内容包括姓名、诊断、病情、药品、各种管道、伤员的物品、皮肤情况等。伤病员交接完成后，需带回接收医院的接收伤病员签字文件，统计转运物品的消耗并及时向灾区转运指挥部汇报成功转运的消息，报告返回灾区时间，安排下一轮的转运任务。

五、伤员后送具体要求

（一）确保伤员后送安全

1. 严格掌握后送指征

为确保伤员安全后送，必须规定后送指征、后送禁忌症，这样才能统一后送标准，明确后送责任，避免后送事故的发生。各级救治机构战时都要严格掌握后送指征与后送禁忌症。伤员后送前，应进行后送复查，严格把好后送关。如果伤病员存在随时危及生命的严重伤情，由于输送途中医疗救护条件有限，加上路途颠簸，反而会加重伤情，甚至危及生命。制定伤员后送禁忌症的标准，目的是降低伤员后送时的伤残率和死亡率。因此，伤员后送必须以伤员的伤情稳定和途中保证无意外发生为前提。

伤员转运后送的基本条件如下：后送途中无生命危险者；经初步急救后伤情稳定者；有活动性出血已行有效的止血、包扎；有骨折者已行妥善的固定；虽不完全具备后送指征，但现场急救条件有限，无法对伤员进行有效救治者可在严密监护下紧急转运。

禁忌后送的标准如下：活动性大出血者，或经现场止血仍不彻底者；休克未得到纠正或途中可能发生休克者；四肢骨折未经固定，或虽经固定，但固定肢体末梢血液循环不良者；颅脑伤伴深昏迷，或因颅内血肿、脑水肿等使颅内压增加，有发生脑疝可能者；颈椎损伤伴高位截瘫，且伴高热和呼吸功能障碍，尚未经适当急救而途中可能会使病情恶化死亡者；呼吸道梗阻，已造成极度呼吸困难或窒息尚未解除者；胸部伤伴大量血气胸，胸腔内继续出血或漏气，或开放性气胸伤口未封闭包扎，或因张力性气胸胸腔内压力未解除者；途中无医疗监护或未与接诊医院取得联系者。

2. 做好后送准备工作

对确定好后送的伤员，要做好后送前的医疗处置。除了检查规定的医疗措施执行情况，发现的问题予以补充或纠正外，还要采取某些必要的预防措施。

3. 做好后送途中的观察和护理

后送大批伤员或危重伤员时，应指派专门的医护人员携带急救的药材和器械护送。后送途中，要随时观察伤病员情况，特别注意有无休克、窒息和大出血发生，并及时给予急救。途中要防止冻伤或中暑的发生。

4. 选择好合适的运输工具

要减少颠簸和发生机械性外伤，如骨折的伤员要把担架固定牢固，胸部创伤的伤员要采取仰卧或侧卧位等。

（二）争取时间、迅速后送

（1）不因等待运输工具而耽误时间。要准备充足的专用后送运力并适时派出使用。为此，救援前要根据伤员预计，多方筹措，周密安排运力；救援过程中要及时了解情况，适时派出和调整运力。

（2）不因等待伤员而耽误时间。车辆到，迅速组织伤员上（下）车，缩短车辆停留时间。要求救治机构停车场地要构筑上（下）车台阶，或备有车梯；熟练掌握搬运和安置伤员的程序、方法；预先做好伤员后送准备工作。使用空运后送，要事先选好飞机降落场地，规定联络信号。

（3）改善运输的组织方法，提高运输效率。

（4）酌情空运和越级后送。对急、重伤员力争使用空军后送，对核武器、化学武器杀伤区的大批伤员可实行越级后送。

（三）密切观察、及时抢救

（1）严密观察伤病员生命体征的变化，包括神志、血压、呼吸心率、口唇颜色等，及时发现、及时处理。随时检查损伤部位的变化情况，如外伤包扎固定后有无继续出血、肢体肿胀改变及肢端是否供血不足、脊柱固定是否松动、各种引流管是否通畅、输液管道是否安全可靠、氧气供应是否充足、仪器设备工作是否正常等。对发现的问题，及时采取必要的处理措施。

（2）对躁动不安的伤病员，应在严密监控下适当给予镇静或止痛治疗，防止伤病员坠落或碰伤。

（3）有传染性或沾染放射物质的特殊伤病员，应采取措施做好伤病员的隔离及医护人员的防护工作。

（4）转运途中要多与清醒伤病员进行语言交流，以此来了解伤病员的意识状态，并给予安抚性的心理疏导，使伤病员放松情绪，利于稳定生命体征。

（5）途中病情出现特殊变化时，应立即进行抢救。

在应急救援行动中，医疗救援应以专职医师、护士等组成的救援队伍为主导，其他救援队伍辅助完成各项医疗救护工作。在检伤分类与后送过程中，电力企业紧急救护队伍要掌握检伤分类程序、医疗后送方式、紧急救护技术、组织管理措施等，能够准确地对大批伤员进行检伤分类以及现场急救，能够将伤员及时、安全地脱离危险地区，能够组织车辆、舟船等协助转运伤员，转运过程中能够协助专职医护人员进行伤员救护，能够有效与后方医疗机构对接完成医疗文书交接、伤病员交接等任务。

复 习 思 考 题

1. 重大事故灾难现场为什么要进行检伤分类？

2. 检伤分类的四个原则是哪四个？

3. 检伤分类的反向实施原则在什么情况下适用？

4. 简述检伤分类的等级和救治顺序。

5. 简述 START 系统检伤分类流程。

6. 在救援现场什么样的伤员需要进行医疗后送？

7. 在救援现场什么样的伤员可以暂缓后送？

8. 伤员转运前需要进行的处理措施有哪些？

9. 伤员后送的方式有多少种？各适合于什么情形？

第六章

触电事故及其救护措施

随着科技的发展，电力在生产、生活中的应用越来越广泛，已延伸到各个产业、各种领域，在人们的日常生活中也无处不在。电力促进了社会的极大进步，为人们的生活提供了极大便利，但是它也十分危险，能给人们带来致命伤害，且由于其隐蔽性使人们难以预防。根据国家统计局的数据，我国每年触电死亡人数约为8000人，平均每天有20多人因触电死亡。电力工作者与电力的生产、运输与使用休戚相关，是与电力接触最多的人群，其工作带有极高的危险性。在电力生产中一旦发生触电事故，后果严重，轻者造成伤残，重者导致死亡，甚至造成大范围事故。触电事故具有突发性、迅速性、严重性，因此电力工作者必须严格遵循电力安全规程，严防触电事故发生并掌握触电事故紧急救护技术。

第一节　触　电　的　方　式

按照人体触及带电体的方式和电流流过人体的途径，触电可以分为直接接触触电与间接接触触电。直接接触触电包括单相触电、两相触电，间接接触触电包括跨步电压触电和带电体放电触电。

一、直接接触触电

（一）单相触电

当人体直接碰触带电体其中的一相时，电流通过人体流入大地，这种触电现象称为单相触电。通常单相触电是指由单相220V交流电（也称为市电、民用电）引起的触电，虽然单相触电事故对人体的危害相对较小，但也足以引起心室纤颤导致心脏骤停引发死亡。单相触电易发生，每年发生的触电伤亡事故中大部分是单相触电事故，应引起重视。

在日常工作和生活中，低压用电设备的开关、插销和灯头以及电动机、电熨斗、洗衣机等家用电器，如果其绝缘损坏，带电部分裸露而使外壳、外皮带电，当人体碰触这些设备时，就会发生单相触电情况。如果此时人体站在绝缘板上或穿绝缘鞋，人体与大地间的电阻就会很大，通过人体的电流将很小，这时不会发生触电危险。

（二）两相触电

人体同时接触带电设备或线路中的两相导体，使电流从一相导体通过人体流入另一相导体，构成一个闭合回路，这种触电方式称为两相触电。通常发生的两相触电为手—手或手—足触电，此时电流直接流过心脏、头部或者脊椎，会对人体造成严重损伤。发生两相触电时，作用于人体上的电压为线电压，在星形三相交流系统中，线电压为相电压的$\sqrt{3}$倍，因此在相同电压等级下，这种触电相对于单相触电以及跨步电压具有更大危险性，线电压以380V为例，此时流过人体的电流可高达316mA，对人体造成严重危害，引发心脏骤停，因此一旦发生要立即妥善处理。

二、间接接触触电

（一）跨步电压触电

当电气设备发生接地故障，接地电流通过接地体向大地流散，流入地中的电流就会在土壤形成电位，地表面将形成以接地点为圆心的径向电位差分布。距接地点越近，电位越高，距接地点越远，电位越低，距接地点 20m 以外处，地面电位近似零。人在接地点周围行走时其两脚之间的电位差就是跨步电压，当跨步电压足够大，能够引起人体足够大的电流流动导致人体触电，就称为跨步电压触电。

下列情况和部位可能发生跨步电压触电：

（1）带电导体，特别是高压导体故障接地处，流散电流在地面各点产生的电位差造成跨步电压触电。

（2）接地装置流过故障电流时，流散电流在附近地面各点产生的电位差生成跨步电压。

（3）正常时有较大工作电流流过的接地装置附近，流散电流在地面各点产生的电位差造成跨步电压。

（4）防雷装置接受雷击时，极大的流散电流在其接地装置附近地面各点产生的电位差造成跨步电压触电。

（5）高大设施或高大树木遭受雷击时，极大的流散电流在附近地面各点产生的电位差造成跨步电压触电。

跨步电压的大小受接地电流大小、鞋和地面的接触性质、两脚之间的跨距、两脚的方位以及离接地点的远近等很多因素影响，人的跨距一般按 0.8m 考虑，由于跨步电压受很多因素的影响以及由于地面电位分布的复杂性，几个人在同一地带遭到跨步电压电击完全可能出现截然不同的后果。

发生跨步电压触电时，不能盲目接近施救，否则可能同样被跨步电压击伤。

（二）带电体放电触电

当人体与带电体的空气间隙小于一定距离时，虽然人体没有直接接触带电体，但也可能发生带电体放电触电事故。这是因为空气间隙的绝缘强度是有限的，当人体距离带电体的距离足够小时，空气的绝缘效果会大大减弱，带电体产生电弧击穿空气直接对人体放电，使人体受到电弧灼伤及电击的双重伤害。

1. 高压电弧触电

高压电弧触电是指人靠近高压线（高压带电体）造成弧光放电而引发的触电。电压越高，对人身的危险性越大。高压输电线路的电压高达几万伏甚至几十万伏，特高压输电线路的电压可达上百万伏，由于电压过高，即使不直接接触，也可能被弧光击倒而受伤甚至死亡。

2. 感应电压电击

由于电气设备的电磁感应和静电感应作用，会在附近的停电设备上感应出一定电位。人体接触有感应电的设备，就会造成感应电触电事故。感应电压的大小，决定于电气设备的电压、几何对称程度、停电设备与带电设备的相对位置等各种因素影响。同杆架设的多回高压线路，未停电线路会在停电检修线路上产生感应电压。

3. 残余电荷电击

（1）在电力检修作业中，需要将检修设备的二次电源断开，在二次控制回路中，采用电感性元件较多，当二次电源断开后，电感元件若未充分放电，仍残存有电荷。当检修人员检修时，一旦接触电路，将会产生电击现象，甚至产生电弧，烧伤检修人员。

（2）电容器的两极具有残余电荷，首先应设法将其电荷放尽，否则容易发生触电事故。处理故障电容器时，应拉开电容器组的断路器及其上下隔离开关，如采用熔断器保护，则应先取下熔丝管。此时，电容器组虽已经过电阻自行放电，但仍会有部分残余电荷，因此，必须进行人工放电。放电时，要先将接地线的接地端与接地网固定好，再用接地棒多次对电容器放电，直至无火花和放电声为止，最后将接地线固定好。同时，还应注意，电容器如果有内部断线、熔丝熔断或引线接触不良时，其两极间还可能会有残余电荷，而在自动放电或人工放电时，这些残余电荷是不会被放掉的。故运行或检修人员在接触故障电容器前，还应戴好绝缘手套，并用短路线短接故障电容器的两极以使其放电。另外，对采用串联接线方式的电容器还应单独进行放电。由于电容效应，电气设备在刚断开电源后尚保留一定的电荷，即为残余电荷。此时如果人体触及停电设备，就可能遭到剩余电荷的电击。设备的容量越大，遭受电击的程度也越重。

第二节　电流对人体的危害

电流可能对人体构成多种伤害，主要分为三种，即电击、电伤和电磁场伤害。电击是指电流通过人体，人体直接接受电流能量遭到的伤害；电伤是指电能转换为热能作用于人体，致使人体受到烧伤或灼伤；电磁场伤害是指人在电磁场照射下，吸收电磁场的能量遭受到的伤害。

一、人体电阻

人体电阻由皮肤电阻和人体内电阻组成，人体内阻约为 500Ω，基本保持不变，人体皮肤电阻则受各种因素影响。一般情况下，皮肤在完全干燥时的阻值可达 $10\sim100k\Omega$，有破损或出汗时也可降至 $1k\Omega$ 以下。人体各部分电阻不同，皮肤、脂肪、骨骼和神经的电阻较大，肌肉和血液的电阻较小，且人体电阻与外加电压大小以及频率也有关，外加电压等级越高、频率越高，人体电阻越小；人体电阻还与人体和带电体的接触情况有关，皮肤与带电体接触面积越大或接触压力越大，人体电阻就越小。

当表皮受损暴露出真皮时，人体内因布满了输送盐溶液的血管而具有很低的电阻。一般认为，接触到真皮里，一只手臂或一条腿的电阻大约为 500Ω。因此，由一只手臂到另一只手臂或由一条腿到另一条腿的通路相当于一只 1000Ω 的电阻。假定一个人用双手紧握带电体，双脚站在水坑里而形成导电回路，这时人体电阻基本上就是体内电阻约为 500Ω。一般情况下，人体电阻可按 $1000\sim2000\Omega$ 考虑。

二、触电对人体的伤害

触电对人体伤害的严重程度与触电电压、触电电流、电流持续时间、电流频率、电流通过人体的途径以及人体状况等各种因素有关，而且各种因素之间有着十分密切的关系。

其中电流大小和电流持续时间对触电者伤害程度的影响最大。

（一）触电电压

一般来说，当人体电阻一定时，人体接触的电压越高，通过人体的电流就越大，但实际上通过人体的电流与作用在人体上的电压不成正比例关系，而是随着作用于人体电压的升高，皮肤会遭到破坏，人体电阻急剧下降，从而导致电流的急剧升高。

因为影响电流变化的因素很多，而电力系统的电压却是较为恒定的。所以从安全角度考虑，人体的安全条件通常不采用安全电流，而是用安全电压。安全电压是为了防止触电事故而采用特定电源供电的电压系列，我国规定的安全电压一般分为42V、36V、24V、12V四个等级。当电气设备采用的电压超过安全电压时，必须采取防止直接接触带电体的保护措施。电气设备的安全电压应根据使用场所、操作人员条件、使用方式、供电方式和线路等多种因素进行选用。目前，我国采用的安全电压以36V和12V居多。发电厂生产场所及变电站等处使用的照明灯电压一般为36V；在金属容器或水箱等工作地点狭窄、周围有大面积导体、环境湿热场所工作时，手提照明灯应采用12V安全电压。

（二）触电电流

电流通过人体时会使人体产生麻木、刺痛、颤抖、痉挛，甚至引发心脏骤停。在活的肌体上，特别是肌肉和神经系统，有微弱的生物电存在，如果引入外部电源，微弱生物电的正常工作规律将被破坏，人体也将受到不同程度的伤害。通过人体的电流越大，人体的上述生理反应越明显，人的感觉越强烈，破坏心脏工作所需的时间越短，致命的危险越大。一般来说，通过人体的工频交流电（50Hz）超过10mA，直流电超过50mA时，触电者就难以摆脱电源，这时就会有生命危险。

按照通过人体电流大小的不同，人体呈现状况的不同，将电流划分为感知电流、摆脱电流和室颤电流。

1. 感知电流

感知电流是引起人体感觉的最小电流。实验资料表明，当通过人体的交流电达到0.6～1.5mA时，触电者便感到微麻和刺痛，这一电流叫做感知电流。感知电流的大小因人而异，对于不同的人，感知电流也不相同。频率为50～60Hz工频交流电时，一般成年男性平均感知电流约为1.1mA，成年女性约为0.7mA；直流电时，男性平均感知电流约为5.2mA，女性约为3.5mA。感知电流一般不会对人体造成伤害，但当电流增大时，感觉增强，反应加大，可能因不自主反应而导致从高处跌落，造成二次事故。

2. 摆脱电流

摆脱电流是指在一定概率下，人触电后能自行摆脱触电电源的最大电流。摆脱电流是一个重要的安全指标，小于该电流，触电者具有自主摆脱的行为能力，能够自行脱离触电电源。实验资料表明，对于不同的人，摆脱电流的大小也不相同。频率为50～60Hz的工频交流电，成年男性平均摆脱电流大约为16mA，成年女性大约为10.5mA；直流电时，成年男性平均摆脱电流约为76mA，成年女性约为51mA。当通过人体的电流略大于摆脱电流时，便会导致神经麻痹，引起呼吸停止，此时立即切断电源，可恢复呼吸，不会造成严重影响。但是，当通过人体的电流超过摆脱电流，而且时间较长，可能会产生严重后果。

3. 室颤电流

通过人体引起心室发生纤维性颤动的最小电流称为室颤电流。电击致死的原因是比较复杂的，例如，高压触电事故中，可能因为强电弧或很大的电流导致的烧伤使人致命；低压触电事故中，可能因为心室颤动，也可能因为窒息时间过长使人致命。一旦发生心室颤动，数分钟内即可导致人体死亡。在小电流（不超过数百毫安）作用下，电击致命的主要原因是电流引起心室颤动。因此，可以认为室颤电流就是在最短时间内危及人体生命的最小电流，称为致命电流。

（三）触电时间

在其他条件都相同的情况下，电流通过人体的持续时间越长，对人体的伤害程度越大。这是由于通电时间越长，电流在心脏间隙期内通过心脏的可能性越大，因而引起心室颤动的可能性也越大；通电时间越长，电流对人体组织的破坏也越严重；长时间触电导致触电部位局部组织炭化，皮肤组织破坏，从而降低人体电阻，致使通过人体的电流增大；另外通电时间越长，体内积累的能量就越多，引起心室颤动所需的电流也就越小，心室颤动发生的可能性就会越大。

通过人体允许电流与持续时间的关系如表6-2-1所示，从表中可以看出，通过人体电流的持续时间越长，允许电流就越小。因此发现有人触电时，救援人员要争分夺秒，迅速切断电源，最大限度地缩短电流通过人体的时间，以挽救伤员生命。

表6-2-1　　　　　通过人体允许电流与持续时间关系

允许电流/mA	50	100	200	500	1000
持续时间/s	5.4	1.35	0.35	0.054	0.0135

（四）流通路径

电流通过人体的部位不同，对人体的伤害程度也不同。电流通过心脏会引起心室颤动导致心脏骤停；电流通过中枢神经或有关部位，会引起中枢神经严重失调而导致死亡；电流通过呼吸系统，会造成呼吸系统麻痹，使呼吸停止引发死亡；电流通过头部会使人昏迷，或对脑组织产生严重损坏而导致死亡；电流通过脊髓，会使人瘫痪等。

触电时常见的流通路径如下：

（1）电流由一手进入经另一手流出，此时电流通过心脏，即可引起室颤。

（2）电流由一手进入经一足流出，这种情况下通过左手触电比通过右手触电严重，因为这时心脏、肺部、脊髓等重要器官都处于电路内。

（3）电流由一足进入经另一足通出，不通过心脏，仅造成局部烧伤，对全身影响较轻。

（五）触电致死机理

由低电压触电引起室颤，开始时尚有呼吸，数分钟后呼吸即停止，进入"假死"状态；高电压触电引起呼吸中枢麻痹时，伤员呼吸停止，但心搏仍存在，如不施行人工呼吸，10min左右死亡。

三、电击和电伤

(一) 电击

电击是指电流通过人体，破坏人体心肺及神经系统的正常功能，进而使人体逐渐失去生命特征的伤害。电击对人体的伤害与电流的大小、触电时间的长短、流过身体的路径有密切关系。电流越大、触电时间越长对触电者的危害越大，因此发现触电者时要在确保自身安全的情况下迅速切断电源或使伤员脱离电源，以免伤害进一步扩大。另外，相同电压等级交流电对人体的危害要大于直流电对人体的危害。

电流通过人体时能使肌肉产生突然收缩效应，产生针刺感、压迫感、打击感、痉挛、疼痛、血压升高、昏迷、心律失常、心室颤动等症状，这些症状会使触电者难以摆脱带电体以及造成机械损伤。触电者长时间无法脱离电源，电流的热效应会引起电烧伤，加重触电者伤情，增加抢救难度。

通常所说的电击是指在低电压情况下发生的单纯电流伤害，不含有电流对人体的烧伤等其他伤害，与电伤相比电击对人体的损伤相对较小，但低电压仍可致人员伤亡。当通过人体流经心脏的电流大于室颤电流（约 $50mA$）时，电流引起心脏颤动而造成血液循环停止，这是电击之死的主要原因；且低压电遍布人们的日常生活，低压触电发生率高，应引起人们的警惕。

(二) 电伤

电伤是指电流的热效应、化学效应和机械效应对人体的伤害。电伤的主要表现形式有电烧伤、电烙伤、皮肤金属化、电光性眼炎等，其中以电烧伤最为严重，电烙伤和皮肤金属化相对轻微。

电烧伤是指电流流经人体时，其热效应使人体表层、神经、组织、器官等烧伤的伤害，又可分为电弧烧伤、低电压烧伤、高电压烧伤，其中电弧烧伤伤情一般较轻，而高电压对人体危害极大，可造成人体深度烧伤甚至使人体瞬间燃烧，失去生机。

1. 电弧烧伤

电弧烧伤是由电弧产生的高强度闪光热能造成机体组织高温烧伤的伤害。电弧烧伤的成因是两个高压电极间或电源对人体放电，与人体建立起一种光亮桥带，其温度可高达 $3000\sim4500℃$。但由于电流没有通过机体，无入口、无出口组织毁损，类似热烧伤，且由于作用时间短，通常不会造成致命危害。

2. 低电压烧伤

低电压烧伤是指发生低压触电时电流经过人体与大地或其他介质形成回路，其热效应对人体造成的烧伤。低电压烧伤会有入口和出口两处，入口多为手部，取决于电流进入人体的部位，伤口表现为内翻伤口；处口取决于电流离开人体的部位，表现为外翻创口，入口烧伤严重于出口烧伤。低电压烧伤出口、入口伤面小，直径 $0.5\sim2cm$，呈灰白色或黑色，边缘整齐与健康皮肤分界清除，多表现为Ⅲ度烧伤，伤情严重。

3. 高电压烧伤

高电压烧伤常有一处进口和多处出口，伤面不大，但可深达肌肉、神经、血管，甚至骨骼，有"口小底大，外浅内深"的特征。当身体躯干直接接触电源时，电流通过人体内脏器官会对其造成各种损伤，如肠穿孔、局灶性膀胱穿孔、胆囊坏死穿孔、腹膜后肌肉坏死伴同灶性胰腺坏死、脾局灶性坏死、局灶性肝脏凝固坏死等。

随着病情发展，高电压烧伤者可在一周或数周后出现坏死、感染、出血等症状。血管内膜受损，可有血栓形成，继发组织坏死、出血，甚至肢体广泛坏死，后果严重，致残率高达 35%～60%。

更高等级的电压可使人体瞬间燃烧、碳化、失去生机，因此在电力生产生活中必须严格遵安全规程，不可违章作业，不可强令冒险作业。

（三）烧伤等级

1. Ⅰ度烧伤

又称红斑性烧伤，仅伤及表皮的一部分，但生发层健在，因而增殖再生能力活跃，常于 3～5 天内愈合，不留瘢痕。

2. 浅Ⅱ度烧伤

伤及整个表皮和部分乳头层。由于生发层部分受损，上皮的再生有赖于残存的生发层及皮肤附件，如汗腺及毛囊的上皮增殖。如无继发感染，一般经 1～2 周愈合，也不留瘢痕。

3. 深Ⅱ度烧伤

烧伤深及真皮乳头层以下，但仍残留部分真皮及皮肤附件，愈合依赖于皮肤附件上皮，特别是毛囊突出部内的表皮细胞的增殖。如无感染，一般需 3～4 周自行愈合，常留有瘢痕。临床变异较多，浅的接近浅Ⅱ度，深的则临界Ⅲ度。

4. Ⅲ度烧伤

又称焦痂性烧伤。一般指全程皮肤的烧伤，表皮、真皮及皮肤附件全部毁损，创面修复依赖于手术植皮或皮瓣修复。

5. Ⅳ度烧伤

烧伤深及肌肉、骨骼甚至内脏器官，创面修复依赖于手术植皮或皮瓣修复，严重者需截肢。

（四）其他伤害

（1）电烙伤发生于人体与带电体良好接触时，电流及其热效应使人体肤质变硬，形成黄色或灰色肿块，电烙伤在低电压触电时常见。

（2）皮肤金属化是指被电流熔化和蒸发的金属微粒深入人体表皮所造成的损伤，是所有电伤中对人体损害最轻微的一种伤害。

（3）电光性眼炎也叫雪盲、紫外线眼伤，是由于受到紫外线过度照射所引起的眼结膜、角膜的损伤。在自然界，如高山地区空气稀薄，大气层对紫外线的吸收和散射作用减少，在冰川、雪地、沙漠等炫目耀眼的地区，反射光的紫外线含量增高，也会引起眼部的损害。

发病的特点是眼受到紫外线照射后，一般 6～8h 才发病，这段时间为潜伏期，因为紫外线作用于角膜、结膜之后，经 6～8h 后引起部分上皮细胞坏死脱落。这时症状最严重，最初为异物感，继之眼剧痛，高度眼睑痉挛，怕光、流泪、伴面部烧灼感。伤员面部和眼睑红肿，结膜充血水肿，睑裂部位的角膜上皮有点或片状脱落。受到紫外线照射愈久，脱落的上皮愈多。由于角膜上皮的脱落，上皮间的神经末梢暴露，这是眼疼痛的原因，以上症状可持续 6～8h，以后逐渐减轻，2～3 天完全恢复。

四、电磁场伤害

（一）电磁场伤害的特点

电磁场伤害是一种长期作用于人体的伤害，因电磁场伤害没有明显的创伤、清晰的病症，也难以发现危险源，因此常常被人们忽略。人体长期处于高频电磁场环境中，会出现头晕、乏力、记忆力减退、失眠、多梦等神经系统症状，影响生活质量。

电磁波有各种频率，不同频率的电磁波对人体的影响也是不同的。当振动频率在 300MHz 以下时，人体处于感应场区，感应场区作用范围是波长的 1/6。区间内的电磁能量呈储存状态，对人体的影响主要为电磁能的作用。当振动频率在 300MHz 以上时，人体则处于辐射场内，该波段电磁能量以波的形式向周围空间辐射，人体受到的是辐射波能的影响。通常，把振动频率大于 300MHz 的电磁波称为微波。微波的辐射场区分为辐射近场区和辐射远场区。辐射近场区位于电抗性近场区（感应区）与辐射远场区之间。例如一般工业上的微波加热炉、医院用的微波理疗机和试验条件下的微波振动设备等的操作人员，都在辐射近场区工作。

无线电设备、淬火、烘干和熔炼的高频电气设备，能辐射出波长 1～50cm 的电磁波。这种电磁波能引起人体体温增高、身体疲乏、全身无力和头痛失眠等病症。

（二）电磁场伤害的主要影响

1. 中枢神经系统功能失调

中枢神经系统功能失调主要为神经衰弱综合征，有头昏、头痛、乏力、记忆力减退、睡眠障碍（失眠、多梦）、心悸、消瘦和脱发等现象。接触微波者除神经衰弱症状较明显、持续时间较长外，往往还伴有其他方面的变化，如常见的有脑电图慢波明显增加。但脱离接触后，大多数可以恢复正常。

2. 植物神经系统功能失调

植物神经系统功能失调主要表现为手足多汗、头晕等。

3. 心血管系统功能失调。

心血管系统会出现心动过速或过慢、窦性心律不齐。还可能有传导阻滞、高血压及低血压症状等。

第三节 触电紧急救护

一、触电伤员的临床表现和触电紧急救护的基本原则

1. 触电伤员的临床表现

（1）轻者可出现恐惧、紧张、大喊、大叫、身体有难以耐受的麻木感。被救下后有头

晕、心悸、面色苍白，甚至晕厥，清醒后伴有心慌和四肢软弱无力。

（2）出现呼吸浅而快、心跳过速、心率失常或短暂昏迷。

（3）严重者出现四肢抽搐、昏迷不醒或心搏骤停。

（4）一般存在不同部位、深度、面积的电烧伤。

（5）常伴有高空坠落跌伤。

2. 触电紧急救护的原则

触电紧急救护的基本原则是迅速、就地、准确、坚持。

（1）迅速。在确保自身安全的情况下，迅速使触电者脱离电源，将其转移到安全地带并立即进行现场急救。

（2）就地。危险解除或将触电者脱离危险源后，救援人员要就地采取急救措施，不要试图将触电者长距离转移后救治。

（3）准确。准确判断触电者呼吸、脉搏等生命体征，采取的各项急救措施、动作要规范到位。

（4）坚持。现场心肺复苏一旦开始决不能轻易中断，不可自行判定触电者死亡而终止抢救，要不断坚持直到触电者恢复生命体征或者专业医疗人员接手治疗。

二、使触电者脱离电源的方法和注意事项

脱离电源就是要把触电者接触的那一部分带电设备的所有断路器（开关）、隔离开关（刀闸）或其他断路设备断开，或设法将触电者与带电设备脱离。在脱离电源前，救护人员不得直接用手触及伤员，以免救护人员同时触电。在脱离电源过程中，救护人员也要注意保护自身的安全。如触电者处于高处，应采取相应措施，防止触电者脱离电源后自高处坠落形成复合伤。

1. 脱离低压电源

（1）触电地点附近有电源开关或电源插座，应立即拉开开关或拔出插头，断开电源。但应注意到拉线开关或墙壁开关等只控制一根线的开关，有可能因安装问题只能切断零线而没有断开电源的相线。

（2）触电地点附近没有电源开关或电源插座（头），宜用有绝缘柄的电工钳或有干燥木柄的斧头切断电线，断开电源。但应注意切断电线的位置，防止断开后的带电端再次危及现场人员。

（3）当电线搭落在触电者身上或压在身下时，宜用干燥的衣服、手套、绳索、皮带、木板、木棒等绝缘物作为工具，拉开触电者或挑开电线，使触电者脱离电源。

（4）触电者的衣服是干燥的，又没有紧缠在身上，宜用一只手抓住他的衣服，拉离电源。但因触电者的身体是带电的，其鞋的绝缘也可能遭到破坏，救护人员不得接触触电者的皮肤，也不能抓他的鞋。

（5）触电发生在低压带电的架空线路上或配电台架、进户线上，对可立即切断电源的，则应迅速断开电源，或者救护人员迅速登杆或登至可靠地方，并做好自身防触电、防坠落安全措施，用带有绝缘胶柄的钢丝钳、绝缘物体或干燥不导电物体等工具将触电人员脱离电源。

（6）触电发生在电缆沟道、隧道内，且不能立即断开电源开关，宜采取抖动电缆的方式使触电者脱离电源。发生因电缆绝缘损坏触电，不得采取直接剪短电缆的方式断开电源，防止相间短路起火，扩大伤害或影响救护，除非是单根单项电缆。

2. 脱离高压电源

如果触电者触及高压电源，因高压电源电压高，一般绝缘物对救援人员不能保证安全，而且往往电源的高压开关距离较远，不易切断电源，这时应采取以下措施：

（1）立即通知有关供电单位或用户停电。

（2）戴上绝缘手套，穿上绝缘靴，用相应电压等级的绝缘工具按顺序拉开电源开关或熔断器及刀闸。

（3）抛掷裸金属线使线路短路接地，迫使保护装置动作，断开电源。抛掷金属线之前，应先将金属线的一端固定可靠接地，另一端系上重物抛掷，注意抛掷的一端不可触及触电者和其他人。另外，抛掷者抛出线后，要迅速离开接地的金属线 8m 以外或双腿并拢站立，防止跨步电压伤人。在抛掷短路线时，应注意防止电弧伤人或断线危及人员安全。抛掷的短路线若被烧断，应考虑线路重合闸动作后的再次带电。

（4）高压触电者因电击伤倒在带电区域内，虽未直接接触带电设备，救护人员也应考虑电气距离不满足要求而有触电危险。

3. 脱离跨步电压区

触电者触及断落在地上的带电高压导线，要先确认线路是否无电，确认线路已经无电时，才可在触电者离开导线后立即就地进行急救。发现有电时，救护人员应做好安全措施（如穿绝缘靴），才可以接近以断线点为中心的 8～10m 的范围内（以防止跨步电压伤人）。救护人员将触电者脱离带电导线后，应迅速将其带至 8～10m 以外，再开始心肺复苏急救。电缆沟道内对触电者进行心肺复苏急救应尽快转移到通风地带或移到地面救护，防止缺氧环境救护不力或窒息伤害。

4. 脱离电源注意事项

救援人员要避免碰到金属物体和触电者裸露的身躯，切忌直接用手去接触触电者或用无绝缘的东西接触触电者，以保护自己，救援人员也可以站在绝缘垫或干木板上再进行抢救。

救援人员不可直接用裸手、其他金属及潮湿的物体作为救护工具，而应使用适当的绝缘工具。救援人员最好用一只手操作，以防自己触电，同时尽可能不用另一只手借力于其他人员或金属导电物体，防止构成回路伤及自身或他人。

防止触电者脱离电源后可能的摔伤，特别是当触电者在高处的情况下，应考虑防止坠落的措施。即使触电者在平地，也要注意触电者倒下的方向，注意防摔。救援人员也应注意救护中自身的防坠落、摔伤措施。

救援人员在救护过程中特别是在杆上或高处抢救触电者时，要注意自身和被救人员与附近带电体之间的安全距离，防止再次触及带电设备。电气设备、线路即使电源已断开，对未挂上接地线的设备也应视作有电设备。

电缆沟道等狭窄、潮湿或多金属构支架区域救护时，要注意环境绝缘不良给救援人员带来的威胁如果是夜间抢救，应及时解决切断电源后的临时照明，设置临时照明灯，以便于抢救，避免延误抢救时机。但不能因此延误切除电源和进行急救的时间，并且照明要符合使用场所防火、防爆的要求。

三、杆塔及高处救援

发现杆塔上或高处有人触电，应争取时间及早在杆塔上或高处开始抢救，救护人员登高时应随身携带必要的工具和绝缘工具以及牢固的绳索等，并紧急呼救。

当工作人员在杆上或在高处触电时，抢救者应积极争取减少心跳呼吸停止的时间，在杆上或高处就进行抢救。首先是脱离电源，做好安全防护工作。电流通过人体时，肌肉痉挛，触电者常"抓住"带电部分，切断电源后，肌肉痉挛突然松弛，要防止高空坠落，再造成多发性外伤。

抢救者在登高或登杆前，应嘱咐地面做好准备，随身带好绝缘工具及牢固的绳索，确认自身所处的环境内无危险电源时，固定好安全皮带。

将触电者下放前，先检查绳索扣结、支架是否牢固。解开安全带时不要弄错，防止自己或触电者从高空坠落。

将触电者由杆上营救到地面的方法有单人营救法、双人营救法和多人营救法。

1. 单人营救法

首先在杆上安装绳索，将绳子的一端固定在杆上，固定时绳子要绕 2～3 圈，绳子的另一端放在伤员的腋下，绑的方法要先用柔软的物品垫在腋下，然后用绳子绕 1 圈，打 3 个靠结，绳头塞进伤员腋旁的圈内并压紧，绳子的长度应为杆的 1.2～1.5 倍，最后将伤员的脚扣和安全带松开，再解开固定在电杆上的绳子，缓缓将伤员放下。

2. 双人营救法

该方法基本与单人营救方法相同，只是绳子的另一端由杆下人员握住缓缓下放，此时绳子要长一些，应为杆高的 2.2～2.5 倍，营救人员要协调一致，防止杆上人员突然松手，杆下人员没有准备而发生意外。

3. 多人营救法

首先在铁塔下铺设充气床垫，然后 3 名营救人员登至铁塔伤员处，在离伤员约 1.5m 铁塔钢架上固定两个滑轮，将安全绳穿过滑轮后由高空抛下，地上营救人员将吊索端 4 条安全带与空中救援担架固定，同时在空中救援担架外侧固定 2 条安全绳作为牵引绳。4 人协作，2 人负责牵拉空中安全绳，2 人负责牵拉担架安全绳，将担架缓慢升空至伤员处，在将伤员安全搬运至担架后，一名救援人员将自身安全扣与担架连接，随担架护送伤员转运至地面，在担架下降过程中，营救人员要协调一致，负责牵拉担架升空救援人员匀速放松安全绳，使空中救援担架安全缓慢下降，负责空中担架位置牵拉救援人员配合确保担架与铁塔保持安全距离，顺利完成铁塔营救任务。

四、触电事故现场急救

1. 电击事故现场急救

电击对人体的主要伤害是使人体心脏骤停以及由触电引发的二次伤害。

触电者脱离电源后，救援人员要立即对触电者进行伤情判断，包括意识判断、呼吸判断、脉搏判断以及受伤部位判断。

首先判断触电者是否意识清醒，救援人员在触电者双耳旁呼叫伤员或轻拍其肩部，以判定伤员是否丧失意识，禁止摇动伤员头部呼叫。

若触电者意识清醒，应使触电者在通风良好的安全地带安静休息，询问触电者身体有无不适，严密观察触电者的呼吸、脉搏等生命指标，一旦出现异常情况立即采取急救措施；检查触电者有无其他创伤，并采取相应救护措施。

若触电者昏迷或意识模糊，救援人员立即用看、听、试的方法检查触电人员有无呼吸，检查时间不应超过 10s，一旦发现触电者呼吸停止，立即采取心肺复苏，有条件时使用 AED 进行胸外心脏除颤。心肺复苏开始后除非触电者恢复意识或专业医疗人员到达现场接替救护，否则不可放弃。

脉搏检查要由专业救援人员进行，若未接受过专业培训可省略此步。专业救护人员可进行大动脉搏动检查，用食指及中指指尖先触及颈部气管正中部位，然后向旁滑移 2～3cm，在胸锁乳突肌内侧触摸颈动脉是否有搏动。检查时间不要超过 10s，如 10s 内不能明确感觉到脉搏，立即开始胸外按压。

对已恢复心跳的伤员，不要随意搬动以防因再次发生心室纤颤而导致心脏再次停跳。正确的做法是，等医生到达后或伤员完全清醒后再搬动。

所有触电损伤者被转运到医院后，应连续进行 48h 心电监测以便发现电击后迟发性心律失常。应用冰袋，冰帽及静脉注射盐酸纳洛酮有利于脑复苏。合并休克者，在常规抗休克治疗的同时，检查是否合并有内脏损伤或骨折，如发现有内出血或骨折，应及时处理。

若触电者伴随严重的二次伤害，伴有大出血情况，应立即采取止血措施，否则心肺复苏不能发挥效果。

2. 电弧烧伤现场急救

电弧烧伤通常为表层皮肤或局部组织烧伤，伤情相对较轻，烧伤程度多为Ⅱ度及以下烧伤。

电弧烧伤的处理方法与一般烧伤的处理方法相近。使触电者脱离电源后，用冷清水冲洗浸泡烧伤部位，头面部等特殊部位可给予湿敷以达到降低皮肤温度，镇痛止痛，抑制炎性介质释放等作用。

烧伤处的衣物需要去除，应在冷水充分降温后用剪刀剪开，不能剥脱。对烧伤处冷水降温至少 15min，不超过 30min，充分降温后，用消毒敷料或清洁布料覆盖创面，简单包扎，保护创面免受污染和损伤。烧伤表面的水疱不要刺破，也要避免涂抹油脂、药膏、有色药物等，防止影响烧伤深度的判断。

3. 高、低压电烧伤现场急救

高压电烧伤与低压电烧伤创伤机理相同，严重程度不同，现场急救方法相近。

触电者脱离电源后若有燃烧部位立即进行灭火，剪开去除触电者燃烧过的衣物，将其转移到安全地带，仰卧在平地地面或硬质木板上，开放气道。

用 5～10s 的时间检查触电者的呼吸情况，一旦发现呼吸停止立即进行心肺复苏，并拨打 120 急救电话。高声呼救其他人员协助救护，检查触电者烧伤出、入口烧伤程度、受伤情况，了解触电者有无发生高处坠落，身体有无二次损伤，并进一步确定电源性质、电压等级。

对于创面较小的低压电烧伤，可待触电者生命体征稳定后再进行创面处理，创面处理方法基本与电弧烧伤处理方法相同。

高压电烧伤者除有低压触电的各种症状外，还可能伴随大面积烧伤创伤。对有较大烧伤创面、创面复杂严重的伤员，应注意创面的保护，现场救护一般不做特殊处理，为防止创面污染、感染，要用三角巾、大块纱布或干净的衣物、被单等对创面进行简单而确实的包扎，手、足烧伤时，应将各个手指、脚趾分开包扎防止粘连。

高、低压电烧伤对人体损伤严重，会使触电者产生剧痛，当触电者恢复意识后应口服止痛片和磺胺类药物；烧伤会使人体丢失大量体液，为防止发生休克现象，应给触电者口服烧伤饮料或淡盐水，严禁饮用白开水，以免引起脑水肿等并发症。

注意，发生触电事故后，现场转移伤员时，应注意伤员有无高处落下以及身体有无二次损伤，若不能确定伤员有无脊柱伤、颈椎伤，一律按有脊柱伤、颈椎伤处理。

4. 电光性眼炎的急救措施

治疗方法是止痛，常用的是 0.5% 丁卡因眼药水，3min 滴一次，滴 3 次。也可作冷敷。滴消炎的眼药水预防感染。要注意的是，不要为止痛，滥用丁卡因眼药水，因为它有刺激性，妨碍上皮的生长。如眼不是很痛，就尽量不要用。当然，最重要的是做好预防工作，电焊应严格按操作规程办事，戴好防护镜，避免紫外线照射眼部，以防发生电光性眼炎。

5. 触电事故处置注意事项

（1）不管是何种触电情况，无论触电者的状况如何，都必须立即拨打急救电话，请专业医生前来救治。

（2）对于触电者的急救应分秒必争。发生心搏、呼吸骤停的触电者，病情都非常危重，这时应一面进行抢救，一面紧急呼叫 120，送触电者去就近医院进一步治疗。在转送触电者去医院途中，抢救工作不能中断。

（3）现场抢救应在现场就地进行，不要随意移动触电者。只有当在现场进行急救遇到很大困难（如黑暗、拥挤、大风、大雨、大雪等）时，才考虑把触电者转移至其他安全地点。移动时，除应使触电者平躺在担架上并在背部垫以平硬阔木板外，应继续抢救，心搏呼吸停止者要继续人工呼吸和胸外心脏按压，在医院医务人员未接替前救治不能中止。

（4）处理电击伤时，应注意有无其他损伤。如触电后弹离电源或自高空跌落，常并发颅脑外伤、血气胸、内脏破裂、四肢和骨盆骨折等。此时要先按创伤的止血、包扎、固定、转运原则进行，否则就会给触电者造成二次伤害，甚至是不可逆的伤害。

（5）严重灼伤包扎前，既不得将灼伤的水泡刺破，也不得随意擦去黏在伤口上的烧焦衣服的碎片。由于灼伤部位一般都很脏，容易化脓溃烂，长期不能痊愈，所以急救时不得接触触电者的灼伤部位，不得在灼伤部位涂抹药膏或用不干净的敷料包敷。

（6）有些严重电击伤员当时症状虽不重，但在 1h 后可突然恶化，因此应对触电者持续监护。

第四节 触电事故的成因与预防

世界上没有绝对安全的事物，任何事物中都包含有不安全的因素，具有一定的危险性，因此安全只是一个相对的概念。

道格拉斯系统安全三命题认为：不可能彻底消除一切危险源和危险性；可以采取措施控制危险源，减少现有危险源的危险性；应采取措施降低系统整体的危险性，而不是只彻底地消除几种选定的危险源及其危险性。

因此，在电力生产生活中我们同样应该明确，危险性和危险源是不能完全消除的。我们应该采取各种措施来控制危险源，降低电力事故的发生，为了保护人员安全、电网安全、设备安全，做好各类事故、突发事件的应对措施是必需的。

一、触电事故易发情况

1. 触电事故季节性明显

统计资料表明，每年二季度、三季度事故多。特别是 6—9 月，事故最为集中。主要原因一是这段时间天气炎热、人体衣单而多汗，触电危险性较大；二是这段时间多雨、潮湿，地面导电性增强，容易构成电流的回路，而且电气设备的绝缘电阻降低，容易漏电；三是这段时间在大部分农村都是农忙季节，农村用电量增加，触电事故因而增多。

2. 低压设备触电事故多

国内外资料表明，低压触电事故远远多于高压触电事故。其主要原因是低压设备远远多于高压设备，与之接触的人比与高压设备接触的人多得多，而且都比较缺乏电气安全知识。应当指出，在专业电力工作人员中，情况是相反的，即高压触电事故比低压触电事故多。

3. 携带式设备和移动式设备触电事故多

携带式设备和移动式设备触电事故多的主要原因是这些设备是在人的紧握之下运行，不但接触电阻小，而且一旦触电就难以摆脱电源；这些设备需要经常移动，工作条件差，设备和电源线都容易发生故障或损坏；此外，单相携带式设备的保护零线与工作零线容易接错，也会造成触电事故。

4. 电气连接触电事故多

大量触电事故的资料表明，很多触电事故发生在接线端子、缠接接头、压接接头、焊接接头、电缆头、灯座、插销、插座、控制开关、接触器、熔断器等分支线、接户线处。主要是由于这些连接部机械牢固性较差、接触电阻较大、绝缘强度较低以及可能发生化学反应的缘故。

5. 错误操作和违章作业造成的触电事故多

大量触电事故的统计资料表明，有 85％以上的事故是由于错误操作和违章作业造成的。其主要原因是由于安全教育不够、安全制度不严和安全措施不完善、操作者素质不高等。

二、电力安全生产典型违章事故

构成安全事故的种类有很多，总体可以概括为四个方面，即人的不安全行为、物的不安全状态、环境的不安全条件、管理的缺陷，被称为安全事故发生的四要素（4M）。

结合电力生产生活实际，按照安全事故发生四要素将电力安全生产典型违章事故进行分类，抓取其中的主要矛盾，有针对性地采取各种预防管控措施，制定各类事故应对处置方法，提高作业人员的安全防范意识和应急处置能力，从根本上减少事故发生，降低事故危害。

1. 人的不安全行为

人的不安全行为是导致安全事故发生的最直接原因，是指现场作业人员在电力建设、运行、检修等生产活动过程中，违反保证安全的规程、规定、制度、反事故措施等的不安全行为。

常见的不安全行为如下：

（1）进入作业现场未按规定正确佩戴安全帽。

（2）从事高处作业未按规定正确使用安全带等高处防坠用品或装置。

（3）杆塔上有人时，调整或拆除拉线、风绳。

（4）人体不采取安全措施触碰接近或接触高压带电导线的树木。

（5）登杆前不核对线路名称、杆号、色标，不检查基础、杆根、爬梯和拉线。

（6）组立杆塔、撤杆、撤线或紧线前未按规定采取防倒杆塔措施或采取突然剪断导线、地线、拉线等方法撤杆撤线。

（7）作业现场未按要求设置围栏，作业人员擅自穿、跨越安全围栏或超越安全警戒线。

（8）在高低压线路同杆架设的配电线路上进行高压线路停电作业，未采取措施穿越低压带电线路。

（9）低压带电作业时人体同时接触两根线头。

（10）从事高处作业未按规定正确使用安全带等高处防坠用品或装置。

（11）顺杆下滑或利用拉线、绳索上下杆塔。

（12）立、撤杆作业，利用树木或外露岩石作受力桩。

（13）不按规定使用操作票进行倒闸操作。

（14）不按规定使用工作票进行工作。

（15）现场倒闸操作不戴绝缘手套，雷雨天气巡视或操作室外高压设备不穿绝缘靴。

（16）约时停、送电。

（17）擅自解锁进行倒闸操作。

（18）防误闭锁装置钥匙未按规定使用。

（19）调度命令拖延执行或执行不力。

（20）专责监护人不认真履行监护职责，从事与监护无关的工作。

（21）倒闸操作前不核对设备名称、编号、位置，不执行监护复诵制度或操作时漏项、跳项。

（22）倒闸操作中不按规定检查设备实际位置，不确认设备操作到位情况。

（23）停电作业装设接地线前不验电，装设的接地线不符合规定，不按规定和顺序装拆接地线。

（24）漏挂（拆）、错挂（拆）标示牌。

（25）工作票、操作票、作业卡不按规定签名。

（26）开工前，工作负责人未向全体工作班成员宣读工作票，不明确工作范围和带电部位，安全措施不交代或交代不清，盲目开工。

（27）工作许可人未按工作票所列安全措施及现场条件，布置完善工作现场安全措施。

（28）作业人员擅自扩大工作范围、工作内容或擅自改变已设置的安全措施。

（29）工作负责人在工作票所列安全措施未全部实施前允许工作人员作业。

（30）工作班成员还在工作或还未完全撤离工作现场，工作负责人就办理工作终结手续。

（31）工作负责人、工作许可人不按规定办理工作许可和终结手续。

（32）进入工作现场，未正确着装。

（33）检修完毕，在封闭风洞盖板、风洞门、压力钢管、蜗壳、尾水管和压力容器人孔前，未清点人数和工具，未检查确无人员和物件遗留。

（34）不按规定使用合格的安全工器具、使用未经检验合格或超过检测周期的安全工器具进行作业（操作）。

（35）不使用或未正确使用劳动保护用品，如使用砂轮、车床不戴护目眼镜，使用钻床等旋转机具时戴手套等。

（36）巡视或检修作业，工作人员或机具与带电体不能保持规定的安全距离。

（37）在开关机构上进行检修、解体等工作，未拉开相关动力电源。

（38）将运行中转动设备的防护罩打开；将手伸入运行中转动设备的遮栏内；戴手套或用抹布对转动部分进行清扫或进行其他工作。

（39）在带电设备周围使用钢卷尺、皮卷尺和线尺（夹有金属丝者）进行测量工作。

（40）在带电设备附近使用金属梯子进行作业；在户外变电站和高压室内不按规定使用和搬运梯子、管子等长物。

2. 物的不安全状态

物的不安全状态是导致事故发生的主要原因，是指生产设备、设施、环境和作业使用的工器具及安全防护用品不满足规程、规定、标准、反事故措施等的要求，不能可靠保证人身、电网和设备安全的不安全状态。事实证明当人的不安全行为与物的不安全状态在一定时空相交叉时，就是安全事故的触发点。

常见不安全状态如下：

（1）高低压线路对地、对建筑物等安全距离不够。

（2）高压配电装置带电部分对地距离不能满足规程规定且未采取措施。

（3）待用间隔未纳入调度管辖范围。

（4）电力设备拆除后，仍留有带电部分未处理。

（5）变电站无安防措施。

（6）易燃易爆区、重点防火区内的防火设施不全或不符合规定要求。

（7）深沟、深坑四周无安全警戒线，夜间无警告红灯。

（8）电气设备无安全警示标志或未根据有关规程设置固定遮（围）栏。开关设备无双重名称。

（9）线路杆塔无线路名称和杆号，或名称和杆号不唯一、不正确、不清晰。

（10）线路接地电阻不合格或架空地线未对地导通。

（11）平行或同杆架设多回路线路无色标。

（12）在绝缘配电线路上未按规定设置验电接地环。

（13）防误闭锁装置不全或不具备"五防"功能。

（14）机械设备转动部分无防护罩。

（15）电气设备外壳无接地。

（16）临时电源无漏电保护器。

（17）起重机械，如绞磨、汽车吊、卷扬机等无制动和逆止装置，或制动装置失灵、不灵敏。

（18）能产生有毒有害气体的配电装置室和六氟化硫气体实验室无通风装置。

（19）机械设备转动部分无防护罩或牢固的遮栏。

（20）同杆架设多回路线路无色标。

（21）坑、沟、孔、洞的盖板、遮栏不全。

（22）施工、检修、临时电源、配电台区未按规定安装漏电保护装置。

（23）电气设备外壳未接地或接地不规范。

（24）金属封闭式开关设备未按照国家、行业标准设计制造压力释放通道。

（25）防误闭锁装置不全或不具备"五防"功能。

（26）设备一次安装接线与技术协议和设计图纸不一致。

（27）易燃、易爆区、重点防火区消防器材不齐，不符合消防规程的要求，无警示标志。

（28）起重设备机械，如绞磨机、汽车吊、卷扬机等无限位装置、限量装置、制动装置、逆止装置等，安全防护装置或防护装置失灵。

（29）线路接地电阻不合格或架空地线未对地导通。

（30）在绝缘配电线路上无验电接地环。

（31）铁塔组立、张力放线无可靠的接地装置。

（32）高处走道、楼梯无栏杆。

（33）安全工器具储存场所不满足要求。

（34）安全工器具、施工工器具不符合规范要求。

（35）生产、办公场所无疏散路径图、指示标志。

（36）施工用电布设不符合规范要求。

（37）夜间作业照明不足。

3. 环境的不安全条件

环境的不安全条件是导致事故发生的间接原因，是指在检修、消缺、施工、巡线等各类作业过程中遇到的恶劣自然环境以及社会环境，自然环境主要包括温度、湿度、洁净度、高度、宽度、粉（灰）尘、有毒有害气体、易燃易爆气体、风速、照明、噪声、震动、气象、通道、动物等；社会环境主要是由于当地民俗民风或者施工事宜、电费纠纷等与当地人民发生摩擦冲突导致群体事件发生。

常见不安全条件如下：

（1）作业场所的自然光或照明不充足。

（2）操作盘、重要表计、主要楼梯、通道等未设置有事故照明。

（3）作业场所地面凹凸不平、杂乱无章，通道、出入口、楼梯等处闭塞不畅通。

（4）作业场所内存放与工作无关的易燃易爆物品，因作业需要临时存放的易燃易爆物品的数量超出国家规定。

（5）作业区域内及其邻近的井、坑、孔、洞、沟道上部未覆盖挡板且未设置防护栏杆和警示牌。

（6）作业区域的升降口、吊装孔、楼梯、平台及步道等有坠落危险处未设置防护栏杆和护板（踢脚板）。

（7）作业场所邻近设备的转动部分（如联轴器、链条及裸露部分等）未安装防护罩或其他防护设施（如栅栏）。

（8）作业现场噪声、粉尘严重，或者有毒有害气体超标。

（9）作业场所临时用电设备的开关、刀闸等保护罩残损不全，电缆绝缘受损或接触热源。

（10）氧气瓶、乙炔瓶及易燃易爆物品的摆放不规整或靠近电源导线。

（11）作业过程中产生的有毒有害、易燃易爆废弃物未及时收纳处理。

（12）在密闭容器、封闭环境内作业时，未预留逃生通道。

（13）生产、施工现场存在滑坡、坍塌、洪水等风险。

（14）生产、生活以及办公区未设置灭火器、消防泵等灭火设备或设备状态不符合要求。

（15）电缆隧道内工作环境潮湿、昏暗、通风不良。

（16）夏季室外作业阳光直晒、高温炎热等环境。

（17）冬天室外温度过低，存在积雪、冰冻、湿滑等不良条件。

（18）野外作业存在蚊虫叮咬、蜜蜂蜇伤以及毒蛇咬伤等风险。

（19）室外作业存在宠物或野生猫、犬抓咬伤。

（20）水上供电服务工作存在风浪、溺水等危险情况。

4. 管理的缺陷

管理的缺陷是导致事故发生的根本原因，是指各级领导、管理人员不履行岗位安全职责，不落实安全管理要求，不执行安全规章制度等的各种不安全作为。

常见管理缺陷行为如下：

（1）安全第一责任人不按规定主管安全监督机构。

（2）安全第一责任人不按规定主持召开安全分析会。

（3）未明确和落实各级人员安全生产岗位职责。

（4）未按规定设置安全监督机构和配置安全员。

（5）未按规定落实安全生产措施、计划、资金。

（6）未按规定配置现场安全防护装置、安全工器具和个人防护用品。

（7）设备变更后相应的规程、制度、资料未及时更新。

（8）现场规程没有每年进行一次复查、修订，并书面通知有关人员。

（9）新入厂的生产人员，未组织三级安全教育或员工未按规定组织《安规》考试。

（10）特种作业人员上岗前未经过规定的专业培训。

（11）没有每年公布工作票签发人、工作负责人、工作许可人、有权单独巡视高压设备人员名单。

（12）对事故未按照"四不放过"原则进行调查处理。

（13）对违章不制止、不考核。

（14）对排查出的安全隐患未制定整改计划或未落实整改治理措施。

（15）设计、采购、施工、验收未执行有关规定，造成设备装置性缺陷。

（16）未按要求进行现场勘察或勘察不认真、无勘察记录。

（17）不落实电网运行方式安排和调度计划。

（18）违章指挥或干预值班调度、运行人员操作。

（19）安排或默许无票作业、无票操作。

（20）大型施工或危险性较大作业期间管理人员未到岗到位。

（21）对承包方未进行资质审查或违规进行工程发包。

（22）承发包工程未依法签订安全协议，未明确双方应承担的安全责任。

三、触电的预防措施

在电力生产作业过程中应严格执行保证安全的组织措施和技术措施。保障安全的组织措施包括现场勘察制度、工作票制度、工作许可制度、工作监护制度、工作间断、转移和终结制度。保证安全的技术措施包括停电、验电、装设接地线、悬挂标识牌和装设遮栏等。根据常见触电情况可采取以下预防措施：

（1）电气作业属特种作业，电气作业人员必须经过培训考核合格，持证上岗。无电气作业资格证的人员严禁从事电气作业。

（2）生产作业现场内的电气设备应设专人负责保养，不得随便乱动，如电气设备发生故障，应请维修电工修理，任何人不得擅自修理，更不得带故障运行。

（3）生产作业场所使用的配电箱、配电板、刀开关、按钮开关、插座、插销以及导线等，必须保持完好无损、安全防护装置可靠有效，不得使用破损的电线电缆，严禁使用损坏的电气设备或导线带电部分裸露的电气设备。

（4）对于需要检修的电气设备和线路，应先把各方面的电源断开，包括断开可能向停电检修设备反送电的低压电源。在检查断路器、隔离开关确实处在断开位置后，再断开断路器和隔离开关的操作电源，锁住隔离开关把手并悬挂"禁止合闸，有人工作"的标示牌。

（5）电气设备和线路停电后，必须进行验电，即验明设备或线路有无电压。验电时，要根据电压等级选择合适的和合格的专用验电器。验电时应戴绝缘手套。验电时人体应与被验电设备保持安全距离，并设专人监护。使用伸缩式验电器时应保证绝缘的有效长度。

（6）当验明确实没有电压后，应立即装设接地线以及个人保安线，以防止突然来电。在可能送电至停电设备的各部位、可能产生感应电压的设备上也要装设接地线。挂、拆接地线应在监护下进行。

（7）根据安全规程要求严格执行悬挂标示牌和装设遮栏的技术措施。

（8）在操作电气设备时，应将操作开关护盖盖好，工作完毕应切断电源。

（9）电气设备的金属外壳应按有关安全规程要求采用保护，安装剩余电流保护器。

（10）使用手持式电动工具时，必须安装剩余电流保护器。同时工具的金属外壳应做好保护接零，操作时应戴好绝缘手套，穿好绝缘鞋站在绝缘板上；不得将重物压在导线上，以防止扎破导线发生触电；使用的手持行灯要有良好的绝缘手柄和金属护罩。

（11）接用临时用电设备时，应经专业技术人员审核，单位安监部门批准，并制定安全防范措施后方可安装使用，使用完毕要按规定拆除。

（12）在容易产生静电火灾、爆炸事故的场所操作时（如使用汽油洗涤零件、擦拭金属板材等），必须有良好的接地装置，及时消除聚集的静电危害。

（13）移动某些非固定安装的电气设备，如电风扇、照明灯、电焊机等，必须首先切断电源。

（14）在雷雨天，不可走进高压电杆、铁塔、避雷针的接地导线 20m 以内，以免发生跨步电压触电。

（15）发生电气火灾时，应立即切断电源，用黄沙以及干粉、二氧化碳等灭火器灭火。切不可用水或泡沫灭火器灭火，因为它们有导电的危险。

四、触电人身伤亡事故应急预案示例

触电人身伤亡事故应急预案

1 总则

触电事故是电力企业生产、作业过程中常见的事故，也是企业人身伤亡事故的主要类型。为避免触电事故的发生，以及触电事故发生时能够迅速、有效、准确地应对，将触电者从死亡线上抢救出来，把触电事故的人员伤亡减少到最小限度，电力企业应根据现场作业实际情况，制定专项预案来应对各种突发事件。

各项预案要遵循"安全第一，预防为主；以人为本，科学救援"的方针，坚持预防和救援相结合，以突发事件的监测、预防、预警为基础，以保全人身、电网和设备安全为核心，建立突发事件长效监测预警机制和应急处理机制，努力减少事故发生，降低事故危害。

2 触电事故应急救援基本原则

触电急救必须分秒必争，立即就地迅速用心肺复苏法进行急救，并不断地坚持进行，同时及早地与当地医疗部门联系，争取医务人员迅速及时赶往发生地，接替救治工作，在医务人员未接替救治前，现场救治人员不应放弃现场抢救，更不能只根据没有呼吸或脉搏停止擅自判断伤员死亡，放弃抢救。

3 应急预案内容

3.1 应急救援队伍建设

在各公司成立专职应急救援队伍，负责各种突发事件的应急救援；各部门主要领导担任该部门应急管理主要负责人，成立应急管理领导小组，公司安全生产主要负责人担任组长；现场工作负责人、监护人担任工作现场应急指挥员，触电事故发生时要快速反应，指挥救援并做好汇报工作；工作班班组成员应接受并掌握包括脱离电源、释放伤员、医疗救援等各种救援措施。

3.2 应急管理领导小组职责

①组织编制、审批触电事故应急预案，制定应急演练计划，并组织实施与评审，确保应急预案的有效性、符合性。

②负责应急措施预案文件的维护、更新、报备管理。

③触电事件发生时，负责急救工作的指挥与调度，落实后勤工作，协助事故处理与调查。

④制订培训计划，使相关人员清楚应急准备与响应要求及其职责。

⑤制定演练计划，定期组织进行应急演练，并在演练之后，评价演练的效果，提出改进的意见。

⑥在发生触电事故后，应急管理小组主要负责人以及发生触电事故部门领导赶赴事故现场进行现场指挥，成立现场指挥部，批准现场救援方案，组织现场抢救。

⑦根据事故情况立即按本预案规定程序，组织力量对现场进行事故处理，及时汇报上级公司，必要时向地方政府汇报。

⑧应急状态消除，宣告应急行动结束。

3.3 触电事故预防

①定期组织学习《电力安全工作规程》，提高用电安全意识，重视触电事故带来的危害，防止触电事故的发生。

②提高执行"两票"重要性的认识，严格执行"两票"制度，杜绝触电事故的发生。

③按照电气安全规范的要求，采取严格的安全技术措施，加强电力设施的维护，防止设备老化造成的误触电事故；加强对安全工器具的管理，防止因工器具不合格造成的误触电事故。有关的安全技术措施包括：

a. 有关电气绝缘、屏护和安全间距方面的安全技术措施。

b. 保护接地和保护接零措施以防止间接触电。

c. 根据生产和作业场所的特点，采用相应等级的安全电压。

d. 用电设备配置必要的漏电保护装置。

e. 合理使用基本安全防护用具，如绝缘棒、绝缘钳、高压验电笔等，合理使用辅助安全防护用具，如绝缘手套、绝缘（靴）鞋、橡皮垫、绝缘台等。

④按照《安规》要求，制定并落实好各项安全用电组织措施，制定安全用电措施计

划，认真执行各项规章制度。

⑤加强员工的预防触电技能培训和触电紧急救援知识培训。

3.4 信息报告程序

①发生触电事故后，事故现场的作业人员应迅速报告本预案的事故部门领导人员，并上报本预案的总指挥或副总指挥。由总指挥或副总指挥根据实际情况确定是否启动本预案。

②发生触电事故后，事故现场应立即向主管部门、安保部报告，主管部门、安保部向分管领导报告，事故单位应在4h内将事故原因、处理经过、人员伤亡、抢救情况以快报形式逐级报上级公司以及相关部门。

3.5 应急预案启动

①在接到事故现场有关人员报告后，凡在现场的应急指挥机构领导小组成员（包括组长、副组长、成员）必须立即奔赴事故现场组织抢救；专业应急救援队伍应立即赶往现场；现场救援要采取积极措施保护伤员生命，减轻伤情，减少痛苦，同时根据伤情需要，迅速联系医疗部门救治。

②发现有人触电，应立即断开电源，使触电者迅速脱离电源。如果伤者神志不清，无意识，呼吸和心跳微弱时，在没有搬移、不急于处理外伤的情况下，立即进行口对口人工呼吸急救，并根据伤情迅速联系医疗部门救治。发现触电者呼吸、心跳停止时，应立即在现场就地抢救，用心肺复苏法支持呼吸循环，对脑、心重要脏器供氧，在医护人员到达之前不得延误或中断。

③触电者未脱离电源前，救援人员不得直接用手触及伤员。

④如果触电者处于高处，应采取可靠的措施，防止触电者解脱电源后自高处坠落。

⑤高处发生触电，为使抢救更为有效，应及时设法将伤员送至地面。在完成上述措施后，应立即用绳索迅速将伤员送至地面，或采取可能的迅速有效的措施送至平台上。

⑥在事故发生后，现场的最高负责人为现场的最高指挥人员，统一指挥与调度，最高指挥员应保持冷静的头脑，有序地指挥现场救援工作，确保伤员得到及时有效的救援。

⑦现场参与救援工作的人员，应积极参与紧急救援工作，服从指挥人员的指挥与调度，有救援经验的人员要及时赶到事故现场，参加对伤员的救援，其他人员应保持现场的秩序，配合救援人员工作。

⑧如伤员的心跳和呼吸经抢救后均已恢复，可暂停心肺复苏法操作，但心跳呼吸恢复的早期有可能再次骤停，应严密监护，不能麻痹，要随时准备再次抢救。初期恢复后，伤员可能神志不清或精神恍惚、躁动，应设法使伤员安静。

3.6 应急预案实施程序

3.6.1 轻微伤事件应急预案实施程序

a. 停止伤者的工作。

b. 实施简易处置。

c. 伤势为创口时，迅速将伤者送公司医疗点治疗。

d. 需要一定处置才能行走时，电话通知公司医生赶赴现场。

e.伤情难以确定时，由公司医生或根据伤者意见决定是否转市级医院治疗。

f.班组向伤者单位安全负责人进行简要汇报。

3.6.2　轻伤事件应急预案实施程序

a.立即停止伤者的工作。

b.实施简易处置。

c.伤势为创口时，迅速将伤者送公司医疗点进行治疗。

d.需要一定处置才能走行时，电话通知值班医生赶赴现场。

e.出现非重伤任一条件的骨折及器官、四肢伤害或伤情难以确定时，由值班医生决定或根据伤者意见转市级医院救治。

f.车辆值班调度接到报警电话后，应在1min之内安排驾驶员紧急出车，驾驶员接到调度命令后，迅速将救援车开至事发现场，在确保安全、不盲目快速的原则下，车速可不受厂内限速规定限制。

3.6.3　重伤事件应急预案实施程序

a.救助伤者。

b.停止他人及伤者工作，保护事故现场，防止他人进入。

c.电话要求医生赶赴事发地点实施紧急救治。

d.由医生做出伤势诊断或根据伤者意见做出送市级医院决定。

e.迅速向本单位负责人、安全负责人汇报要求事故现场拍照和事故调查。

3.7　应急物资与装备保障

①应急救援队伍负责应急物资、应急装备的日常维保以及借用、配发工作。

②工作班组在作业前必须确保医疗包内药品、医疗器具（颈托、三角巾、纱布、绷带、止血钳等）充足、完备且状态良好。

③现场可备一些抢救用药如肾上腺素等药物。但现场触电抢救，对采用肾上腺素等药物治疗应持慎重态度。如没有必要的诊断设备和条件及足够的把握，不得乱用。

④杆塔上或高处作业，现场工作班组要申请并携带绳索装备，以备快速应对杆塔上或高处触电事件，脱离电源并将伤员释放。

⑤电缆隧道作业，现场工作班组要申请并携带三脚架、绳索装备、气体检测仪、正压式空气呼吸器、通风装备以及通信装备等。

⑥深山、树林、荒原等野外作业，现场工作班组要申请并携带高压细水雾灭火器，风力灭火器，以及电锯等装备。

3.8　后期处置

现场作业人员应配合医疗人员做好受伤人员的紧急救护工作，安监部门应做好现场的保护、拍照、事故调查等善后工作。事故的调查和处理按照国家电网公司《事故调查规程》进行。

复 习 思 考 题

1.简述摆脱电流的概念。

2.什么是室颤电流？

3. 高压触电与低压触电的致死机理有何不同？

4. 电击与电伤的区别是什么？

5. 电伤的种类有哪些？

6. 简述触电紧急救护的基本原则。

7. 杆上触电如何进行单人营救？

8. 作业现场电弧烧伤应如何处理？

9. 简述触电导致大面积烧伤的现场处理方法。

10. 触电人身伤亡事故应急预案包括哪几部分内容？

第七章

电力现场常见突发事件自救互救技术

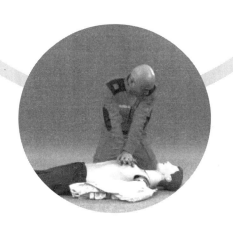

电力作业环境复杂，涉及山林、荒漠、雪地、高原、高空、沟井、隧道以及严寒、高温、闷热、黑暗等恶劣环境。虽然各单位高度重视人身安全，严格执行安全生产各项制度规程，但突发事件难以杜绝。电力作业最常见的事故类型是触电事故，常伴有二次伤害，如骨折、出血、烧伤、休克等。另外受工作环境影响，电力工作人员要面对动物咬伤、高温中暑、中毒窒息、悬挂挤压等各种危险。在各种电力抢险、救灾救援的过程中，要面对的风险大大增加，甚至危及生命。电力工作人员作为电力生产现场、电力抢险现场、救灾救援现场的直接参与者，要时刻做好"第一响应人"的准备，应对突发事件；这需要电力工作人员必须掌握各类伤害救护技术、处置方法、救援程序等。

第一节　烧　伤　急　救

由热力引起的组织损伤统称为烧伤，是较为常见的损伤。引起烧伤的因素有很多，热力、化学物质、电能、放射线等都能造成烧伤。在火灾现场，热力是造成人体烧伤的主要原因，常见有火焰烧伤和强辐射灼伤等。

一、烧伤的种类

（一）热力烧伤

热力烧伤是生活中最常见的烧伤种类，主要是由火焰、热液、热蒸汽、热金属等对人体组织或器官造成的损伤；热力烧伤主要是皮肤烧伤，严重时可伤及皮下组织、肌肉、神经等。

（二）化学烧伤

化学烧伤是常温或高温化学物直接对皮肤刺激、腐蚀及化学反应热引起的急性皮肤、黏膜的损害，常伴有眼灼伤和呼吸道损伤，主要化学烧伤有强酸、强碱和磷烧伤。某些化学物还可经皮肤黏膜吸收引起中毒，故化学灼伤一般不同于火烧伤和物理烫伤。群体化学灼伤系指一次性发生 3 人以上的化学灼伤。

（三）电烧伤

电流通过人体，其热效应对皮肤、皮下组织及深层肌肉、血管、神经、骨关节以及内脏等组织器官造成的广泛深层的损伤统称为电烧伤，包括电弧烧伤和接触型电烧伤。电弧烧伤指电弧产生的高强度闪光热能造成机体组织高温烧伤，由于电流没有通过机体，无入口、无出口组织毁损，故类似热烧伤。直接接触型电烧伤是指人体与电源直接接触，电流通过人体，在入口及出口处密集而造成高温烧伤。

（四）辐射烧伤

辐射烧伤（放射烧伤）是指身体局部受到过量电离辐射作用所引起的损伤，其症状与一般灼伤相似，按烧伤的程度不同，表现为充血、水泡和溃疡等。

二、烧伤的伤情评估

（一）烧伤面积估算

1. 手掌法

伤员五指并拢其手掌面积约为全身面积的 1% ，可用手掌面积估算烧伤面积。手掌法可用于大批量伤员的现场伤情估算，其特点是简单、快速、方便，但是缺乏准确性。

2. 中国新九分法

中国新九分法，如表 7-1-1 所示，将成人人体表面划分为 11 个 9% 的等面积区域，加上会阴部面积 1% ，共构成 100% 的体表面积。对于 12 岁以下的儿童，因其头部面积大而四肢面积小，且随着年龄的变化其所占比例也不尽相同，因此儿童烧伤面积的计算方法与成人略有区别，可按下列公式进行计算：头颈部面积（%）＝ 9% ＋（12－年龄）%；双下肢体表面积（%）＝ $5 \times 9\% + 1\% -$ （12－年龄）%。成人体表各部所占百分比，如图 7-1-1 所示。

表 7-1-1　　　　　　　　　　　　评估烧伤面积的新九分法

中国新九分法				
部　　位		占成人体表/%		占儿童体表/%
头部	发部	3	9×1	9＋（12－年龄）
头部	面部	3	9×1	9＋（12－年龄）
头部	颈部	3	9×1	9＋（12－年龄）
双上肢	双上臂	7	9×2	9×2
双上肢	双前臂	6	9×2	9×2
双上肢	双手	5	9×2	9×2
躯干	躯干前	13	9×3	9×3
躯干	躯干后	13	9×3	9×3
躯干	会阴	1	9×3	9×3
双下肢	双臀	5	9×5＋1	9×5＋1－（12－年龄）
双下肢	双大腿	21	9×5＋1	9×5＋1－（12－年龄）
双下肢	双小腿	13	9×5＋1	9×5＋1－（12－年龄）
双下肢	双足	7	9×5＋1	9×5＋1－（12－年龄）

注　成年女性的双臀和双足各占 6% 。

（二）烧伤深度评估

目前采用的是三度四分法，根据烧伤深度分为 Ⅰ 度烧伤、浅 Ⅱ 度烧伤、深 Ⅱ 度烧伤和 Ⅲ 度烧伤，其中 Ⅰ 度烧伤、浅 Ⅱ 度烧伤为浅度烧伤，深 Ⅱ 度烧伤和 Ⅲ 度烧伤则为深度烧伤。 Ⅰ 度烧伤仅伤及表皮层，浅 Ⅱ 度烧伤伤及表皮层与真皮浅层，深 Ⅱ 度烧伤则会伤及真皮深层， Ⅲ 度烧伤不仅伤及皮肤全层，还会伤及皮下组织甚至肌肉、骨骼等。

目前，国际上对烧伤严重程度的判定仍无统一标准，临床上多采用 1970 年全国烧伤

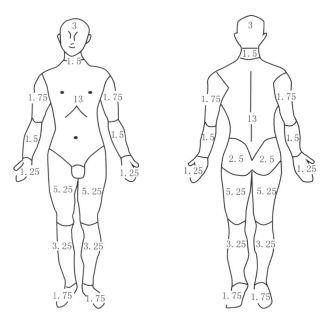

图 7-1-1 成人体表各部所占百分比（％）示意图

会议讨论通过的分类方法。

1. 成人烧伤严重程度分类

（1）轻度烧伤。总面积在 10％ 以下的 Ⅱ 度烧伤。

（2）中度烧伤。总面积在 11％～30％ 之间或 Ⅲ 度烧伤面积在 10％ 以下的烧伤。

（3）重度烧伤。总面积在 31％～50％ 之间或 Ⅲ 度烧伤面积在 11％～20％ 之间，或总面积不足 30％，但有下列情况之一者：全身情况严重或有休克者；有复合伤或合并伤者（如严重创伤、化学中毒等）；有中、重度吸入性损伤者。

（4）特重度烧伤。总面积在 51％ 以上或 Ⅲ 度烧伤面积在 20％ 以上者。

2. 小儿烧伤严重程度分类

（1）轻度烧伤。总面积在 5％ 以下的 Ⅱ 度烧伤。

（2）中度烧伤。总面积在 5％～15％ 的 Ⅱ 度烧伤或 Ⅲ 度烧伤面积在 5％ 以下的烧伤。

（3）重度烧伤。总面积在 15％～25％ 或 Ⅲ 度烧伤面积在 5％～10％ 之间的烧伤。

（4）特重度烧伤。总面积在 25％ 以上或 Ⅲ 度烧伤面积在 10％ 以上者。

（三）烧伤临床分类

目前我国临床上多采用小面积、中面积、大面积、特大面积来表示烧伤的严重程度。

（1）小面积烧伤。Ⅱ 度烧伤面积在 10％ 以内或 Ⅲ 度烧伤面积在 1％ 以内者，相当于轻度烧伤。

（2）中面积烧伤。Ⅱ 度烧伤面积在 11％～30％ 或 Ⅲ 度烧伤面积在 10％～20％ 之间的烧伤，相当于中、重度烧伤。

（3）大面积烧伤。总面积在 31％～79％ 或 Ⅲ 度烧伤面积在 21％～49％。

（4）特大面积烧伤。总面积在 80％ 以上或 Ⅲ 度烧伤面积在 50％ 以上。

三、烧伤的临床表现

根据烧伤后的病理生理反应和临床特点，一般将烧伤的临床过程分为三个时期，分别为渗出期、感染期和修复期，但并非所有烧伤的伤病员都经过这三个时期。需要注意的是各个时期之间往往相互重叠、相互影响。其临床表现取决于烧伤的面积和严重程度，严重烧伤可危及生命，主要症状有疼痛休克和发热。

（一）烧伤的临床过程

1. 渗出期

烧伤后组织的立即反应即为体液渗出，大面积烧伤早期大量血浆样体液从血管渗出，丢失于创面及细胞间隙（形成水肿），可导致血容量急剧下降从而造成休克。小面积浅度烧伤体液渗出量较少，机体能够代偿，因此较少发生休克表现。烧伤后 6～8h 体液渗出最快，36～48h 逐渐恢复。烧伤早期的补液方案就是根据此规律制定，即先快后慢的原则。

2. 感染期

烧伤后细菌容易在创面繁殖而引起严重感染，故称创面脓毒症，烧伤未愈之前始终存在感染问题。当烧伤经过 48h 后，体液渗出开始转为吸收，伤后 3～7 天，水肿逐渐消退。此阶段细菌、毒素和其他有害物质往往也被吸收，称为回吸收脓毒症。

3. 修复期

修复期的时间是从烧伤后 5～8 天开始直到痊愈。修复的过程及方式与烧伤的深度、伤员的全身情况以及创面感染的控制有密切关系。浅度烧伤多能自行修复，而Ⅲ度烧伤需要植皮修复。

（二）烧伤的临床症状

1. Ⅰ度烧伤

Ⅰ度烧伤又称红斑性烧伤，仅伤及表皮浅层，其症状为烧伤处表面出现红斑，轻度红肿，皮肤比较干燥，有烧灼感，疼痛剧烈，无水疱。一般 3～7 天后烧伤局部由红色转为淡褐色，表皮脱落，自行愈合而不留疤痕。

2. 浅Ⅱ度烧伤

浅Ⅱ度烧伤又称水疱性烧伤，伤及 表皮的生发层甚至真皮乳头层，其局部明显红肿，形成大小不一的水疱，水疱皮薄，内含黄色或淡红色血浆样透明液体。水疱皮脱落破裂后，可见创面红润、潮湿，疼痛感明显。伤口愈合后一般不留疤痕，但有色素沉着。

3. 深Ⅱ度烧伤

深Ⅱ度烧伤伤及皮肤真皮层，局部感觉神经受损，疼痛感明显迟钝。其症状表现为局部明显红肿，深浅不一，表皮较白或棕黄，间或有较小水疱。去除水疱死皮后，创面微湿、微红或红白相间，疼痛比较迟钝。多数有瘢痕增生，愈合后会留下较明显的疤痕。

4. Ⅲ度烧伤

Ⅲ度烧伤又称焦痂性烧伤，伤及皮肤全层，其创面无水疱，呈蜡白色或焦黄色，有些甚至炭化变黑。疼痛感觉完全消失。皮层坏死后呈皮革状态，其下可见粗大栓塞树枝状血管网。Ⅲ度烧伤必须靠植皮才能愈合。

以上烧伤程度也称为三度四分法，如表 7-1-2 所示。

表 7 - 1 - 2 烧伤程度的三度四分法

烧伤程度	深　度	病　理	临床表现	愈合过程
Ⅰ度烧伤	达表皮浅层，生发层健在，再生能力强	局部血管扩张充血渗出	轻度红肿热痛，感觉过敏，表皮干燥，无水泡，红斑状	3～7 日痊愈，短期色素沉着，无瘢痕
浅Ⅱ度烧伤	达真皮浅层，部分生发层健在	血浆渗出积于表皮和真皮之间	剧痛，感觉过敏，大小不一的水疱，水疱剥脱可见均匀发红、潮湿水肿明显	2～3 周，脱屑痊愈，多数无瘢痕
深Ⅱ度烧伤	达真皮深层，生发层较少，有皮肤附件残留	局部组织坏死，皮下层渗出明显	感觉消失，痛觉迟钝，可有或无水疱，基底红白相间	3～4 周，瘢痕愈合，植皮手术
Ⅲ度烧伤	达真皮全层，有时深达皮下组织，肌肉和骨骼	皮肤坏死，蛋白凝固，形成焦痂	皮肤痛觉消失，无弹性，干燥无水疱，皮革样，蜡白，焦黄或炭化，局部温度低，数日后出现树枝状血管	2～4 周后焦痂脱去形成肉芽创面，小则斑痕愈合，大则需整形植皮手术

5.吸入性烧伤

头面、颈、口鼻周围常有深度烧伤的表现，口鼻有黑色分泌物。有呼吸道刺激症状，咳出炭末样痰，声音嘶哑、呼吸困难、肺部可闻及哮鸣音。

四、烧伤的现场救护

烧伤现场急救是烧伤后最早的治疗环节，现场急救处理是否正确及时、运送方法和时机是否得当，直接关系到伤员的安危。救治得当，可减轻伤员损伤程度，降低并发症和死亡率；若处理不当，常导致烧伤加重和贻误抢救时机，给入院后的抢救带来困难。烧伤的现场急救主要程序包括脱离热源、初步检查、冷疗、镇痛止痛、创面处理、创面保护、预防休克和妥善转运等几个过程。

（一）脱离热源

一般而言，烧伤的面积越大、深度越深，则治疗越困难。烧伤面积和深度与致伤时间成正比，因此无论何种原因引起的烧伤，现场急救的首要任务就是要立即脱离致伤源，最大限度地阻断致伤源对组织机体的进一步损害。

脱离热源的方法有以下几种：

（1）尽快脱去着火或被热液、危险化学品浸渍的衣服，特别是化纤面料的衣服，以免着火衣服或衣服上的热液继续作用，使创面加大、加深。脱除被热液浸渍的衣服时，要尽可能避免损伤皮肤剥脱，可先用冷水冲洗，带走热量后再剪开被热液浸渍的衣服。若贴身衣服与伤口粘在一起，切勿强行撕脱，以免使伤口加重，可先用剪刀剪开，再慢慢脱除衣服。

（2）用水将火浇灭或跳入附近水池、河沟内，非特殊情况一般不用污水或泥沙进行灭火，以免创面污染。

（3）尽可能迅速地利用身边的不易燃材料或工具灭火，如毯子、雨衣（非塑料或油布）、大衣、棉被等迅速覆盖着火处，使与空气隔绝，不可用手扑打火焰。

（4）迅速卧倒后，慢慢在地上滚动，压灭火焰；切忌奔跑呼救，以免吸入火焰造成吸入性损伤。

（5）化学烧伤后应尽快脱去浸有化学物质的衣物，应用大量清水冲洗。如果致伤物质明确，现场又有条件，可用中和剂冲洗，但应用中和剂不能代替大量清水冲洗的过程。值得提醒的是，如果一味强调应用中和剂，为寻找中和剂耗费了时间，则是舍本逐末，错失了宝贵的治疗时机。

（6）发生触电烧伤后，首要的是切断电源，切忌在未切断电源的情况下接触伤员，以免自身触电。切断电源和灭火后，应检查伤员的神志、呼吸和心跳，如有呼吸心跳暂停现象，应立即施行人工呼吸和胸外心脏按压。

（二）初步检查

将伤员迅速移至安全地带后，应立即检查是否有危及伤员生命的情况；如呼吸和心搏骤停者，应实施现场心肺复苏救生术；呼吸道梗阻征象的伤员、头面颈部深度烧伤或因吸入性损伤发生呼吸困难的伤员，可根据情况用气管插管或切开（由专业人员进行），并予以氧气吸入，保持呼吸道通畅；伴有外伤出血者应尽快止血；骨折者应先进行临时骨折固定再搬动，颈椎、脊椎损伤者需要进行颈部固定术，并由三人将伤员移至脊柱板或硬木板上，取仰卧位；颅脑、胸腹、开放性气胸、严重中毒者等应迅速进行相应的处理与抢救，待复苏后优先送到就近医疗单位进行处理。

（三）冷疗

热力烧伤后及时冷疗能防止热力继续作用于创面使其加深加重，并可减轻疼痛、减少渗出和水肿，因此去除致伤源后应尽早进行冷疗，越早效果越好，冷疗一般适用于Ⅰ度、Ⅱ度中小面积烧伤，特别是四肢的烧伤。冷疗的方法是将烧伤创面在自来水龙头下淋洗或浸入冷水中（水温以伤员能耐受为准，一般为 $15\sim20℃$ ），头面部等特殊部位可用冰块或用冷（冰）水浸湿的毛巾、沙垫等敷于创面；对于Ⅲ度烧伤和大面积烧伤无此必要。治疗的时间无明确限制，一般为 30min 左右，到冷疗停止后不再有剧痛为止。

（四）镇痛止痛

烧伤病人有不同程度的疼痛和烦躁，应予以镇静止痛。对轻度烧伤病人，可口服止痛片或肌肉注射杜冷丁。面对大面积烧伤病人，由于外周循环较差和组织水肿，肌内注射往往不易吸收，可将杜冷丁稀释后由静脉缓慢推注，一般与非那根合用。如伤员已休克，肌肉注射吸收比较差，达不到应有的效果，应采用静脉注射（ $5\%\sim10\%$ 葡萄糖液中缓慢推注）或点滴。但对年老体弱、婴幼儿、颅脑损伤、呼吸抑制或严重吸入性损伤呼吸困难者，应慎用或尽量不用杜冷丁或吗啡，以免抑制呼吸，可改用鲁米那或非那根。

（五）创面处理

创面处理一般在休克被控制、痛情相对平稳后进行简单的清创，清创时，重新核对烧伤面积和深度。清创后，根据情况对创面实行包扎或暴露疗法，选用有效外用药物。注意水疱不要弄破，也不要将腐皮撕去，以减少创面污染机会。另外，寒冷季节要注意保暖。现场清创环境一定要清洁、有条件的可设一间简易清创室，所用器械物品应消毒灭菌，清创人员应按要求穿戴防护用品。清创顺序按照头部—四肢—前胸腹—背部—会阴部的顺序进行清创。

清创时可遵循以下具体方法进行：

（1）正常皮肤用纱布蘸取温度适宜的清水和消毒的肥皂水，将创面周围的常皮肤洗净、皮肤污染严重时可加适量过氧化氢去污。

（2）创面污染较轻的，只需用纱布蘸取无菌生理盐水轻轻擦洗；创面上布满灰尘、布屑、泥沙等污染物时，应用生理盐水冲洗、然后用纱布擦洗。

（3）创面污染较深的小碎石（燃烧爆炸后嵌入创面）、可待伤员入院后清除。

（4）创面染有油污和难以清除的物质（如沥青、汽油、机油等）时，可用 0.5％ 的碘伏纱布清洗、对污染较重的创面，应尽量清除污染物。

（5）表皮上如有大小形态不同的水疱，未破溃的小水疱不需处理，大水疱仅作低位剪破引流，并保留液皮的完整性，起到保护创面的作用。

需要注意的是，除很小面积的浅度烧伤外，创面不要涂药物或用油脂敷料，以免影响进一步创面深度估计与处理。

（六）创面保护

保护创面多采用包扎疗法，即采用无菌敷料进行包扎的疗法，敷料（纱布）一般为 6～10 层，对局部创面起保护、防干燥、免污染、促进引流、保暖和益于上皮生长的作用，也便于伤员的搬运与转送，主要适用于躯干和四肢烧伤。敷料应采用消毒敷料、烧伤制式敷料等，如无适当的敷料（敷料宜厚，吸水性强，不致渗透，防止增加污染机会），至少应用消毒或清洁的被单、衣服等将创面妥善包裹，加以简单保护，以免再污染。

创面保护的具体方法是：将敷料平铺在创口处，敷料边缘要超越创口边缘 5cm，绷带自肢体远端起用，略施压不可过紧，应均匀包扎。关节处理应注意保护功能位，并抬高伤肢。对于手、足烧伤，包扎时应将手指（或脚趾）分开，以防粘连；对于指（趾）环形、缩窄性焦痂，痂下张力较高时，应进行双侧焦痂切开，以解除压迫，防止远端或深部组织缺血坏死，切口应延开至指（趾）端，并注意保护创面，防止再损伤。

对于不宜包扎的部位（如头、颈和会阴）可采用暴露疗法，即在清创完毕后，在创面涂布成痂药、SD－Ag 混悬液、烧伤用贝复济、湿润烧伤膏等，将烧伤创面暴露于空气中，使之在干热条件下干燥结痂。

（七）预防休克

烧伤休克的主要原因是体液大量流失，因此补液治疗是防止伤员休克的有效措施。为了防止伤员发生休克，一般可口服适当烧伤饮料（每片含氯化钠 0.3g、碳酸氢钠 0.15g、苯巴比妥 0.03g、糖适量，每服一片，服开水 100mL），一次量不宜过多，以免发生呕吐、腹胀，甚至急性胃扩张，也可口服含盐的饮料，如加盐的热茶、米汤、豆浆等，但不宜单纯大量喝开水，以免发生水中毒。

对于烧伤面积较大的严重烧伤伤员、浅Ⅱ度烧伤面积超过 1％ 的幼儿或老年、已有休克征象或胃肠道功能紊乱（腹胀、呕吐等）的伤员，如条件允许，应进行静脉补液（等渗盐水、5％葡萄糖盐水、平衡盐溶液等），以防止在送医院途中发生休克。

（八）妥善转运

对于有头面部烧伤呼吸不畅、或烧伤面积超过 15％ 的伤员，应由专业急救人员妥善转运到医院，搬运烧伤伤员时要动作轻柔、平稳，尽量不要拖拉、滚动，以免加重皮肤损伤。

第二节 挤压伤急救

一、概述

挤压伤、悬吊伤的病理类似，都是由挤压造成的直接损伤，是人体肌肉丰富的部位如四肢、躯干遭受重物长时间的挤压而造成的以肌肉伤为主的软组织损伤。挤压伤是灾难现场较为常见的伤害，在诸如地震、矿难、台风等重大灾难现场，救助被埋压的伤员时要格外注意救援措施。同样，悬吊伤是电力事故中较为常见的一种伤害，在解救被悬挂的伤员时也应格外注意救援措施。

挤压伤分为闭合性和开放性两种，一般挤压力越大、作用时间越长，组织破坏就越重。在灾害现场，如挤压伤员（悬吊伤员）未能接受及时的医治，会迅速出现挤压综合征，引发急性肾衰竭等并发症，致残致死率极高。因此，电力工作人员必须明确挤压综合征（悬吊综合征）的临床表现并掌握诊断、处置方法，以提高伤员生存率。

二、挤压伤的现场处置

（一）挤压伤定义

挤压伤（Crush Injury）是指四肢或躯干大块肌肉丰富部位受重物长时间挤压，身体被动体位的长时间自压或缚扎止血带时间过长，造成肌肉组织缺血坏死，典型的受累部位依次是下肢、上肢和躯干。挤压伤是导致挤压综合征的主要原因，如挤压只造成肌肉等软组织损伤，而无急性肾功能衰竭等一系列全身变化，称为挤压伤。若出现肌红蛋白尿、高血钾、急性肾衰竭等症状，则为挤压综合征。挤压伤的严重程度大大低于挤压综合征，但严重的挤压伤会形成广泛性软组织挫伤，可在短时间内引起创伤性失血性休克。

（二）临床表现

1. 四肢挤压伤

如为闭合性挤压伤，受伤部位表面无明显伤口，局部可见淤血、水肿及发绀，伤处肿胀可进行性加重，指（趾）甲下可见黑色血肿。

2. 内脏挤压伤

发生脏器内出血时，可出现呼吸困难，脉搏细速，血压下降，或尿少、心慌、恶心甚至神志不清。有胃出血时可出现呕血、咯血、内脏出血，严重者可引起休克。

（三）急救措施

（1）解救被挤压、埋压或悬吊的伤员时，若伤员清醒，要尽量询问其病史，安慰伤者，关注伤员的精神状态和意识变化以及伤员的身体情况、受挤压的部位、持续的时间等。要尽可能建立静脉通路补液，首选等渗盐水，液体必须低钾，或者不含钾。如无法进行补液，可考虑解救出之前对伤者使用止血带。

（2）手指和足趾的挤压伤，指（趾）甲下血肿呈黑色时，应立即用冷水冷敷减少出血和减轻疼痛。怀疑有内脏损伤时，应密切观察有无休克先兆，同时呼叫救护车实施急救。在救援现场要选取正确的搬运方法迅速将伤员转移至下一级救护机构或更高级救护机构进行确诊救治。挤压综合征是肢体埋压后逐渐形成的，因此要密切观察。

（3）救援受压伤者可能需要较长时间，要注意使用适当的语言激励伤者求生意识和维持其情绪稳定。受压伤者获救后，应该立即放置在平板担架上，必要时给予颈托固定颈部，搬运时防止二次损伤。解救后立即评估检查伤者意识、气道、呼吸和循环情况，保持气道开放。在现场进行快速评估和分拣，以确定伤者是先处理再后送，还是直接后送。

（4）现场救护后要根据伤者受伤的轻重和特点采取不同的搬运措施。后送途中严密观察病情变化，及时处理危及生命的情况和具体病情改变。注意伤员的意识、瞳孔对光反射、生命体征的变化、面色、肢端循环，如发现变化应及时处理，注意保持各种管路的通畅。密切观察病情变化做好记录，为伤员的后续治疗提供信息。同时搜集详细资料，及时向院内反馈现场信息，根据伤者情况要求院内做好各种抢救措施。注意创伤应激障碍的干预，及时做好解释疏通工作，让伤者感觉"医疗时刻与伤者同在"，使其尽可能配合抢救和运送。

（5）运送要求平稳、防颠簸、防窒息、防跌落，减少肢体活动，不管有无骨折都要用夹板固定，并让肢体暴露在流通的空气中，切忌按摩和热敷，并尽量缩短运送时间。重视运送途中的急救，保证运送途中抢救工作的连续性，降低运送途中的病死率。

（四）护理措施

（1）指（趾）挤压伤，可见指（趾）甲下血肿，呈黑紫色，也可表现为开放性损伤，甚至有指（趾）骨折。对伤员应立即用冰块冷敷其受伤部位，以减少出血和减轻疼痛，2～3天后可用热敷以促进淤血吸收。对甲下积血应及时排出，若指（趾）甲脱落，要保持甲床清洁干燥，防止感染。

（2）对伤及内脏的伤病员，应密切观察呼吸、脉搏和血压的变化，及时送诊救治。肢体挤压伤肿胀严重的伤病员，要及时进行切开减压术，以保证肢体血液循环，防止肢体坏死。

（3）因挤压伤断离的指（趾），应在止血包扎的同时用干净布包好断指（趾）低温保存，连同伤者一起迅速送诊手术救治，千万不要丢弃血肉模糊的指（趾）断体，更不要将断体用任何消毒药液浸泡。

三、挤压综合征的致病机理

挤压综合征在各种灾害所造成的损伤中最为凶险。通常，挤压综合征是由挤压伤伤势过重或超过一定时限发展而来的。临床上一般将在急性肾衰竭出现前的外伤性肌肉组织缺血坏死诊断为挤压伤，急性肾衰竭出现后才能诊断为挤压综合征，因此二者可认为是同一疾病的两个发展阶段。

（一）定义

挤压综合征（Crush Syndrome）是指身体某部位长时间受到严重挤压造成大面积横纹肌溶解，产生肌红蛋白尿、代谢性酸中毒、高钾血症、高磷血症和氮质血症等以急性肾衰竭为特点的临床症候群。典型的挤压综合征是在严重挤压损伤后48h甚至更长时间内形成，伤员挤压时间过长，情节严重者也可在解除压力后短时间内形成，它是以肾小管阻塞、小管上皮细胞脱落为特征的急性肾功能不全，临床上极难救治，死亡率极高。

（二）病理机制

挤压综合征的病理基础为缺血、再灌注损伤。是以受压部位肌肉组织的缺血、变性、坏死为基本病理变化，继而组织间隙出血、水肿，筋膜腔室内压升高。当局部压迫解除后，组织发生再灌注损伤，坏死肌肉释放的有毒物质可导致急性肾功能衰竭。受累部位的变化大体分为 3 个阶段：第一阶段主要为损伤所致的出血、疼痛、麻木、肿胀；第二阶段主要为神经、血管功能障碍；第三阶段为肌肉进行性坏死，可出现筋膜间隙综合征和横纹肌溶解。

（三）肌肉组织损伤

外力直接压迫能够阻隔或破坏肌肉的供血血管，使肌肉组织局部缺血，最终导致细胞死亡。骨骼肌通常能忍受局部缺血达 4h 而不会造成永久性损伤，在受压 6h 后，肌肉组织则通常发生不可逆的坏死。挤压力还会造成肌肉细胞的直接损伤，可引起细胞的需氧新陈代谢降低，进一步加剧血流减少造成局部缺血的情况。

（四）机体再灌注损伤

肌肉细胞缺血及坏死后可产生大量有毒物质，外力的压迫可阻止这些物质进入全身循环系统。当外力压迫解除后大量有毒物质可随血液循环进入人体各部，造成系统性危害。有害物质的释放可长达 60h。这些毒素包括乳酸、肌酸磷酸激酶（CPK）、氧自由基、组胺、肌红蛋白、磷酸盐和钾、嘌呤/尿酸等。

乳酸能够导致代谢性酸中毒和心律失常；氧自由基可以造成生物膜系统损伤以及细胞内氧化磷酸化障碍，导致机体进一步的损害；组胺有强烈的舒血管作用，能使毛细血管和微静脉的管壁通透性增加，血浆漏入组织，导致局部组织水肿、支气管痉挛；磷酸盐和钾能够导致心率失常；横纹肌溶解产生的大量肌红蛋白从肾小球滤出进入肾小管，可引起肾小管堵塞和急性肾衰竭；嘌呤/尿酸能够进一步引起肾脏损伤。肌酸磷酸激酶（CPK）的作用是修复肌肉损伤，当肌肉损伤时人体会分泌大量 CPK，因此通过测定血液中的 CPK 值，能够推定出肌肉的损伤程度，血液中 CPK 的含量越高，肌肉损伤程度也就越高。

（五）低血容量休克

肢体再灌注后，液体可能大量迅速地在损伤肌肉累积。其容积可与伤员的胞外容积（一个 75kg 的成人约为 12L）相等。从而导致伤员血容量不足，并可出现低血容量性休克。

（六）骨筋膜室综合征

骨筋膜室综合征早期一般影响微血管，而大血管不受影响，其原因是挤压解除后，由于肌肉缺血性坏死或缺血再灌注损伤，肌肉缺血水肿，体积增大，发生横纹肌溶解，大分子血浆蛋白渗出，使筋膜间隔区压力明显增加，原来水肿肌肉的体积进一步增大。

主要呈现局部性的肢体损伤和病理生理学的改变，其主要症状与体征如下：

（1）疼痛。最常见，呈持续、剧烈、弥漫性特点。

（2）肌肉的被动伸展痛。

（3）感觉异常麻木，在发生骨筋膜室综合征以下的部位失去感觉，并向远处放射。

（4）筋膜腔隙压力增高。可通过直接测压明确，灾难救助现场不宜实施，可通过触诊局部肢体感觉异常绷紧初步评估。

骨筋膜室综合征早期大动脉未受压时，可触及受累肢体远端脉搏，随病程进展，若筋膜腔室内压力增高到一定程度，大动脉受压，可出现无脉，引起血供减少导致神经肌肉严重缺血缺氧，造成肌肉和神经的进一步坏死。

（七）急性肾功能衰竭

挤压综合征所致多器官功能衰竭中，肾脏损害最为突出，严重者可导致急性肾功能衰竭，是地震后的次生性伤害。临床上以肢体肿胀、肌红蛋白尿、高血钾为特点，病情发展速度快，死亡率极高。

目前认为，地震灾害后挤压综合征致急性肾功能衰竭发生原因复杂，病理机制主要有创伤后肌肉缺血坏死和肾缺血两个中心环节。

肾缺血的主要机制有以下方面：

（1）低血容量休克。长时间摄水困难、大量出汗、损伤致脏器大出血等因素可导致肾前性肾灌注不足。当发生低血容量休克时，肾小管缺血、缺氧，细胞能量代谢障碍，三磷酸腺苷（ATP）生成不足。随着溶酶活性增高，上皮细胞变性、坏死越来越多，导致肾功能衰竭。

（2）地震中直接导致的肾脏挫裂伤。

（3）肌红蛋白作用。横纹肌溶解后释放大量肌红蛋白入血，肌红蛋白由肾小球滤出后，流经肾小管，在酸性尿液中形成不溶性的肌红蛋白，沉积在肾小管中发生阻塞；肌红蛋白还有直接的肾毒性，可使肾小管上皮发生变性、坏死，造成肾功能衰竭。

（4）血管痉挛作用。严重创伤时，机体释放大量肾上腺素、去甲肾上腺素、加压素、血管紧张素Ⅱ、血栓素、内皮素等血管活性物质，使肾内小血管发生痉挛性收缩；同时肌红蛋白能诱导低密度脂蛋白氧化，引起肾血管收缩及肾小管损伤，最终导致肾血流量降低、肾小球滤过下降、肾小管上皮细胞缺血、肿胀、坏死。

（5）缺血再灌注损伤。由于组织缺血、缺氧，使体内超氧化物歧化酶生成受到抑制，加之由于线粒体缺氧损伤后能量代谢障碍，以致不能提供足够电子，从而产生大量氧自由基。自由基的氧化作用极强，可产生脂质过氧化物，破坏细胞膜的完整性，引起细胞膜离子泵功能减弱和局部电生理紊乱，使肾小管上皮细胞功能受损。

（6）炎症介质的作用。严重的挤压伤使横纹肌溶解，可生成和释放大量炎症因子，进入血液循环后可诱发一系列瀑布样病理连锁变化，引起全身严重炎症反应，导致毛细血管渗出、内皮细胞损害、微血管血栓形成，最终导致微循环障碍、组织灌流不足，加重肾脏损害及其他器官功能损害。

四、挤压综合征的临床表现

挤压综合征局部症状包括肢体呈渐进性肿胀，皮肤紧张、发亮，出现红斑、水泡、淤斑，压痛明显；受累肌肉收缩无力，被动牵拉剧痛，关节活动受限，神经分布区域感觉减退。挤压综合征全身症状主要表现为中毒症状，如乏力、恶心、呕吐、腹胀、腹痛等。

（一）休克

由于血容量突然减少，可能发生血压下降，收缩压降至 $70 \sim 80 \text{mmHg}$，心率快，脉细弱。并出现体温偏低、皮肤潮冷、苍白及眼窝塌陷等末梢循环差的表现。随着病情的发展，可发生意识障碍，有的躁动不安、意识恍惚或呈现兴奋状态。有的表情淡漠、少语或呈现嗜睡状态，严重者可致昏迷。部分伤病员早期可不出现休克，或休克期短而未发现。有些伤病员因挤压伤强烈的神经刺激、广泛的组织破坏、大量的血容量丢失，可迅速产生休克，而且不断加重。

（二）肌红蛋白尿

这是诊断挤压综合征的一项重要依据。伤病员在伤肢解除压力后，24h内出现褐色尿或自述血尿，应该考虑肌红蛋白尿。肌红蛋白尿在血中和尿中的浓度，在伤肢减压后3～12h达高峰，以后逐渐下降，1～2天后尿可自行转清。

（三）酸中毒及氮质血症

肌肉缺血坏死以后，大量磷酸根、硫酸根等酸性物质释出，使体液pH值降低，致代谢性酸中毒。严重创伤后组织分解代谢旺盛，大量中间代谢产物积聚体内，非蛋白氮迅速升高，临床上可出现神志不清、呼吸深大、烦躁口渴、恶心等酸中毒、尿毒症的一系列表现。

（四）高钾血症

因为肌肉坏死，大量细胞内的钾进入循环，加之肾衰竭排钾困难，在少尿期血钾可以每天上升2mmol/L，甚至在24h内上升到致命水平。高血钾同时伴有高血磷、高血镁及低血钙，可以加重血钾对心肌的抑制和毒性作用。

五、挤压综合征的预防与处置

挤压伤员最初可能无明显症状或体征，所以救援人员在现场救治伤员时必须保持高度警惕以防患者出现挤压综合征。如在去除压迫的外力前后，未能及时跟上临床非常积极的预防与处理而等待相应症状或体征出现，很容易出现挤压综合征，预后不佳。因此，针对挤压综合征的治疗应开始于救援之前。通常情况下若大面积肌肉组织受压，如下肢或骨盆，通常4～6h压迫的过程可造成挤压伤综合征的发生，但在严重挤压的情况下，1h也可发生。

（一）尽早补充液体

早期充分补液是预防挤压综合征的关键。发现被埋压的幸存者，在初步判断伤者的意识状态、受伤部位和严重程度后，在解除挤压前应尽快进行积极补液治疗。早期充分补液能够有效预防低血容量性休克和急性肾功能衰竭（ARF），如果补液不充分或延迟到受压6h以后才开始补液，ARF几乎不可避免。如果不能马上建立静脉通道，可以让其口服含碳酸氢钠的液体。对于因各种原因暂时无法进行静脉补液的挤压伤员，在第一个12h内口服碱性溶液（OAS，含葡萄糖120mmol/L，碳酸氢钠25mmol/L，氯化物55mmol/L及钠80mmol/L）500～750mL/h，可同样达到碱化尿液并利尿的目的。

补液治疗的目的在于扩充血容量，维持循环状态稳定；保证重要脏器有效灌注；维持充足尿液，促进肌红蛋白等毒素排除。

补液治疗的原则如下：

（1）尽早实施，发现伤员后如不能静脉补液，应进行口服补液，口服补液的前提是伤员神志清楚，同时应注意最好通过吸管让伤员饮用，避免引起误吸。

（2）伤员未受压部位用大口径留置针或钢针建立 1～2 个静脉补液通道，特别是对于受压 4h 以上的伤员。首选液体为等渗生理盐水，速度为每小时 1000～1500mL，补充 1000mL 生理盐水后可改用 5％的葡萄糖注射液 1000mL，同时加入 5％的碳酸氢钠 50～1000mL。

（3）有挤压伤切开减压等开放性伤口的患者，应补充从伤口丢失的液体。

（4）碱化尿液，尿液 pH 值应维持在 6.5 以上，以防止肌红蛋白和尿酸在肾小管内沉积。

（5）保持尿量至少 200mL/h 以上，必要时给予甘露醇利尿治疗，但无尿伤员不能应用甘露醇。

（6）严密观察尿量，补液 3L 以上患者仍无尿，应考虑实施血液净化治疗。

补液治疗时，在液体的选择上，晶体和胶体的比例为 1∶2，晶体选择生理盐水，胶体最好选用新鲜血浆，血浆供应不足时再选用血浆代用品。对于合并高钠血症、高氯性代谢性酸中毒、低钙血症的患者，依据实际情况补充 5％的葡萄糖和 5％的碳酸钠，适当补充 10％的葡萄糖酸钙。

（二）预防高钾血症

一旦全身循环稳定，应尽快注射强迫性甘露醇，预防高钾血症和急性肾功能衰竭。推荐的方案为静脉滴注低张盐水、碳酸氢钠、甘露醇溶液（含钠 110mmol/L，氯 70mmol/L，碳酸氢钠 40mmol/L，20％甘露醇 50mL 加在 5％葡萄糖液中），保证每小时尿量不少于 300mL。如尿量大于 20mL/h，使用 20％甘露醇 50mL，1～2g/（kg·d）可增加肾血流灌注，并有助于降低受压局部的张力。对于怀疑存在挤压伤的伤员应避免使用含钾或含乳酸的液体（如乳酸林格氏液等）。补液过程中监测血压和尿量，根据伤员实际情况调整补液速度，一般第一个 24h 为 3000～6000mL，能保证监测的条件下可达到 10L。

如已存在高钾血症，应给予呋塞米（如果血压稳定）、葡萄糖酸钙、胰岛素比例糖水及碳酸氢钠等对症处理。对于未能解救的伤者，如果神志清醒，应该询问是否有小便、次数以及估计量，帮助指导补液。对于意识不清者，解救后可通过检查衣物上的尿迹和气味，判断尿量。解救后有条件者可以进行导尿，无法导尿者也要注意记录小便量。

在地震伤员救治过程中，救灾医疗队应尽可能配备便携式生化检测仪，以便及时获得伤员的电解质和肾功能等相关检验指标，指导下一步抢救。

（三）预防低钙血症

由于横纹肌溶解过程中钙沉积于肌肉组织，故可导致低钙血症。而在恢复期这些钙会再次释放入血，过分积极地补钙可能增加高钙血症的风险。应注意如若无明显低钙血症的临床表现，如痉挛、心律失常（可见心律不齐、房室传导阻滞），可不予纠正。

低钙血症的纠正最好有生化检验结果作参考。如需要纠正低钙血症，可采用葡萄糖酸钙静脉推注进行紧急处理，并根据检测结果调整用量。应注意含钙溶液不可与碳酸氢溶液共用一个输液管道。

（四）局部结扎问题

2008 年 5 月 18 日美国疾病控制中心发表的挤压伤处理建议中推荐，对于不能进行静脉补液的患者应给予止血带短期结扎直至给予静脉补液。对于长时间受压的肢体，在送往医院前最好将肢体结扎，以防止坏死肌肉的分解物突然进入血液循环。但结扎超过 1.5h 会引起肌肉坏死，如果送达医院的时间较长，就不宜采取。对于局部结扎的力度，不宜过紧造成肢体坏死，考虑类比蛇咬伤的现场急救，都是以减少毒素进入循环为目的，可参考蛇咬伤的结扎，即仅阻断静脉和淋巴回流，而不影响动脉血流，这样可能会减少肢体的坏死。如果受压肢体出血明显，止血带结扎力度应适当加强以控制体表出血。

（五）患肢的处理

对于患肢受压程度可以使用"6Ps"法评估，即疼痛（Pain）、苍白（Pallor）、无脉搏（Pulselessness）、麻痹（Paralysis）、感觉异常（Paresthesia）、肢体冰凉（Poikilothermia - cool to Touch）。对于受压的患肢，禁止按摩和热敷，在不影响肢体血运的前提下可做高渗盐水或者硫酸镁冷敷。避免抬高伤肢，防止动脉血供不足，有开放性伤口应止血，但避免加压包扎。由于挤压伤及挤压综合征的发生与肌肉缺血及筋膜腔内压力升高有关，故伤情较轻者可先制动患肢，密切观察。如肢体迅速肿胀，出现远端血液循环障碍，应及早切开筋膜腔充分减压，以改善肢体循环、减少有害物质吸收。伤肢无保留意义或影响生命时可考虑截肢。

（六）伤口的处理

开放性伤口应尽量及时予以清创，止血及缝合、无菌辅料覆盖，以减轻创面污染及体表失血情况。夹板固定患肢于平卧位，有助于抑制水肿和改善血供。避免冰敷，并注意观察患肢情况，密切观察有否筋膜腔隙综合征。静脉使用抗生素预防及控制感染，如无明显禁忌症，可予镇痛药物对症治疗。

（七）伤员转送

受压伤员获救后，应该立即放置在平板担架上，搬运时注意防止二次损伤，立即紧急评估检查患者神志、气道、呼吸和循环情况，保持气道开放。然后在现场进行快速次级评估和分拣，以确定伤者应在就近医疗点先处理再后送，还是直接后送。切忌现场不做任何分拣和处理，立即后送，否则高钾血症等不及时纠正可能导致伤者在转运途中死亡。对于严重挤压伤造成的高钾血症和急性肾功能衰竭应该尽早进行肾脏替代治疗，接诊医院应该做好急诊床旁透析的准备。

六、挤压综合征的护理措施

（一）患肢护理

注意观察患肢肿胀程度，皮肤颜色、硬度，末梢血运，动脉搏动以及伤肢感觉等；伤肢制动；伤肢禁止热敷或使用止血带，且不可加压包扎，不可抬高患肢。

（二）高热护理

每 4h 监测一次体温，积极查找高热因，行物理降温，如无效可采取药物降温。在伤病员休克改善，无禁食、水的情况下，可多饮水，多吃水果，以增加毒素排泄。药物降温后，浸湿的衣物、被服应及时换，室内保持温度适宜。

（三）休克护理

随时监测生命体征，发现变化及时报告医生；准确记录出入量，以便及时调整输液量及速度；密切观察心电图改变。

（四）急性肾衰竭、高血钾护理

（1）观察尿量、颜色、尿比重，准确记录。

（2）少尿或无尿期应限制液体入量，特别是使用利尿剂后，更应注意观察尿量、比重、pH值。

（3）严格控制含钾高的食物、药物，不宜输入库存血，如发现伤病员出现高血钾症状，及时报告医生。

（五）酸中毒护理

意识不清、烦躁不安的伤病员应专人护理，加床栏，防止坠床；密切观察伤病员的呼吸频率、心率，及时检测二氧化碳结合力、血氧浓度。

（六）截肢术后护理

（1）防止大面积出血。患肢残端用沙袋压迫，床旁准备止血带以便应急，换药时擦洗创面要轻。

（2）防止创面感染。大剂量使用抗生素；对有坏死组织的创面及时清除；换药时要严格无菌操作；定期做药敏试验或细菌培养；保持床铺清洁，污染床单及时更换，室内通风良好。

（3）渗出液计算。准确记录切开后创面的渗出液非常重要。在医疗条件困难的情况下，可采用称重法，即先把换下来的敷料放在婴儿秤上称重后，减去干净敷料的重量，得出渗出量。也可采用估算法，即将不同大小敷料分别用50mL注射器喷洒0.9％氯化钠溶液，直至浸透得出不同的毫升数。每次换药后根据敷料的大小、数量乘以相对应的毫升数即为切开后创面渗出的估算量。

（七）心理护理

灾后伤病员受到不同程度的惊吓，同时忍受肢体残缺、患肢疼痛、失去亲人等诸多刺激，护理人员在护理中应多与伤病员进行交流，尽可能为伤者提供帮助。对截肢术后的伤员，应帮助其消除悲观失望的情绪，并对伤员进行残肢的功能锻炼。

第三节　低温伤急救

一、概述

低温伤也称冷损伤，指接触严寒环境，导致身体局部组织温度低于组织冻结温度（$-3.6 \sim -2.5℃$，也称生物冰点），局部组织经冻结和融化过程而导致的损伤，其特点是受冻部位皮肤苍白、温度低、麻木刺痛甚至组织细胞发生冻结等。低温伤主要由于低温、潮湿，也与风速、防寒保暖管理措施、耐寒能力及适应能力有关。

寒冷地区低温下作业，或接触有些介质（如制冷剂、液态气体等）时，均有发生低温伤的可能。工业上引起低温伤的常见制冷剂包括二氧化碳（干冰）、液氮、液氨、氟利昂等。由于这些介质沸点低，瞬间蒸发，降温迅速，如果防护不当，就有可能因接触到制冷剂造成意外低温伤。

低温伤强调预防，早期诊断、早期处理、合理有效的治疗，对预后致残率的降低起着至关重要的作用。患者就诊过晚，错过了早期融化复温，预后常不理想，尤其是重度低温伤，病程长、治疗复杂，可导致畸形和残废等后遗症。

某些低温伤可合并化学中毒，液氯、液氨所致低温伤可合并吸入性呼吸道损伤，溴甲烷、氯仿所致低温伤可合并心、肝、肾损伤，液氩、液氮所致低温伤可伴有不同程度的窒息，对上述化学物质所致低温伤合并中毒应予以特别注意。在判断眼、呼吸道或实质脏器损伤的严重程度时，可按照相应化学物质中毒诊断标准及处理原则进行诊治。

二、低温伤分类

按照低温伤的性质可将低温伤分为非冻结性损伤和冻结性损伤，按照损伤范围可分为全身性冷损伤和局部性冷损伤。

（一）非冻结性损伤

非冻结性损伤是由10℃以下至冰点以上的低温，加上潮湿条件所造成，如冻疮、战壕足、浸渍足等。暴露在冰点以上低温的机体局部皮肤、血管性收缩，血流缓慢，影响细胞代谢。当局部恢复常温后，血管扩张、充血、有渗液。

（二）冻结性损伤

冻结性损伤是指长时间处于0℃以下的低温环境或者短暂接触制冷剂等，造成身体局部冻伤或者全身冻伤，可有组织细胞冻结现象。

冻结性与非冻结性损伤的区别，主要在于受损伤时环境的温度是否达到组织冰点以下和局部组织有无冻结史而定。有时轻微的局部冻伤与冻疮往往不易区别。

（三）全身性冷损伤

全身性冷损伤即低体温，又称体温过低或冻僵，是指人体冷暴露后热量不断散失，体心温度（指机体深部温度）逐渐降低至35℃以下。按低体温发生的性质可分为事故性低体温、继发性低体温和人工性低体温。事故性低体温分为陆地型低体温（冷空气暴露所致）和浸泡型低体温（冷水浸泡所致）；继发性低体温继发于严重感染或创伤、代谢异常、体温调节中枢损伤、抑制性药物或毒物中毒等；临床上低温麻醉及体外循环即为人工性低体温。按低体温发病缓急及体心温度降低是否持续，将低体温分为急性、亚急性、亚慢性、慢性和间歇性低体温。

（四）局部性冷损伤

局部性冷损伤多发生于身体暴露部位，如足、手、耳和颜面等。其中以足部尤为多见，据统计约占冻伤总数的半数以上。在日常作业或救援现场中，局部冻伤最为常见，临床上通常所说的冻伤，即指此类损伤。

三、全身性冷损伤

（一）病发机制

全身性冷损伤在洪涝灾害中较为常见，另外在低温环境下长时间被困也是造成全身性冷损伤的主要原因之一。人体体心温度下降时，维持人体正常生理代谢的各种酶类活力降低甚至丧失，导致细胞的能量代谢、分泌与吸收、离子跨膜转运和电生理活动等发生改变，进而影响人体的正常生理功能。

低体温可抑制中枢神经系统，出现神经活动异常甚至意识障碍。低体温后发生脑水肿主要原因为毛细血管通透性增高引起脑神经元、神经胶质细胞和内皮细胞肿胀，还涉及缺血再灌注损伤、细胞因子和氧自由基的产生等方面。实验证明，大鼠脑冷损伤后可见病灶周围微血管结构改变和微血栓形成。寒冷刺激可引起交感神经兴奋、血中儿茶酚胺浓度增加，进而引起心输出量增加、心率加快、周围血管收缩，使心脏负荷加重，严重时可出现心律失常、循环障碍导致休克和死亡。

低体温后肺的损害出现最早、程度最严重，组织病理学改变主要表现为广泛的弥漫性肺泡肺水肿和片状出血灶。寒冷刺激可造成肺静脉收缩，引起肺动脉高压，严重者导致右心衰竭。肝胆系统损伤主要与低温环境下机体氧化应激反应增强有关，肝脏损害表现为肝细胞变性坏死、肝组织出血和肝血管充血等，胆管损伤表现为进行性胆管坏死、胆瘘和化脓性胆管炎等。随着体心温度的降低，胃肠道平滑肌收缩性越来越强而节律性活动逐渐减弱。长时间低体温可导致代谢性酸中毒、肾小管变性坏死和肾脏缺血再灌注损伤，并可发展成急性肾衰竭。

（二）临床表现

低体温初期，人体代谢率增高，呼吸频率和心率加快，血压升高和四肢温度下降。随着体心温度的降低，继而出现寒颤、反应迟钝、行动笨拙和思维混乱等反应。当中心体温低于35℃时，可发生低温昏迷，意识逐渐模糊，动作笨拙、呆滞。当中心体温低于31℃，就会完全失去知觉，出现心房、心室纤维颤动。当中心体温低于28℃，血管出现硬化。当体温下降到24～26℃以下时，人员就会死亡。

依据冷暴露史、临床表现和体心温度测定可确诊低体温，按体心温度的高低对低体温进行如下分度：35～32℃为轻度低体温，31～28℃为中度低体温，低于28℃为重度低体温。

（三）常用复温方法

1. 快速水浴复温法

除去遇险者浸湿的衣服，转移到温暖的房间，测直肠温度，当直肠温度在32℃以下时，伤员体温调节系统功能已失调，不能自行复温，应将伤员浸泡于40～50℃的热水中，以迅速复温。水浴时间不超过10min，水浴后擦干身体用被子或电热毯裹好保暖。如体温增加不超过1.1℃时，隔10min再水浴一次，直到体温恢复正常。

2. 热水冲浴复温法

除去遇险者浸湿的衣服，用40～42℃的热水持续冲浴加温，以躯体为主，并保持室温25℃以上。

3. 湿热敷复温法

除去遇险者浸湿的衣服，用毛巾被或浴巾包裹全身，再倒40～42℃的热水，每隔几分钟倒一次，直到体温恢复正常，并保持室温25℃以上。

4. 电热毯复温法

采用此法复温时，因加热不均匀，温度不易控制，通常用于病情较轻的低体温遇险者（直肠温度高于33℃），或作为辅助复温方法。

5. 体内复温法

常用的体内复温法有静脉输注（40±2）℃生理盐水或5％葡萄糖液，或采用温热生理盐水灌肠。其他的如腹膜透析法、腹膜灌洗法、体外血液加温法等复温效果优于体表复温法，但其对设备条件、技术条件要求高，一般只用于救治程度较重的体温过低的遇险者。

（四）快速复温注意事项

（1）全身低温伤伤员呼吸和心跳十分微弱，在未获得确切的死亡证据前，必须积极抢救。对心跳呼吸骤停者按心肺复苏技术进行处理。

（2）立即进行复温，复温过程中连续检测体温。

（3）室温和复温用的热水温度控制准确，要进行测定而不能凭经验估计。

（4）不能采用按摩、药物和酒精类涂擦的方法促进遇险者的血液循环，也不能采取局部加温或烤火的方法复温。

（5）复温过程中应注意纠正低血糖，及时输注加温的5％葡萄糖液或5％葡萄糖盐水。伤员意识清醒，体温基本正常后可给予热的糖水、饮料。

（6）复温速度不易过快或过慢，目前认为，以1～2℃/h的速度复温较为适宜。

四、冻结性冷损伤

冻结性冷损伤多发生于足部、手部以及面部等，以局部性冷损伤为主，临床上称之为冻伤。冻结性冷损伤首先表现为寒冷感和针刺样疼痛，皮肤显现苍白、暗紫色，相继出现麻木并失去知觉。冻结性冷损伤可造成伤部溃烂，严重者可能引起并发症、截肢甚至危及生命。由于冻结性冷损伤具有很强的可逆性，所以早期判断、治疗非常重要。

（一）病理生理变化

冻结性冷损伤的病理生理变化可分为三个阶段：生理调节阶段、组织冻结阶段和复温融化阶段。

1. 生理调节阶段

冻伤之初，发病早期，机体御寒反应的主要方式是皮肤血管收缩。人体为了调节产热与散热之间的动态平衡，主要表现为产热增加和散热减少。产热增加主要表现为肌肉紧张度增加，随之出现寒战，使代谢增高。如寒冷继续增加，肝脏代谢活动也增强。散热减少主要表现为皮肤血管收缩，使血流减少，皮肤温度降低，以减少散热。如果寒冷持续时间较长，皮肤血管往往出现短暂的扩张，使局部血流增快，皮温回升，循环暂时得以改善。但人体为了避免热量散失，血管又随之收缩。此种血管的收缩与扩张，均为人体抵御寒冷的保持反应。当然，最后人体为了保持中心体温，皮肤和肢端血管持续收缩。

总之，在受冻之初，各项生理功能均趋亢进，如代谢增加、心跳加快、血管的舒缩交替等。如寒冷持续过久，势必出现抑制，从而代谢降低，心跳减慢，导致中心体温降低。此后皮肤及肢端血管出现持续性收缩，皮肤和肢体末端组织就可能发生冻结。

2. 组织冻结阶段

当组织温度降至冰点（皮肤冻结温度为−50℃）以下时，就会开始发生冻结。冻结分为速冻与缓冻。

（1）速冻。如接触温度很低的金属（如寒区置于户外的裸露金属）或液体（如液氮）

等，可以立即造成接触部位的皮肤冻结。如未能及时脱离接触，冻结组织可以迅速加深，严重者可将皮肤冻结在寒冷的固体上，强行脱离，可造成撕脱伤。

（2）缓冻。常见的冻伤发病过程均属于缓冻，首先使细胞外液的水分形成晶体（冰核），随着时间的延长，冰晶体逐渐增大（速冻时不仅细胞外液冻结，同时细胞内液也冻结，但形成的冰晶体一般较缓冻时小）。因此，缓冻对组织损伤过程主要与细胞外的渗透压改变有关。当外界温度低于组织冰点时，细胞外液中的水分形成冰晶体，电解质浓度（主要是钠离子）和渗透压升高，细胞内水分向细胞外大量渗出，使组织脱水，蛋白质变性，酶活性降低，细胞发生皱缩，造成细胞内能量代谢物质的耗竭和丢失，从而使细胞线粒体的呼吸率下降，造成大量中间产物的堆积。这是受冻组织死亡的主要原因。

3. 复温融化阶段

在复温后，如系表浅的皮肤冻结，局部只呈现一般炎性反应，而无严重组织坏死，一般在1～2周后痊愈。如系深部组织发生冻结，不仅电解质紊乱和代谢障碍依然存在，而且出现局部微循环障碍。这是由于复温后冻区的血流暂时恢复，血管扩张，而冻结阶段血管壁已被损伤（内皮细胞对寒冷极为敏感）甚至破裂，故毛细血管通透性和渗出增加，局部出现水肿和水疱，继而出现血流减慢和血液淤滞，血液有形成分堆积，以至血栓形成。此种复温后的改变称为冻溶性损伤或继发性损伤。根据实验观察，组织复温融化后10min，就可出现微循环的闭塞现象。24h在小动脉、小静脉内有明显的血栓，3～4天发展成弥散性血栓，导致组织坏死。故有人认为，在一定条件下，冻伤组织的40%是原发性损伤，60%是由于循环恢复后继发的损伤，因此，复温的方法对减少组织损伤有重要关系。

（二）临床表现

最初表现为暴露部位知觉丧失、皮肤冻结变硬、肤色苍白。冻结部位融化后皮肤可呈红色、暗红色、青紫色甚至青灰色，局部充血、水肿；出现轻至重度刺痛或烧灼样痛，甚至出现感觉减退或消失；可出现浆液性水疱或血疱；患处结痂后形成痂皮，脱落形成溃疡；可形成干性坏疽，也可继发感染形成气性坏疽或湿性坏疽。

（三）冻伤分度

1. 四度分法

（1）Ⅰ度。仅伤及表皮层，冻伤处呈紫红色斑，轻度水肿伴发痒，有刺痛感，可自行消退，不留痕迹，但局部可长期对寒冷过敏。

（2）Ⅱ度。损伤达真皮层，红肿明显，有水疱形成，局部疼痛较剧烈，感觉迟钝。愈后不留瘢痕，但局部长期对寒冷过敏。

（3）Ⅲ度。损伤皮肤全层和皮下组织，冻结融化后皮肤呈紫红或青紫色，感觉迟钝，水肿明显，可有较大血性水疱形成，渗出较多。组织坏死形成黑、硬干痂，痂皮脱落后露出肉芽组织，多留有瘢痕，影响功能。

（4）Ⅳ度。损伤可包括皮肤、皮下组织、肌肉和骨骼等，复温融化后皮肤呈紫蓝色、感觉消失，疼痛难忍，可出现血性小水疱甚至无水疱，局部渗出多。无感染时组织逐渐干燥变黑形成干性坏疽，并发感染时组织腐烂形成湿性坏疽或气性坏疽，可导致截肢。

2. 实用分法

（1）浅度冻伤。复温后局部产生明显的水疱，扩展至指（趾）尖，局部的感觉、温度恢复较快，皮肤潮红，压之变白。

（2）深度冻伤。复温后局部皮肤僵硬、苍白、冰冷、感觉消失，无水疱或暗红色水疱，早期枯干、青紫，压之不变白。

（四）冻伤早期治疗

（1）迅速将伤员送进温暖的室内，口服热饮料，脱掉或剪除潮湿和冻结的衣服、鞋袜，尽早用温度为 40～42℃ 的 1∶1000 氯己定或 1∶1000 呋喃西林溶液浸泡，使伤部快速复温，直到伤部充血或体温正常为止。禁用冷水浸泡、雪搓或火烤。

（2）擦干创面，涂不含酒精（无刺激性）的消毒药，用无菌厚层敷料包扎，不要挑破水疱，指（趾）间用无菌纱布隔开，防止粘连。

（3）防治休克，口服或注射止痛药物。

（4）预防感染，肌内注射抗感染药物。未行破伤风类毒素注射者，应行破伤风抗毒血清和类毒素注射。

（5）低温伤伤员做好全身和局部保暖，迅速后送。

（五）低温伤专科治疗

（1）有水肿和水疱的伤员应卧床休息，大水疱可在无菌条件下抽出液体，再用厚敷料包扎。

（2）根据条件，创面或全身每日温浴（40～42℃）2 次，每次 30min，关节部位要经常活动。

（3）伤面敷冻伤膏。若感染，用 1∶1000 的氯己定洗敷。

（4）坏死组织与正常组织的分界线清楚后，应及时做坏死组织切除术，尽量保存有存活能力的组织。

（5）由医师判断是否需要封套或者交感神经节阻滞术以及其他药物治疗，更重者或需截肢。

五、护理措施

（一）一般护理

注意卧床休息，抬高患肢，利于血液和淋巴液回流，减轻肢体肿胀。

（二）饮食护理

给予高蛋白、高热量、高维生素、易消化饮食，保证身体所需热量，增强身体抵抗力。

（三）创面护理

保持创面清洁、干燥，预防感染；注意观察创面有无渗出，如有渗出，做好记录，并及时报告医生处理。

（四）病情观察

1. 局部观察

对冻伤部位的皮肤颜色、皮温、弹性程度、皮损状态及整个患肢的动脉搏动情况进行监测并记录，观察有无血栓形成、有无坏疽等继发感染现象。

2. 全身观察

监测体温、尿量，有无少尿或无尿等肾衰征兆，并结合实验室检查结果，判断伤员病情，及时提供治疗依据。

3. 心理护理

严重冻伤的伤病员，由于创面破溃、疼痛以及担心预后效果，会出现烦躁、紧张、焦虑等心理问题。护理时要主动关心伤病员，及时与伤病员沟通，了解其心理变化，多给予情绪上的安抚，减轻其疑虑，取得伤病员的配合，保证治疗和护理的效果。

4. 健康指导

利用多种宣教方式，让灾区民众掌握防寒、防冻的基本方法，选择合适的保暖品，保持衣物及鞋、袜干燥，合理饮食，用冷水洗脸，提高个人的耐寒能力。

第四节 动物咬伤急救

一、毒蛇咬伤

蛇分为有毒蛇与无毒蛇两大类，我国有 50 余种毒蛇，剧毒蛇有 10 余种。蛇咬伤（Snake Bite）以南方为多。无毒蛇咬伤时，皮肤留下细小齿痕，局部稍痛，可起水疱，无全身反应。毒蛇咬伤，留下一对较深齿痕，蛇毒注入体内，引起严重中毒。蛇毒是含有多种毒蛋白、溶组织酶以及多肽的复合物，可分为神经毒素、血液毒素和细胞毒素。神经毒素主要引起神经麻痹，表现为眼睑下垂、吞咽困难、呼吸肌麻痹、呼吸困难；血液毒素引起凝血功能紊乱，如鼻出血、牙龈出血、伤口流血不止、血尿、消化道出血，甚至脑出血、休克、循环衰竭等；细胞毒素可引起局部组织大面积肿胀、坏死。

（一）临床症状

1. 神经毒中毒症状

主要由金环蛇、银环蛇和海蛇咬伤引起。伤处红肿不明显，疼痛轻，出血少，往往只有麻木感。若蛇毒吸收较快，局部的麻木范围迅速扩大，短时间内出现全身症状。病人有头昏、嗜睡、眼睑下垂、视力模糊、吞咽困难、呼吸肌麻痹、呼吸困难，声音嘶哑言语不清以及共济失调等表现。严重时有肢体瘫痪、昏迷、血压下降、呼吸麻痹，乃至呼吸心跳停止。

2. 血液毒中毒症状

主要由五步蛇、竹叶青和蝰蛇咬伤引起。伤处发生肿胀，剧痛，犹如刀割，出血不易自止。且皮肤由暗红变灰白，可发生水疱和坏死。全身可有畏寒发热、烦躁不安等。继而可发生广泛性出血，表现为皮肤粘膜出血、呕血、咯血、便血、血色尿以及多处内出血等，并可能呈现黄疸和贫血。后期可发生心、肾功能衰竭，有心律失常、血压降低，少尿或无尿等，可导致死亡。

3. 混合毒中毒症状

主要由眼镜蛇或蝮蛇咬伤所致。其表现包括上述神经毒和血液毒两者的症状。死亡多因神经毒损害所致。

（二）急救措施

1. 压力固定技术（PIT）

PIT 是指在蛇咬伤早期，通过肢体制动和使用压力固定设备（夹板）固定咬伤侧肢体，延迟蛇毒吸收的方法，包括压力和固定两部分组成。PIT 阻断咬伤周围浅表淋巴的回流，固定咬伤肢体的关节，能够阻止肌肉运动，减少了淋巴循环，同时不阻断动脉及深静脉回流，从而阻断蛇毒通过淋巴循环回到体循环，也可使部分滞留在皮下或肌肉的蛇毒成分失活，延迟进入中心静脉，延迟器官中毒时间，为关键性的治疗（注射抗蛇毒血清，医院内高级支持治疗）争取时间。

2. 控制毒液扩散法

蛇咬伤后应当避免奔跑，现场立即以布带等物绑扎伤肢的近心端，松紧度掌握在能够使被绑扎的下部肢体动脉搏动稍微减弱为宜，并让患肢下垂低于心脏水平，用冰袋包毛巾给患肢降温。绑扎后每隔 30min 左右松解一次，每次 1～2min 以免影响血液循环造成组织坏死。

3. 去除毒素法

拔出残留的毒蛇牙，用大量清水、肥皂水、生理盐水、0.05％高锰酸钾液或 3％过氧化氢、碘伏冲洗伤口，从近心端向伤口处反复推挤。伤口较深者在压痕处"＋"字切开真皮层少许，或在肿胀处以三棱针平刺皮肤层，接着用拔罐法或吸乳器抽吸，促使部分毒液排出。注意现场无抽吸工具，用嘴吸蛇毒时，必须用塑料袋等阻隔防护，吸取后用大量清水漱口，以免救援人员中毒。

4. 破坏蛇毒法

利用蛋白酶有直接分解蛇毒的作用，在伤口外周或近侧用胰蛋白酶或糜蛋白酶加普鲁卡因加地塞米松作环状封闭。

（三）解毒药物

（1）蛇药是治疗毒蛇咬伤有效的中成药，有季德胜蛇药等，可以口服或敷贴局部，有的还有注射剂。此外还有一部分新鲜草药也对毒蛇咬伤有疗效，如七叶一枝花、八角莲、半边莲、田薹黄、白花蛇舌草等。

（2）抗蛇毒血清有单价和多价两种，对于已知蛇类咬伤可用针对性强的单价血清，否则使用多价血清。用前需作过敏试验，阳性者采用脱敏注射法。

（四）注意事项

需要注意的是，虽然使用止血带或吮吸冲洗后再使用止血带法是目前最为广泛的急救措施，但是也有很多研究表明其存在诸多问题，例如 Bhat 发现蛇咬伤员使用止血带或吮吸后再使用止血带与没有任何紧急救援相比，增加了局部肿胀的发生率。Franca 指出，使用了止血带后增加了局部毒素的吸收程度和局部损伤的严重度。

在上述的各种方法中，压力固定技术（PIT）是目前唯一有证据支持的，在毒蛇咬伤急救中对延迟毒素扩散有效的措施，但其也存在诸如如何确定压力值以及保持压力值，对哪些类型的蛇毒是无效的，在什么情况下需要做出进一步的措施等问题。

因此，在野外工作或救援的过程中，要准备好各类医疗器具，根据具体情况灵活地采取救护措施；要准备蛇药，专业医疗队伍可备有适量抗蛇毒血清，以备伤员得到最及时救治；救援人员要掌握必要的中药知识，能够辨认七叶一枝花、八角莲、白花蛇舌草等中草药，以提高野外蛇毒伤员存活率。

二、毒虫蜇咬伤

常见陆生有毒昆虫和节肢动物包括膜翅目昆虫蜜蜂、马蜂、大黄蜂以及节肢动物蝥、蜈蚣等，他们对人体的伤害多限于叮咬部位，全身反应常见于继发性的过敏反应。但是部分昆虫带有病毒，例如蜱虫咬伤可传播蜱传脑炎病毒，使伤者患森林脑膜炎，死亡率极高。

（一）蜂蜇伤（Bee Sting）

蜂的尾刺连有毒腺，蜇人时可将蜂毒注入皮内，引起局部与全身症状。蜜蜂蜇后，局部出现红肿疼痛数小时后可自行消退。如蜂刺留在伤口内，可引起局部化脓。黄蜂蜂毒的毒性较剧烈，蜇伤后局部肿痛明显，可出现全身症状，伤口一般不留蜂刺。群蜂蜇伤后症状严重，除皮肤红肿外，还表现为头晕目眩、恶心呕吐、面部水肿、呼吸困难、烦躁不安、昏迷休克甚至死亡。对蜂毒过敏者，即使单一蜂蜇也可引发严重的全身反应。

蜂蜇伤后尽可能确定被何种蜂类蜇伤，蜜蜂的毒液呈酸性，伤后尽量拔除蜂刺，局部可用肥皂水、5％碳酸氢钠溶液或3％淡氨水等弱碱液洗敷，再以南通蛇药糊剂敷于伤口，并口服蛇药片。黄蜂的毒液呈碱性，伤处局部以弱酸液冲洗或以食醋纱条敷贴，以3％依米丁（吐根碱）1mL溶于5mL注射用水后作伤处注射。蜂蜇后有全身症状严重者，应采取相应急救措施，有过敏反应时给予肾上腺皮质激素等抗过敏药物；有呼吸困难时，应维持呼吸道通畅并给氧；出现休克时，则应积极抗休克治疗。

（二）蝎蜇伤（Scorpion Sting）

蝎毒主要为神经毒以及类似于蛇毒的血液毒（溶血毒素、心脏毒素、出血毒素、凝血毒素等）作用，呈酸性。不同蝎种毒力强弱不一，毒性较弱的仅有局部麻痹作用，毒力强的可相当于眼镜蛇蛇毒。

蝎子蜇伤后局部常迅速出现剧痛，伤口可有红肿、麻木、水疱，出血淋巴管及淋巴结炎，严重时可有组织坏死。全身症状多见于大型蝎子蜇伤或儿童患者，表现为头昏、头痛、呼吸加快、流泪、流涎、出汗、恶心、呕吐，病情进展迅速，重症患者可出现舌和肌肉僵直、视觉障碍、抽搐、心律失常、低血压、休克、昏迷、呼吸窘迫、急性心功能衰竭、肺水肿等症状，甚至因呼吸中枢麻痹而死亡。个别患者发生急性胰腺炎、血糖升高、鼻出血甚至血尿、胃肠道出血等内脏出血及弥散性血管内凝血。

现场急救时，四肢蜇伤的可在伤部近心端绑扎；若尾刺断入皮肤内应尽早将其拔除，必要时可切开伤口取出，并负压吸引排毒。用弱碱性溶液（如5％碳酸氢钠、肥皂水等）或1：5000高锰酸钾溶液冲洗伤口，并涂含抗组胺药、止痛剂和肾上腺皮质激素类的软膏。疼痛明显可用0.25％～0.5％普鲁卡因溶液（皮试不过敏者）在伤口周围做环形封闭。可局部应用或口服蛇药，症状严重者立即送往医院进行治疗。

（三）蜈蚣蜇伤（Centipede Bite）

蜈蚣的第2对足即为毒蜇（毒钩），呈钳钩状、锐利，有毒腺开口。蜇人时，毒腺所分泌的毒液通过毒蜇尖端注入人体而引起中毒。蜈蚣毒液含有类似蜂毒的有毒成分如组织胺类物质及溶血蛋白质等并含蚁酸，毒液呈酸性，有神经毒、溶血、致敏等作用，但致敏作用不如蜂毒常见。

伤口为一对小出血点，局部红肿刺痛、瘙痒，严重者可出现水疱、瘀斑、组织坏死、淋巴管炎及局部淋巴结肿痛等，全身反应一般较轻微，可有畏寒、发热、头痛、头晕恶心、呕吐等，严重者可出现烦躁、谵妄、抽搐、全身麻木、昏迷。过敏反应严重者可出现过敏性休克。严重者以儿童多见，可危及生命。

蜈蚣的毒液呈酸性，用碱性液体能中和，发现被蜈蚣咬伤后，可立即用 5%～10% 的碳酸氢钠溶液或肥皂水、石灰水冲洗，然后涂上较浓的碱水或 3% 的氨水。如在野外可用鲜蒲公英或鱼腥草嚼碎捣烂后外敷在伤口上，不使用碘酒或消毒水涂抹伤口，因其毫无用处，也可将蛇药片用水调成糊状敷于伤口，疼痛剧烈者可用 0.25%～0.5% 的普鲁卡因溶液（皮试不过敏者）在伤口周围做环形封闭。皮肤出现过敏反应者，用肾上腺皮质激素软膏类涂敷。对于症状严重者，可内服蛇药片并立即送往医院治疗。

（四）蜘蛛蜇伤（Spider Bite）

蜘蛛的螯肢（毒牙）是头胸部最前面的一对角质附肢，蜇人时毒腺分泌的毒液通过毒牙注入伤口。毒蜘蛛种类繁多，在我国能引起严重损伤的毒蜘蛛中以黑寡妇蜘蛛（即红斑黑毒蛛）毒性最强。蜘蛛毒液成分主要为胶原酶、蛋白酶、磷脂酶及透明质酸酶等，具有神经毒、组织溶解、溶血等作用。

蜘蛛蜇伤后局部伤口常有 2 个小红点，可有疼痛、红肿、水疱、瘀斑，严重时组织坏死，形成溃疡，易继发感染。全身中毒反应可表现为寒战发热、皮疹、瘙痒、乏力、麻木、头痛、头晕、肌肉痉挛、恶心呕吐、出汗、流涎、眼睑下垂、视物模糊、呼吸困难、心肌损害等，严重者出现昏迷、潜血、休克、呼吸窘迫、急性肾衰竭、弥散性血管内凝血等。腹肌痉挛性疼痛可能类似急腹症。儿童被毒蜘蛛咬伤后全身症状常较严重，致死者多为较低体重的儿童。

蜘蛛蜇伤现场救护方法与蜈蚣咬伤现场救护类似，首先对四肢伤口近心端绷扎。立即用 5% 碳酸氢钠溶液或 3% 淡氨水等弱碱性溶液或清水冲洗伤口并做局部冷敷。严重者以伤口为中心做"＋"字切开，用 1∶5000 的高锰酸钾或 3% 过氧化氢冲洗伤口，负压吸引排毒。可用 0.25%～0.5% 普鲁卡因溶液（皮试不过敏者）在伤口周围做环形封闭。

（五）蜱虫咬伤（Tick Bite）

蜱虫俗称草爬子，属于寄螨目、蜱总科。成虫在躯体背面有壳质化较强的盾板，通称硬蜱，属硬蜱科；无盾板者，通称为软蜱，属软蜱科。蜱虫是许多种脊椎动物体表的暂时性寄生虫，是一些人兽共患病的传播媒介和贮存宿主。

蜱虫的主要危害是作为生物媒介传播疾病。目前已知蜱虫可以携带、传播 83 种病毒、15 种细菌、17 种螺旋体和 32 种原虫，导致包括森林脑炎、新疆出血热、蜱媒回归热、莱姆病、埃立克体病等近 200 种疾病。其中大多数是重要的自然疫源性疾病和人畜共患病，可直接或间接地造成人及动物死亡。

蜱虫传播的病毒性疾病有森林脑炎、新疆出血热、凯撒奴尔森林病、兰加特脑炎、鄂木斯克出血热、西尼罗热等，其中森林脑炎是对森林中执勤或作业人员危害最大的一种疾病。我国主要的病媒蜱种为全沟硬蜱，病毒在人体的潜伏期一般是 7～14 天，初期症状为发热，很容易误诊为感冒发烧。若蜱虫携带的森林脑炎病毒侵蚀到人体呼吸系统，则需割开喉咙借助呼吸机维持生命。若损害了大脑神经，后期即使治愈，也会留下智力下降，运动能力损伤的终身后遗症，医学上称为蜱瘫痪（tick paralysis）。

预防蜱虫咬伤首先要做好自身防护，主要是尽量缩短蜱类与人体接触时间并切断接触机会。尽量避免在草地、树林等蜱虫主要栖息地长时间坐卧。野外从业活动时，确需在蜱类栖息地休息时，应选一处见不到蜱类活动的安全地点并保持戒备状态，如发现有蜱类爬来，随时防备蜱类叮咬，如需长时间在蜱类栖息地停留或从事野外作业时，可穿特制防护服装，如衣服的袖口、领口、裤脚等部位缝有宽紧带或拉链的"五紧防护服"。

发现蜱虫停留在皮肤上时，应用镊子取去，切勿用力撕拉，以防撕伤组织或蜱虫口器折断引发皮肤继发性损害。也可用煤油、松节油、凡士林油、氯仿、乙醚、旱烟等涂在蜱虫头部待其窒息后自然从皮肤上脱落。蜱虫怕热也怕震动，可用点燃的烟头或打火机烫蜱虫的背部，或者用手拍打被虫子叮咬皮肤附近的地方，使蜱虫自己钻出来。被蜱虫咬后应及时就医，对伤口进行消毒处理，伤口周围可用 0.5％普鲁卡因局封，以防毒素扩散至全身。

有蜱虫叮咬史或野外生活史的人员，一旦发现疑似蜱虫侵袭相关疾病症状或体征时应及早就医。医务人员应及时采集标本开展实验室检查，给出及时准确的诊断结果。一旦确诊为某一种相关疾病，应给予快速及时的针对性治疗，并积极预防并发症。如出现全身中毒症状时，可给予抗组胺药和皮质激素；发现蜱咬热或蜱麻痹等疾病时除采用支持疗法外，还应做相应的对症处理及时抢救。

三、犬、猫、鼠抓伤及咬伤

（一）宠物犬或流浪狗咬伤

典型狂犬常表现为两耳直立，双目直视，眼红，流涎，狂叫乱跑，见人就咬，步态不稳。也有少数狂犬表现安静，离群独居，受惊扰狂叫不已，吐舌流涎，直至全身麻痹而死。有的狗虽无狂犬病表现，却带有狂犬病毒，咬人后照样可以使人感染狂犬病毒而得狂犬病。

人被狗咬伤后，不管当时能否确定是狂犬，都须及时进行如下现场伤口处理：

（1）如伤口流血，只要流血不是过多，不要急于止血。流出的血液可将伤口残留的狂犬唾液带走，可起到一定的消毒作用。

（2）对流血不多的伤口要从近心端向伤口处挤压出血，以利排毒。必须在伤后的 2h 内，尽早对伤口进行彻底清洗，以减少狂犬病毒感染机会。

（3）用干净刷子，可以是牙刷或纱布，用浓肥皂水反复刷洗伤口，尤其是伤口深部，并及时用清水冲洗。不能因疼痛而拒绝清洗，认真刷洗时间至少需要 30min。

（4）冲洗后，用 70％乙醇（酒精）或 50～70 度的白酒涂擦伤口数次。涂擦完毕后，伤口不必包扎，可任其裸露。对于其他部位被狗抓伤以及唾液污染的伤口，均应按咬伤同样处理。

伤口深而大者应放置引流条，以利于污染物及分泌物的排除。只要未伤及大血管，一般不包扎伤口，不作期缝合。不用油剂或粉剂置入伤口。对延误处理而伤口已结痂者，应将结痂去除后按上述原则处理。

伤及大动脉、气管等重要部位或创伤过重时须迅速予以生命支持措施。伤口较深污染严重者应注射破伤风抗毒素并应用抗生素。

（二）猫咬伤

被猫抓、咬伤后，伤口局部会出现红肿、疼痛，严重的可引起淋巴管炎、淋巴结炎或蜂窝织炎。猫也可携带狂犬病毒，因此，必须做好现场急救处理。

如果四肢被咬伤，应在伤口上方结扎止血带，然后再作清创处理，先用清水、盐开水或 1∶2000 高锰酸钾溶液冲洗伤口，然后再用碘酒或 5％苯酚局部烧灼伤口（其他部位的伤口处理同四肢），对伤势严重的应送医院急救，在狂犬病流行区或被疑似患有狂犬病的猫抓、咬伤，伤口的处理应参照狗咬伤处理以预防狂犬病。

（三）鼠咬伤

被老鼠咬伤的伤口很小，容易被忽视。由于老鼠能传播多种疾病，被老鼠咬伤后，应及时进行如下处理：

（1）立即用嘴吮吸 2～3 次，用流动水和肥皂水冲洗伤口，把伤口内的污血挤出，再用过氧化氢溶液消毒。

（2）取鲜薄荷叶洗净，捣烂取汁，涂患处，可止痛、止痒消肿。

（3）尽快到医院请医生诊治，口服抗生素。

第五节　淹　溺　急　救

一、淹溺定义

关于溺水的定义，1971 年 Modell 提出了一系列的定义，并于 1981 年略作修改，形成了以下定义：

（1）无吸入淹溺：淹没于液体中时死于呼吸道阻塞和窒息。

（2）吸入淹溺：淹没于液体中时死于窒息和吸入液体后继发改变的联合效应。

（3）无吸入近乎淹溺：淹没于液体中窒息后仍能存活，至少能短暂存活。

（4）吸入近乎淹溺：淹没时吸入液体后仍能存活，至少能短暂存活。

二、淹溺分类

按进入气道内的水量分为：干性淹溺、溺死和湿性淹溺、溺死。

按进入气道内水的性质分为：海水淹溺、溺死和淡水淹溺、溺死。

按时间经过可分为：①原发性淹溺、溺死，即指通常的淹溺，浸渍综合征为冷水浸渍的瞬间副交感神经反射致心脏骤停，或者出现潜水反射，即面部及口腔内的冷水刺激引起的心脏骤停；②继发性淹溺、溺死，即指淹溺后（短时间内）发生肺炎及肺水肿，以及由此引起的死亡。

三、病发机制

1. 干性淹溺

人入水后因强烈刺激（如惊慌、恐惧、骤然寒冷等）引起喉头发生反射性痉挛致声门关闭，呼吸道完全梗阻，造成窒息死亡。当喉头痉挛时，可引起心脏反射性地停搏，也可因窒息、心肌缺氧而致心脏停搏。在所有溺死者中 10％～40％可能为干性淹溺（尸检发现溺死者中仅约 10％吸入相当量的水）。通常干性淹溺以低氧血症及代谢性酸中毒为主，多不伴有严重的呼吸性酸中毒。

2. 湿性淹溺

人淹没于水中，本能地引起反应性屏气，避免水进入呼吸道。由于缺氧，不能坚持屏气而被迫深呼吸，从而使大量水进入呼吸道和肺泡，致通气/血流比例失调及肺内分流增加，引起全身缺氧和二氧化碳潴留；呼吸道内的水迅速经肺泡吸收到血液循环。

3. 浸渍综合征

低于5℃的冷水淹没后，迷走神经介入引起心动过缓和室颤，诱发心脏骤停，与干性淹溺的发生机制相同。但与中枢性低体温所致室颤不同，冷水浸渍后即刻导致心律失常致心脏骤停。

4. 淡水淹溺

淡水是低渗透压性液体，当大量淡水吸入呼吸道和肺后，很快进入血液循环，主要在静脉内，血液被稀释，使静脉压迅速升高，动脉压迅速降低，红细胞破裂溶血，出现低钠、低氯、低钙、低血红蛋白及高钾血症，导致心肌缺氧、心室纤颤。另外，血容量急剧增加又可导致心力衰竭、脑水肿及肺水肿的发生。同时游泳者跳水时头部撞击硬物可引起颅脑、颈椎损伤，或有腹腔内脏器破裂、肢体骨折等，应注意。

5. 海水淹溺

海水是高渗透压性液体，当海水吸入肺泡后，血液中的水分进入肺内，形成严重的肺水肿。可出现高钠、高氯、高钙等电解质紊乱。随着动脉血压的严重降低，心肌因缺氧出现心力衰竭，终至停搏。与淡水淹溺相似，人入水后因强烈刺激（如惊慌、恐惧、寒冷等）引起喉头、气管发生发射性痉挛，造成呼吸道完全阻塞，窒息死亡。

四、临床表现

淹溺的临床表现个体差异较大，取决于溺水的持续时间、溺水量的多少、缺氧持续时间的长短及器官损害范围。按各个系统划分，淹溺的临床表现如下：

（1）一般表现。皮肤皱缩，面部肿胀，指端、口唇青紫，有的表现为面色苍白，双眼充血，四肢冰冷、寒战，有些患者可发热。

（2）呼吸系统。症状表现为呼吸困难、表浅，有时呼吸不规则或出现双吸气，有的出现胸痛，可咳出泡沫状血痰。肺部可闻及湿啰音、捻发音或鼾音。肺功能减低，如肺活量减少、最大呼气流量降低、顺应性降低、通气血流比值减少等。可并发肺炎、肺脓肿、脓胸，严重的肺部感染可使病情迁延不愈。

（3）循环系统。症状为发绀、脉搏细数甚至不能触及、血压降低、室上性心动过速以及其他各种心律失常，严重者出现心室颤动甚至心搏骤停。有的凝血功能异常，甚至出现弥散性血管内凝血。

（4）神经系统。淹溺时间较短者，意识存在，但有头痛、狂躁或惊恐等。严重者因为缺氧、脑水肿而出现意识障碍，甚至昏迷，瞳孔散大及对光反射消失，肌张力增高、牙关紧闭、肌腱反射尤进，有时会出现病理反射。

（5）消化系统。患者因吞入大量的水和空气使胃扩张、腹部膨隆、膈肌上升，有明显的口渴感，淹溺严重者有呕吐症状。

（6）泌尿系统。症状表现为蛋白尿、血红蛋白尿、尿浑浊等，合并肾衰竭，可见少尿、水肿。

此外，淹溺者往往合并有撞伤、坠击伤、骨折、脑外伤、脊髓损伤和空气栓塞，从而出现相应的临床表现。

根据淹溺患者的情况及死亡率的不同，对淹溺程度进行如下分级：

（1）1级：仅有咳嗽症状，肺部听诊正常。

（2）2级：肺部听诊有局部湿啰音。

（3）3级：出现急性肺水肿但不伴低血压。

（4）4级：急性肺水肿伴低血压。

（5）5级：窒息但无心搏骤停。

（6）6级：心搏呼吸停止。

五、现场急救

1. 自救

不熟悉水性或误入水者，积极进行自救十分重要。首先，落水后不要心慌意乱，应保持头脑清醒。具体方法是，采取仰面位，头顶向后，口向上方，尽量使口鼻露出水面，以便能够进行呼吸。呼吸时，呼气宜浅，吸气宜深，则能使身体浮于水面，以待他人抢救。千万不可将手上举或拼命挣扎，因为举手反而容易使人下沉。会游泳者，若因小腿腓肠肌痉挛（抽筋）而致淹溺，应息心静气，及时呼救，求得救援。同时，自己应将身体抱成一团，浮上水面，深吸一口气，再把脸浸入水中，将痉挛（抽筋）下肢的踇趾用力向前上方抬，使踇趾跷起来，持续用力，直到剧痛消失痉挛停止。

2. 互救

救护者应保持镇静，尽可能脱去外衣裤，尤其要脱去鞋靴，观察其位置，从其后方靠近，迅速游到淹溺者附近。对于筋疲力尽的淹溺者，救护者可从头部接近；对神志清醒的淹溺者，救护者应从背后接近，用一只手从背后抱住淹溺者的头颈，另一只手抓住淹溺者的手臂游向岸边。救援时要注意，防止被淹溺者紧抱缠身而双双发生危险，如被抱住，应放手自沉，从而使淹溺者手松开，以便再进行救护。如救护者游泳技术不熟练，最好携带救生圈、木板、绳索或小船等自卫工具。如救护者不熟悉水性，则可投下绳索、竹竿、木板等，使溺水者握住再拖上岸或高声呼叫，等待救援。

头及脊柱损伤淹溺者的抢救措施如下：

（1）不要从水中移出受伤者。

（2）保持伤员脸朝上浮起。

（3）等待帮助。

（4）始终保持头颈的水平与背一致。

（5）在水中保持和支持气道通畅。

若在暖浅水中发现无意识的淹溺者，不要试图将他移出，因盲目移出反而会加重伤情。若其有呼吸，使其保持面部朝上的姿势，支持其背部而稳定头及颈部。若水太深、太冷或有潮流，或需进行 CPR，则将其从水中移出，以防止进一步损伤。在水中稳定伤员，并平稳仔细地移出伤员很重要。若无背板或无其他硬支撑物可用作夹板时，不要轻易将伤员从水中移出。很多淹溺者被发现时脸朝下浮起，必须翻转背部。

3. 水中急救

水中生命支持应由受过专业训练的救援者实施，其主要措施及基本步骤如下：

（1）尽快使淹溺者的头面部露出水面，争分夺秒地向淹溺者供氧是抢救其生命的关键步骤，这是由于导致淹溺死亡的最常见的原因就是缺氧，而淹溺者的头面部无法露出水面是导致缺氧的直接根源。救援者如果携带了供氧设施，应在淹溺者头面部露出水面后，立即将供氧面罩置于其面部并打开阀门供氧。本法适用于所有淹溺者，无论其意识是否清醒。

（2）水中清理呼吸道，解决上呼吸道阻塞可能是扭转缺氧连锁反应最重要的一步。如果淹溺者已经丧失意识，应尽快开放呼吸道。救援者使淹溺者呈仰卧位，像怀抱婴儿那样，一只手从淹溺者身下伸到其对侧腋下将其托起，将另一只手的手指伸到淹溺者口中将堵塞物勾出。Heimlich 腹部冲击法是排出呼吸道堵塞物的传统方法，每次腹部冲击可提供 450mL 气体，而将堵塞物冲出。对于仅有呼吸道堵塞而无心搏停止的淹溺者，特别是对海水淹溺者，该法可试用。

（3）水中呼吸支持。水中呼吸支持适用于专业急救人员抢救无呼吸的淹溺者。若施救者为非专业救援者，则不建议使用该法，勉强实施水中呼吸支持不仅不能确保质量，而且会浪费时间。水中呼吸支持的方法为：口对鼻吹气法适用于淡水淹溺者，抢救者位于淹溺者身侧，一边踩水一边用一只手托住其枕部，另一只手捂住其口使其密闭，同时用自己的嘴含住其鼻子，然后向其鼻腔内吹气。挤压胸背法适用于所有种类的淹溺，只要淹溺者发生意识丧失，在水中抢救时都可以使用该法。救援者位于淹溺者身侧，在踩水的同时一只手的手心置于淹溺者胸骨中下段，另一只手置于淹溺者背部正中，其位置与胸部的手持平即可，然后边踩水，边收拢双臂。

（4）心搏骤停发生后，心肺复苏成功的决定性因素之一就是尽快展开心脏按压。由于淹溺者在水中缺乏阻力，无法实施常规手法心脏按压，故可以采用胸部冲击法。该法姿势类似于 Heimlich 腹部冲击法，只不过双臂放在淹溺者胸部，按压部位仍然是胸骨下段，对可疑脊柱损伤的淹溺者不应实施水中心脏按压，同时在水中转移淹溺者时要采取保护脊柱以及限制脊柱活动的措施。

4. 岸上急救

在将溺水者脱离水面后，立即实施医疗急救。急救要领：一边拨打 120，一边实施现场急救，要点为立即清除呼吸道水与污泥杂草，恢复呼吸与心跳。

（1）保持气道通畅。清除口鼻淤泥、杂草、呕吐物等，打开气道，如有活动义齿也应取出，以免坠入气管；有紧裹的内衣、乳罩、腰带等应解除。随后将淹溺者腹部置于抢救者屈膝的大腿上，头部向下，按压背部迫使其呼吸道和胃内的水倒出，但不可因倒水时间过长而延误复苏。

（2）控水处理。这是指用头低脚高的体位将肺内及胃内积水排出。最常用的简单方法是：迅速抱起患者的腰部，使其背向上、头下垂，尽快倒出肺、气管和胃内积水；也可将其腹部置于抢救者屈膝的大腿上，使头部下垂，然后用手平压其背部，使气管内及口咽的积水倒出也可利用小木凳、大石头、倒置的铁锅等物做垫高物。在此期间抢救动作一定要敏捷，切勿因控水过久而影响其他抢救措施。以能倒出口、咽及气管内的积水为度，如排出的水不多，应立即采取人工呼吸、胸外心脏按压等急救措施。

（3）人工呼吸、胸外心脏按压。对呼吸、心搏停止者应迅速进行心肺复苏，尽快行口对口呼吸及胸外心脏按压，口对口呼吸时吹气量要大。首先要判断有无呼吸和心跳，应以你的侧面对着患者的口鼻，仔细倾听，并观察其胸部的活动，判断有无搏动。若呼吸已停，应立即进行持续人工呼吸，方法以俯卧压背法较适宜，有利于肺内积水排出，但口对口或口对鼻正压吹气法最为有效。若救护者能在托出溺水者头部出水时，在水中即行口对口人工呼吸，对患者心、脑、肺复苏均有重要意义。如溺水者尚有心跳，且较有节律，也可单纯做人工呼吸。如心跳也停止，应在人工呼吸的同时做胸外心脏按压，并尽早电除颤。人工呼吸吹气时气量要大，足以克服肺内阻力才有效。经短期抢救心跳、呼吸不恢复者，不可轻易放弃。人工呼吸必须直至自然呼吸完全恢复后才可停止。

（4）复温处理。复温对纠正体温过低造成的严重影响是急需的，使患者体温恢复到30～32℃，但复温速度不能过快，复温方法见"全身性冷损伤"有关内容。

第六节　高温中暑急救

一、概述

中暑是指在高温和热辐射的长时间作用下，机体体温调节障碍，水、电解质代谢紊乱及神经系统功能损害的症状的总称。在同样的气温下，湿热环境比干热环境更容易引发中暑。中暑是急症，尤其是重症中暑，如若处理不及时可危及生命。重症中暑是指由于在高热环境暴露或者在强体力劳动的条件下，机体中心体温出现升高（不小于40℃），中枢神经的系统功能出现障碍导致惊厥、昏迷等一系列症状发生的严重疾病，具体症状表现为意识不清、谵妄、惊厥等。重症中暑可分三种：热射病、热痉挛、热衰竭，具有起病急、病情重、病死率高等特点，其中热射病情况最为严重。

电力工作人员进入现场时需要正确佩戴安全帽，现场作业人员应穿全棉长袖工作服、绝缘鞋，炎热的夏天在太阳直射环境、闷热天气以及通风不良的密闭环境（如电缆沟道、电缆井等）下长时间重体力工作，极易发生中暑现场。中暑现象是急症，一旦发生病情发展迅速，且由于电力工作现场的特殊环境，常常会造成高处坠落、触电等二次危害，危及人员生命安全以及电网、设备安全。电力人员必须掌握中暑现象的机理、症状以及处理措施，避免事故发生。

二、中暑机理及引发中暑因素

1. 中暑的机理

正常人体的热平衡是体温调节中枢控制机体产热和向外散热保持相对平衡的结果。产热是机体内部各种生物化学反应造成的结果，骨骼肌和肝脏是产热最多的器官。人体散热有四种方式：一是通过辐射散热（以发射红外线方式，占散热总量的40%），主要与周围物体的温度有关，当物体温度低于人体温度时，人体可通过辐射散热，反之则通过辐射对人体加热；二是通过传导散热，传导是指体热由体表直接传导给与体表相接触的物体，如衣服、床、椅子等（这些物体是热的不良导体），此种散热方式占散热总量的小部分；三是对流散热，如通过空气的流动把体热带走；四是通过汗液蒸发散热。

人体从事体力劳动时，代谢产生的热量增加，要求能更多地散热以保持热平衡。在干热型环境下，辐射散热及对流散热困难，只能通过出汗蒸发来散热。在湿热环境下，出汗蒸发散热也困难，故潮湿环境比干热环境更容易引发中暑。当高温环境达到一定程度时，身体通过一系列调节不能维持体内的热平衡而大量蓄积热时，就会发生中暑。

2. 引发中暑的因素

首先，高温气候是引起中暑的主要原因，有资料表明，连续 3 天平均气温超过 30℃ 和相对湿度超过 73％ 时最易引发中暑；其次，高温辐射作业环境（干热环境）和高温、高湿作业环境（湿热环境）也易引起中暑。在同样的气象条件下，也不是每个人都会发生中暑，而是与个体因素有很大关系，如年老体弱、带病工作、病后未恢复即参加高温工作、持续高温工作而未休息、睡眠不足、过度疲劳等情况易引发中暑。

三、中暑的临床表现

1. 先兆中暑

人们在高温环境中劳动一定时间后，出现头昏、头痛、口渴、多汗、全身疲乏、心悸、注意力不集中、动作不协调等症状，体温正常或略有升高，一般不超过 37.5℃。有时虽已回到凉快的环境，仍然感觉头昏、恶心、胸闷、出汗、乏力、皮肤灼热发红。继续在热环境下停留，中暑表现逐渐加重。

2. 轻症中暑

除有先兆中暑的症状外，出现面色潮红、大量出汗、胸闷、皮肤灼热等现象，体温升高至 38.5℃ 以上；或者伴随呼吸及循环衰竭的早期症状，如皮肤湿冷、呕吐、血压下降、脉搏细而快等。

3. 重症中暑

除以上症状外，发生昏厥、痉挛或不出汗且体温在 40℃ 以上者，可判断为重症中暑。根据病发机制和临床表现的不同，重症中暑可分为热痉挛、热衰竭和热射病三种。

（1）热痉挛（Heat Cramp）。出汗后水和盐分大量丢失，仅补充水或低张液而补盐不足，造成低钠、低氯血症，临床表现为四肢肌肉、腹部背部肌肉的肌痉挛和收缩疼痛，尤以腓肠肌为特征，常呈对称性和阵发性，也可出现肠痉挛性剧痛。意识清楚，体温一般正常。热痉挛可以是热射病的早期表现，常发生于高温环境下强体力作业或运动时。

（2）热衰竭（Heat Exhaustion）。在热应激情况时因机体对热环境不适应引起脱水、电解质紊乱、外周血管扩张、周围循环容量不足而发生虚脱，表现为头晕眩晕、头痛，恶心、呕吐、脸色苍白、皮肤湿冷、大汗淋漓、呼吸增快、脉搏细数、心律失常、晕厥、肌痉挛、血压下降，甚至休克，中枢神经系统损害不明显。病情轻而短暂者也称为热晕厥（Heat Syncope），可发展为热射病，常发生于老年人、儿童和慢性疾病患者。

（3）热射病（Heat Stroke）。热射病又称中暑高热，属于高温综合征（Hyperthermia

Syndromes），是中暑最严重的类型，在高温高湿或强烈的太阳照射环境中作业或运动数小时（劳力性），或老年、体弱、有慢性疾病患者在高温和通风不良环境中维持数日（非劳力性），热应激机制失代偿，使中心体温骤升，导致中枢神经系统和循环功能障碍。

病情初起，可通过下丘脑体温调节中枢来加快心血排出量和呼吸频率、皮肤血管扩张、出汗等提高散热效应；而后体内热进一步蓄积，体温调节中枢失控，心功能减退，心排出量减少，中心静脉压升高，汗腺功能衰竭，使体内热进一步蓄积，体温骤增。体温达42℃以上可使蛋白质变性，超过50℃数分钟细胞即可死亡。此类中暑主要表现为体温过高、皮肤无汗和意识障碍。前期症状有全身软弱、乏力、头晕、头痛、恶心、出汗减少。继而体温迅速增高至41℃以上，出现嗜睡、淡忘和昏迷；皮肤干热、无汗，呈现潮红或苍白，周围循环衰竭时出现发绀；脉搏加快，脉压增宽，休克时血压下降，可有心律失常；呼吸快而浅，后期呈潮式呼吸，四肢和全身肌肉可有抽搐；瞳孔缩小，后期散大，对光反应迟钝或消失。严重者出现休克、心力衰竭、心律失常、肺水肿、脑水肿、肝肾衰竭、消化道出血等症状。

日射病是热射病的特殊类型，它主要是在烈日下受波长 600～1000nm 的红外线穿透颅骨引起脑组织损伤所致，颅内温度可达 40～42℃，但体温并不升高。头部未戴帽或无遮阳的情况下，头部直接受太阳辐射或强烈热辐射，伤员初感头痛、头晕、视物模糊、耳鸣、恶心，继而头痛剧烈、呕吐、淡忘、昏迷。

四、中暑现场急救措施

1. 预防为主

中暑应以预防为主，一旦发现中暑先兆或中暑表现，应立即将病人移到通风、阴凉、干爽的地方，如走廊、树荫下、带空调的房间等。将病人半卧位，解开衣扣，脱去或松开衣服。如衣服被汗水湿透，应更换干衣服，同时用电扇或扇子扇风，以帮助散热。有条件时，可在空调房间内降温。

2. 物理降温

对于中暑患者，现场降温是首要原则。降温方法应采取物理降温，其具体方法如下：

（1）头部置冰帽，沿大血管走行处，如两侧颈部、腋窝、腹股沟、腘窝放置冰袋，局部冷敷，冰袋用小中单包裹，每半小时移动一次，防止冻伤。

（2）冷水或酒精擦浴。使用 4～10℃冷水或 25％～30％ 酒精全身擦浴，但禁忌擦拭后颈部、心前区、腹部、阴囊、足心等部位的皮肤。降温过程中，必须用力按摩患者四肢及躯干，以防止周围血管收缩及血液淤滞，并可促进血液循环，加速散热。

3. 药物降温

可给病人服用仁丹、藿香正气水等药物治疗。仁丹适合在太阳下暴晒时间过长导致身体水分流失而产生中暑的患者。需要注意的是，服用仁丹期间，不宜服用滋补性中药。藿香正气水（丸）主要是除湿治疗，不适宜因为暴晒导致失水过多的中暑患者服用。儿童、孕妇、年老体虚以及冠心病、糖尿病等慢性病患者应在医生指导下用药。

4. 补充体液

意识清醒的病人或经过降温醒过来的病人，可饮服绿豆汤、淡凉盐水、或其他含盐清凉饮料等。有循环衰竭者，需静脉补给生理盐水并加葡萄糖溶液或氯化钾液。除了尽快补充钠、氯离子的缺失外，尚需注意适当补充其他电解质，如钙、镁等。

5. 注意事项

（1）肌肉的痛性痉挛不需按摩，否则会疼痛加剧。

（2）在降温过程中密切关注病人表现及体温，一旦病人出现打颤或体温降至38℃左右时，立即停止降温，以免发生低体温虚脱。

（3）对于日射病伤员，现场救护时主要以头部降温为重点。将伤员移到阴凉处，头部用冰袋或冷水浸湿毛巾敷盖，可指压人中穴。

第七节 有毒有害气体毒害抢救

一、常见有毒有害气体

有毒有害气体包括急性中毒气体和急性窒息气体。有毒有害气体中毒或窒息事件在生活和事故灾难中较为常见，在电力作业过程中也时有发生。电力作业有毒有害气体中毒或窒息事件主要发生在电缆沟道等通风不良的狭小空间内。急性中毒或窒息事件发生突然、病变骤急，若不能及时救助会对伤员造成严重危害，短时间可能造成人员死亡。生活以及电力作业过程中常见的有毒有害气体有甲烷、二氧化碳、一氧化碳、氯气和硫化氢等，主要存在于通风不良的狭小空间，如下水道、电缆沟、电缆井等场所。这几种毒性气体单独作用于人体，均可造成致命性损伤。作为混合气体，被吸入后，通过交互作用和累加作用，往往使中毒症状加重，临床表现错综复杂，常引起多发脏器损伤甚至死亡。

电力作业过程中，由于个人或作业班组防护意识不强，会出现作业人员进入电缆沟、井后，吸入残留于其中的混合性气体而中毒。轻者表现为头晕头痛，中度中毒者面部潮红、心跳加快、出汗较多，重度中毒者会出现深度昏迷、体温升高、脉搏加快、呼吸急促、呼吸衰竭、大小便失禁等，如抢救不及时，可在短时间内造成心脏骤停。

二、一氧化碳中毒

（一）一氧化碳理化性质

一氧化碳俗称煤气，分子式为 CO，是一种无色无味气体，相对分子质量 28.01，密度 $0.967g/L$，冰点 $-207℃$，沸点 $-190℃$。一氧化碳在水中的溶解度甚低，但易溶于氨水。与空气混合爆炸极限为 $12.5\% \sim 74\%$。它是含碳燃料燃烧过程中生成的一种中间产物，凡含碳的物质不完全燃烧时均会产生 CO 气体，是大气中分布最广和数量最多的污染物，也是燃烧过程中产生的重要污染物之一。

（二）一氧化碳毒性

急性 CO 中毒的发生与接触 CO 的浓度及时间有关。无论何种煤气都含有一定浓度的一氧化碳，只不过所占的体积百分比不同而已，一氧化碳的检测单位是 ppm，1ppm 等于百万分之一的体积比。例如，焦炉煤气中的一氧化碳体积百分比为 8.6%，对等为86000ppm，浓度之高可见一斑。目前国内也有一些部门一氧化碳检测以 $1mg/m^3$ 为单位，

$1mg/m^3 = 0.8ppm$。国家规定一氧化碳的报警浓度为低报 50ppm、高报 30ppm。

人体内正常水平的碳氧血红蛋白（COHb）含量为 0.5% 左右，安全阈值约为 10%。如果空气中的一氧化碳浓度达到 10ppm，10min 过后，人体血液内的碳氧血红蛋白（COHb）可达到 2% 以上，如果一氧化碳浓度达到 30ppm，人体血液内的碳氧血红蛋白（COHb）可达到 5% 左右，吸入空气中 CO 浓度为 240mg/m³ 共 3h，Hb 中 COHb 可超过 10%。CO 浓度达 292.5mg/m³ 时，COHb 可增高至 25%；CO 浓度达到 1170mg/m³ 时，吸入超过 60min，COHb 约高至 60%。CO 浓度达到 11700mg/m³ 时 COHb 可增高至 90%。当血液中的碳氧血红蛋白（COHb）的浓度达到 10% 以上时，机体将出现中毒症状，例如头痛、眩晕。当 COHb 含量达到 25%～30% 时，就会出现严重的头痛、眩晕、恶心、胸闷、乏力、意识模糊等症状，几小时后陷入昏迷。血液中的 COHb 含量达到 35%～40% 时，血液呈现樱桃红色，皮肤、指甲、黏膜及口唇部均有显示，同时还出现头痛、恶心、呕吐、心悸等症状，甚至突然昏倒。COHb 含量达到 60% 时，可使人立刻发生昏迷。当 COHb 含量达到 70% 时，人会即刻死亡，又称"闪电式"死亡。

（三）一氧化碳中毒机理

吸入过量的一氧化碳（CO）引起的中毒称为急性一氧化碳中毒（ACOP）。CO 被吸入后，通过肺泡弥散入血液中，迅速与血红蛋白（Hb）结合，形成稳定的碳氧血红蛋白（COHb），因为 CO 与 Hb 的亲和力是 O 与 Hb 亲和力的 300 多倍，只要吸入少量的 CO 即可使氧合血红蛋白（HbO₂）生成和解离均减少，形成血液性缺氧，使机体内环境处于缺氧状态。同时 ACOP 还可以干扰细胞能量代谢，从而引发细胞功能障碍及病理性损伤。另外脑组织代谢对于缺氧较为敏感，缺氧可引发脑组织细胞一系列的损伤，造成应激、坏死和细胞凋亡。还有研究表明 CO 通过与细胞色素氧化酶等结合，阻碍呼吸链中电子传递，从而引起一系列功能障碍，导致相应病理损伤。CO 可以与血小板血红素蛋白结合，激发"一氧化氮（NO）释放—产生过氧硝酸盐—线粒体功能损伤"机制，导致组织性缺氧。大量 CO 与肌红蛋白结合形成碳氧肌红蛋白，引起心肌细胞缺血性损伤，甚至导致心脏骤停。

（四）一氧化碳中毒表现

1. 接触反应

出现头痛、头昏、心悸、恶心等症状，吸入新鲜空气后症状可消失。

2. 轻度中毒

中毒时间短，血液中碳氧血红蛋白为 10%～20%。表现为中毒的早期症状，头痛眩晕、心悸、恶心、呕吐、四肢无力，甚至出现短暂的昏厥。

3. 中度中毒

中毒时间稍长，血液中碳氧血红蛋白占 30%～40%，在轻型症状的基础上，可出现虚脱或昏迷，皮肤和黏膜呈现煤气中毒特有的樱桃红色，经抢救后恢复且无明显并发症。

4. 重度中毒

发现时间过晚，吸入一氧化碳过多，或在短时间内吸入高浓度的一氧化碳，血液碳氧血红蛋白浓度常在 50% 以上。伤员意识障碍严重，呈深度昏迷或植物状态。主要表现有各种反射明显减弱或消失，大小便失禁，四肢厥冷，口唇苍白或发绀，大汗，体温升高，瞳孔缩小、不等大或扩大。对光反射正常或迟钝，四肢肌张力增高，牙关紧闭，或有阵发性去大脑强直，腹壁反射及提睾反射一般消失。腱反射存在或迟钝，并可出现大小便失禁。脑水肿继续加重时，表现持续深度昏迷，连续去大脑强直发作，瞳孔对光反应及角膜反射迟钝，体温升高达 39～40℃，脉快而弱，血压下降，面色苍白或发绀，四肢发凉，出现潮式呼吸。有的患者眼底检查见视网膜动脉不规则痉挛，静脉充盈，或见视神经乳头水肿，提示颅内压增高并有脑疝形成的可能。后期可发生严重并发症，如脑水肿、休克、心肌损害、肺水肿、呼吸衰竭、上消化道出血、脑局灶损害等。

昏迷时间的长短，常表示缺氧的严重程度，也决定预后及后遗症的严重程度。

重度中毒患者经过救治从昏迷苏醒的过程中，常出现躁动、意识模糊、定向力丧失，或失去远、近记忆力。部分患者神志恢复后，可发现皮层功能障碍，如失用（Apraxia）、失认（Agnosia）、失写（Agraphia）、失语（Aphasia）、皮层性失明或一过性失聪等异常，还可出现以智能障碍为主的精神症状。此外，可有短暂的轻度偏瘫、帕金森综合征、舞蹈症、手足徐动症或癫痫大发作等。经过积极抢救治疗，多数重度中毒患者仍可完全恢复。少数出现植物状态的患者，表现为意识丧失、睁眼不语、去脑强直，预后不良。

除上述脑缺氧的表现外，重度中毒者中还可出现其他脏器的缺氧性改变。部分患者心律不齐，出现严重的心肌损害或休克，并发肺水肿者肺中出现湿啰音，呼吸困难。约 1/5 的患者发现肝大，2 周后常可缩小。因应激性胃溃疡可出现上消化道出血。偶有并发横纹肌溶解及筋膜间隙综合征者，因出现肌红蛋白尿可继发急性肾功能衰竭。有的患者出现皮肤自主神经营养障碍，表现为四肢或躯干部皮肤出现大、小水疱或类似烫伤的皮肤病变，或皮肤成片红肿，类似丹毒样改变，经对症处理不难痊愈。听觉前庭损害可表现为耳聋、耳鸣和眼球震荡。尚有 2%～3% 的患者出现神经损害，最常受累的是股外侧皮神经、尺神经、正中神经、胫神经、腓神经等，可能与昏迷后局部受压有关。

部分急性一氧化碳中毒患者于昏迷苏醒后，意识恢复正常，但经 2～30 天的假愈期后，又出现脑病的神经精神症状，称为急性一氧化碳中毒迟发脑病。也有人称之为急性一氧化碳中毒神经系统后发症。

（五）现场急救

1. 强制通风

一氧化碳中毒现场急救的首要原则是强制通风，利用一切通风设施排除有害气体，检测救援环境有毒有害气体（一氧化碳）浓度达标再实施救援。强制通风一方面能有保证救援人员的安全；另一方面也能够为伤员提供新乡空气，使其脱离危险环境。

2. 迅速转移

若现场无强制通风条件，救援人员应做好防护措施后进行救援。在进入高浓度一氧化碳环境，尤其是有限空间内时，必须穿戴正压式空气呼吸器等呼吸设备，并严禁携带明火。进入救援现场检查伤员伤情，有条件的可给伤员带上便携式空气呼吸器。选取适当的搬运方法迅速将伤员转移至通风良好的安全地带平卧，解开衣领及腰带以利其呼吸通畅。救援人员进行救援前要拴挂安全绳，以防意外发生。

3. 心肺复苏

无呼吸则需立即开始口对口人工呼吸，若伤员心跳呼吸均已停止，要立即进行心肺复苏。必须注意的是，对一氧化碳中毒的伤员进行心肺复苏的抢救效果远不如医院高压氧舱的治疗，因此对于心脏骤停和重度昏迷伤员应尽快送往医院，但在送往医院的途中心肺复苏绝不可停止，以保证大脑的供氧，防止因缺氧造成的脑神经不可逆性坏死。

4. 医院转送

发现一氧化碳中毒事件要立即拨打120，说明现场情况。救护车上应配备呼吸机、除颤仪、心电监护仪等设备，持续为伤员提供生命支持。后送医院尽量有针对性地选择具有高压氧舱的医院，以提高救治效果。在等待和运送的过程中，对于昏迷不醒的伤员可将其头部偏向一侧，以防呕吐物误吸入肺内导致窒息。对于心脏骤停的伤员，要持续心肺复苏。

三、硫化氢中毒

（一）硫化氢理化性质

硫化氢，别名氢硫酸，相对分子质量34.08，相对密度（空气为1）1.19，熔点−82.9℃。沸点−61.8℃，燃点−292℃，闪点小于−50℃。

硫化氢为无色气体，具有强烈的臭蛋气味。易溶于水，溶于醇类、石油溶剂和原油中。在空气中爆炸上限为44.0%，爆炸下限为4.0%。硫化氢为有毒、窒息性和刺激性气体，化粪池、污水沟、隧道、垃圾池中以及沟渠、水井、下水道等均有可能聚集大量硫化氢气体。

由于硫化氢气体可溶于水及油中，故可随水或油流至远离发生源处，引起源外中毒事故。

（二）硫化氢毒性

硫化氢属剧毒类，是一种神经毒剂，人对硫化氢的嗅觉阈为 $0.012\sim0.03mg/m^3$。起初臭味的增强与浓度的升高成正比，当浓度大于 $1000mg/m^3$ 后，反而随着浓度的升高而减弱。其毒性作用的主要靶器官是中枢神经系统和呼吸系统，也可伴有心脏等多器官损害，硫化氢浓度越高则中枢神经作用越明显，甚至发生"闪电式"死亡。浓度相对较低时，对黏膜刺激作用明显。

硫化氢的半数致死浓度为 $619mg/m^3$（大鼠吸入）、$884mg/m^3$（小鼠吸入1h）。人吸入最小致死浓度为 $836mg/m^3$（30min）、$1151mg/m^3$（5min）。浓度为 $70\sim150mg/m^3$ 时，人吸入 $2\sim5min$ 后，嗅觉疲劳，不再闻到臭气；吸入 $1\sim2h$ 后，出现呼吸道及眼刺激症状。浓度为 $300mg/m^3$ 时，人吸入 $6\sim8min$ 后出现眼急性刺激症状，稍长时间接触引起肺水肿。浓度为 $760mg/m^3$ 时，人吸入 $15\sim60min$ 后，发生肺水肿、支气管炎及肺炎，头痛、头昏、步态不稳、恶心、呕吐。人吸入 $1000mg/m^3$ 数秒钟，便会出现急性中毒现象，呼吸加快后呼吸麻痹，出现"闪电式"死亡。严重中毒可留有神经、精神后遗症。硫化氢最高容许浓度（中国MAC）为 $10mg/m^3$。

（三）硫化氢中毒机理

硫化氢是窒息性气体，吸入的硫化氢进入血液分布至全身，与细胞内线粒体中的细胞色素氧化酶结合，使其失去传递电子的能力，造成细胞缺氧，这与氰化物中毒有相似之处。硫化氢还可能与体内谷胱甘肽中的巯基结合，使谷胱甘肽失活，影响生物氧化过程，加重了组织缺氧。高浓度（$1000mg/m^3$ 以上）硫化氢，主要通过对嗅神经、呼吸道及颈动脉窦和主动脉体的化学感受器的直接刺激，传入中枢神经系统，先是兴奋，迅即转入超限抑制，发生呼吸麻痹，以至于出现"电击样"中毒或猝死。硫化氢接触湿润黏膜，与液体中的钠离子反应生成硫化钠，对眼和呼吸道产生刺激和腐蚀，可致结膜炎、角膜炎、呼吸道炎症，甚至肺水肿。由于阻断细胞氧化过程，心肌缺氧，可发生弥漫性中毒性心肌病。

硫化氢也可直接作用于脑，低浓度起兴奋作用；高浓度起抑制作用，引起昏迷、呼吸中枢和血管运动中枢麻痹，而抑制氧的利用，引起细胞内缺氧，造成细胞内窒息。因脑组织对缺氧最敏感，故最易受损，也可造成伤员"闪电式"死亡。

（四）硫化氢中毒表现

1. 轻度中毒

轻度中毒表现为明显的眼及上呼吸道刺激症状，有流涕、咽喉部干燥、声音嘶哑、烧灼感等症状，眼刺痛、畏光、流泪、眼睑水肿、眼结膜充血、眼睑痉挛，角膜上皮浑浊，浅表糜烂或角膜点状上皮脱落及浑浊，国外称为毒气眼病。一般在接触较低浓度的硫化氢情况下发生，经治疗可以痊愈。还有急性角膜结膜炎表现，视力模糊或有彩环出现。流涕、咳嗽、胸闷，肺部可闻及干湿性啰音，可伴有头痛、头晕、恶心、呕吐等症状，并有逐渐加重的全身症状，如头晕、头痛、乏力、心悸、呼吸困难、冷汗淋漓，甚至发生晕厥。脱离接触后短期内可恢复。

2. 中度中毒

接触高浓度硫化氢后以脑病表现较为显著，有明显的头痛、头晕、易激动、步态蹒跚、烦躁、意识模糊、谵妄、癫痫样抽搐，可呈全身性强直一阵痉挛发作等，可突然发生昏迷，脑病症状常较呼吸道症状出现的早。可出现化学性肺炎和化学性肺水肿，呼吸道症状有咳嗽、胸闷、肺部闻及干湿性啰音，进而呼吸困难、胸闷、气短、心悸、头痛、头晕、恶心等明显加重，并很快由意识模糊陷入昏迷。患者面色灰白或发绀，皮肤湿冷，意识丧失，呼吸浅快，脉搏频弱，心音低钝。血压初可正常或偏高，继则下降。瞳孔常散大，各种生理反射减弱或消失，体温升高。

3. 重度中毒

吸入浓度较高时，嗅神经末梢麻痹，可使硫化氢臭味"消失"，可发生电击样死亡，即在接触后数秒或数分钟内昏迷倒地，呼吸骤停，数分钟后可发生心搏停止。也可立即或数分钟内如同触电样，并呼吸骤停而死亡。死亡可在无警觉的情况下发生，少数病例在昏迷前瞬间可嗅到令人作呕的甜味。死亡前一般无先兆症状，可先出现呼吸深而快，随之呼吸骤停。

（五）现场急救

1. 做好个体防护

现场急救极为重要，现场救援人员应有自救、互救知识，做好自身的防护，以免进入现场后自身中毒。进入硫化氢浓度较高的环境内（例如出现昏迷、死亡病例或死亡动物的环境，或者现场快速检测硫化氢浓度高于 430mg/m^3 的环境），必须使用自给式空气呼吸器（SCBA），并佩戴硫化氢气体报警器，皮肤防护无特殊要求。

2. 迅速检伤分类

现场急救首先应采取的措施是迅速将中毒病人从中毒现场转移至空气新鲜处，在发病初期如能及时脱离现场，因硫化氢在体内很快氧化失活而使许多病例可迅速和完全恢复。

出现大批中毒病人时，应首先进行现场检伤分类，优先处理红标病人。

红标指具有下列症状之一者：昏迷、咳大量泡沫样痰、窒息、持续抽搐。

黄标指具有下列症状之一者：意识模糊、抽搐、呼吸困难。

绿标指同时其有下列症状者：出现头痛、头晕、乏力、流泪、畏光、眼刺痛、流涕、咳嗽、胸闷等表现。

黑标指同时具有下列症状者：意识丧失，无自主呼吸，大动脉搏动消失，瞳孔散大。

3. 现场急救措施

因空气中含极高浓度硫化氢时，常在现场引起多人电击样死亡，如能及时抢救，可降低死亡率，减轻病情。现场急救方法如下：

（1）立即转移伤员脱离现场至空气新鲜处，脱去污染衣物，向上风向或侧上风向疏散，不要把伤员安置在低洼处施救。疏散范围和距离依据有害气体测定结果，并考虑气体扩散趋势确定。

（2）解开伤员衣襟，松开腰带，开放气道，保持呼吸道通畅。

（3）有条件时立即给予吸氧。

（4）呼吸、心跳停止者立即进行胸外心脏按压及人工呼吸（忌用口对口人工呼吸，万不得已时与病人间隔以数层水湿的纱布）。

4. 及时转送医院

尽快高压氧治疗，高压氧治疗对加速昏迷的复苏和防治脑水肿有重要作用，迅速转院治疗对提高伤员生存率具有极大意义。对于心脏骤停者，在转院途中也需要进行积极的心肺复苏。

凡昏迷伤员，不论是否已复苏，均应尽快给予高压氧治疗。高压氧压力为 2～2.5 大气压；间断吸氧 2～3 次，每次吸氧 30～40min，两次吸氧中间休息 10min；每日 1～2 次，10～20 次为 1 个疗程。一般用 1～2 个疗程，但需配合综合治疗。对中毒症状明显者，需早期、足量、短程给予糖皮质激素，有利于防治脑水肿、肺水肿和心肌损害。较重伤员需进行心电监护及心肌酶谱测定，以便及时发现病情变化，及时处理。对有眼刺激症状者，立即用清水冲洗，对症处理。

5. 眼部对症治疗

应立即用温水或 2％小苏打水洗眼，再用 4％硼酸水洗眼，然后滴入无菌橄榄油。应用抗生素眼药水、醋酸可的松眼液滴眼，二者同时使用，每日滴 4 次以上，可起到良好的效果。

四、氯气中毒

（一）氯气理化性质

氯气，分子式 Cl_2，相对分子质量 70.9。液氯相对密度（水为 1）1.47，相对蒸气密度（空气为 1）2.49，熔点－101℃，沸点－34.5℃，蒸气压 506.62kPa（10.39℃）。

氯气是黄绿色强烈刺激性气体，有窒息性臭味。其液相变为气相体积扩大约 400 倍，可溶于水和碱溶液，易溶于二硫化碳和四氯化碳等有机溶剂。氯气遇水后生成次氯酸和盐酸，次氯酸能分解成氯化氢和氧气。在高压下，氯气液化成液氯。氯气有强烈腐蚀性，设备及容器极易被腐蚀而泄漏。氯与一氧化碳在高热条件下，可生成光气。氯气不燃烧，但氯气属助燃物，能与大多数有机物发生激烈反应，如在装液氯的容器中混入有机化合物会引起激烈反应而导致爆炸，在日光下与易燃气体混合时会发生燃烧爆炸。

氯气为剧毒性危险化学品，一旦泄漏，对人的生命安全和周围环境影响巨大，最高容许浓度（中国 MAC）为 $1mg/m^3$。

（二）氯气毒性

氯气中毒发病剧烈而迅速，由呼吸道吸入后，可与水反应产生次氯酸和盐酸，主要损伤呼吸道，引起中毒性肺水肿；吸入极高浓度氯气时可因喉痉挛及迷走神经反射性的呼吸停止或心脏停搏，导致闪电式猝死。

空气中最多可允许含氯气 $0.001mg/m^3$，超过这个量就会引起人体中毒。人体对氯的嗅阈为 $0.06\sim90mg/m^3$，可致剧咳；浓度为 $120\sim180mg/m^3$ 时，可引起中毒性肺炎和肺水肿；浓度为 $300mg/m^3$ 时，可造成致命损害；浓度为 $3000mg/m^3$ 时，危及生命；浓度为高达 $30000mg/m^3$ 时，一般滤过性防毒面具也无保护作用，即刻出现严重症状：呼吸困难、发绀、心力衰竭，病人很快因呼吸中枢麻痹而致死，往往仅数分钟至 1h，称为"闪电式"死亡。

（三）氯气中毒机理

氯气吸入后，主要作用于气管、支气管、细支气管和肺泡，导致相应的病变，部分氯气又可由呼吸道呼出。氯气吸入后与黏膜和呼吸道的水作用形成氯化氢和新生态氧。氯化氢可使上呼吸道黏膜炎性水肿、充血和坏死；新生态氧对组织具有强烈的氧化作用，并可形成具有细胞原浆毒作用的臭氧。氯浓度过高或接触时间较久，常可致深部呼吸道病变，使细支气管及肺泡受损，发生细支气管炎、肺炎及中毒性肺水肿。由于刺激作用使局部平滑肌痉挛而加剧通气障碍，加重缺氧状态；高浓度氯吸入后，还可刺激迷走神经引起反射性的心跳停止。

（四）氯气中毒表现

急性氯气中毒起病及病情发展迅速，主要伤及呼吸系统，按照严重程度可分为四个等级。

1. 刺激反应

出现一过性的眼及上呼吸道黏膜刺激症状，眼结膜、鼻黏膜和咽部充血，肺部无阳性体征或偶有散在干性啰音，一般在 24h 内消退。

2. 轻度中毒

表现为支气管炎或支气管周围炎，呛咳有少量痰，胸闷，两肺有散在干性啰音或哮鸣音，X 线表现可正常，或出现下肺野肺纹理增多、增粗、延伸、边缘模糊。经休息和治疗，症状可于 1～2 天内消失。

3. 中度中毒

表现为支气管肺炎、间质性肺水肿或局限性肺泡性水肿或哮喘样发作；眼及上呼吸道刺激症状加重，胸闷、呼吸困难、阵发性呛咳、咳痰、气急、胸闷明显；轻度发绀，有时咳粉红色泡沫痰或痰中带血，两肺可有干、湿性啰音或弥漫性哮鸣音；伴有头痛、乏力及恶心、食欲缺乏、腹痛、腹胀等胃肠道反应。上述症状经休息和治疗 2～10 天逐渐减轻而消退。

4．重度中毒

临床表现具有下列情况之一者，即属重度中毒：

（1）吸入高浓度氯数分钟至数小时出现肺水肿，可咳大量白色或粉红色泡沫痰，呼吸困难，胸部紧束感，明显发绀，两肺有弥漫性湿性啰音。

（2）喉头、支气管痉挛或水肿造成严重窒息。

（3）休克及中度、深度昏迷。

（4）反射性呼吸中枢抑制或心搏骤停。

（5）出现严重并发症如气胸、纵隔气肿等。

另外，氯气还可引起急性结膜炎，高浓度氯气或液氯可引起眼烧伤；皮肤暴露于液氯或高浓度氯气时可引起急性皮炎或烧伤。长期接触低浓度氯气可引起上呼吸道、眼结膜及皮肤刺激症状，慢性支气管炎、支气管哮喘病、肺气肿和肺硬化的发病率较高。患者可有乏力、头晕等症状和胃肠功能紊乱，皮肤可发生痤疮样皮疹和疱疹，还可引起牙齿酸蚀症。

（五）现场急救

发生氯气泄漏时，救援人员应尽可能切断泄漏源，进行通道透风，加速扩散；用喷雾状水稀释，溶解氯气，妥善处理漏气容器。并迅速将泄漏污染区职员撤离至上风处安全区域进行隔离，泄漏程度较轻时，应隔离 150～450m；泄漏程度严重时，应隔离 450～1000m。在组织群众撤离时，没有足够防毒面具的情况下，可用湿毛巾捂住眼睛和呼吸道，撤离到上风和侧风方向，禁忌顺风跑。假如皮肤接触了污染物，应立即脱掉被污染的衣物，组织洗消队，用大量清水冲洗。假如是在室内，应迅速从污染环境撤离，中毒人员应迅速脱离现场，对呼吸困难的伤员，千万不能做口对口人工呼吸，否则会加速肺水肿的形成，最好用呼吸机辅助呼吸或吸氧，防止肺水肿发生。

（1）氯气中毒发病剧烈而迅速，故及时综合有效的抢救是使伤员脱离危险的关键。首先要撤离现场，尽快使患者离开氯气污染场所，移至通风良好处，脱下中毒时所着衣服鞋袜，保持安静及保暖。

（2）做好呼吸道护理，保持呼吸道通畅。及时清除呼吸道分泌物，鼓励患者咳痰，通过翻身拍背促进痰液的排出。用棉签清洁鼻腔，吸氧管应插入分泌物较少的一侧鼻腔。

（3）眼或皮肤接触液氯时立即用清水彻底冲洗。氯气中毒后，氯气在眼睑潮湿的组织表面溶解形成盐酸和新生态氧，盐酸对局部黏膜有强烈的刺激和烧灼作用。嘱患者平卧位，脱去污染衣物，外眦处放置弯盘，冲洗器距眼部约 3cm，用生理盐水或 2％苏打水反复冲洗至结膜穹窿处以及皮肤。冲洗至病人眼痛、皮肤烧灼感减轻为止。冲洗完毕用丁卡因眼药水滴眼，每日数次。

（4）对于心脏骤停的伤员，在现场无相关复苏装备的情况下应尽快进行胸外心脏按压，但需要注意的是进行口对口人工呼吸时应在伤员口鼻处垫多层湿润纱布，以防止救援人员中毒。另外，氯对上呼吸道黏膜具有强烈刺激性，引起支气管肺炎甚至肺水肿，这种方式的人工呼吸方法会使炎症、肺水肿加重，因此要尽快进行入院治疗。

（5）严密监测患者神志、血压、脉搏、呼吸频率、节律、深度；观察咳嗽的音调、频率，并注意痰的性质颜色；同时注意观察有无支气管痉挛、喉头水肿、肺水肿的发生；防止并发症。

（6）做好心理护理。患者因突发事件，缺乏思想准备，易产生焦虑、恐惧心理，护理人员针对患者的不同情绪反应，采取不同的护理措施。要保持有条不紊的工作秩序，操作熟练准确，以增强患者的信任感和安全感。主动安慰和关心患者，使之积极配合治疗。

（7）吸入后有症状者至少观察 12h，对症处理。吸入量较多者应卧床休息，立即吸氧：流量 4～7L/min，必要时给予 20%～30% 酒精湿化给氧，给沙丁胺醇气雾剂、喘乐宁或 5% 碳酸氢钠加地塞米松等雾化吸入。

（8）对于重度氯气中毒者，除立即给予吸氧，必要时给予高压氧治疗，或气管插管接呼吸机，建立静脉输液通道，给予综合治疗，在此基础上予以激素、维生素 C，以消除肺水肿或喉部水肿。对呼吸衰竭者，可予以气管切开接呼吸机给氧，应用呼吸兴奋药物。必要时可注射强心剂，但禁用吗啡；并发肺炎时，应用抗生素。

第八节　多发伤和复合伤现场急救

一、高处坠落急救

高处坠落伤是一种常见的损伤，在各种电力事故中也占有很高比重。由于电力工作时常需要在杆塔、线路等高处作业，触电、中暑以及其他原因引起的突发事件常常会伴随高处坠落。高处坠落会造成身体多处不同损伤，主要以出血和骨折为主，触电事故又会造成烧伤等。另外，电缆隧道内中毒窒息也有造成人员高处坠落的风险，因此电力事故中的高处坠落一般表现为多发伤和复合伤，伤情复杂，病情变化迅速，隐匿性损伤易被忽视。事故发生后迅速准确判断伤员病情，做到早诊断，早治疗，是降低致残率和死亡率的关键。

高处坠落造成多发伤时，要迅速对伤员进行全身检查，判断对伤员造成的主要伤害，优先处理危及伤员生命安全的致命伤，然后按严重程度依次处理其他损伤，并采取适当方法将伤员迅速转移后送。

二、多发伤的概念及特点

（一）多发伤概念

多发伤是指在事故发生时，同一致伤因素使人体 2 个以上的解剖部位或脏器出现较严重损伤，且至少 1 处是致命的。

同一致伤因素是指损伤只由一种因素引起，如高温、高寒、冲击、中毒等中的一种对人体单独造成的损伤。按简明创伤分级（Abbreviated Injury Scale，AIS）标准，人体分为 9 个解剖部位：头部、面部、颈部、胸部、腹部及盆部、脊柱、上肢、下肢、皮肤，2 处以上解剖部位或脏器损伤是指上述 9 个解剖部位中有 2 个以上部位受伤。同一部位内的多个脏器损伤或同一脏器的多处损伤也称为多发伤，但须冠以部位或脏器名称，如胸部多发伤、腹部多发伤、小肠多发伤、脑多发伤、多发性骨折等。

（二）多发伤特点

（1）伤情重且复杂。以交通事故、坠落、火器等多见，损伤能量大，受伤部位多。

（2）休克发生率和病死率高。合并伤越多，病死率越高，愈后越差。早期死亡主要原因是通气障碍和失血性休克，后期主要为多器官功能衰竭。

（3）易漏诊和误诊。伤者多存在休克或昏迷，病史叙述不清，查体难以配合，不宜过多搬动进行辅助检查，早期诊断困难。

（4）后期病情变化迅速。多发伤累及多器官系统，并发症多且感染率高，治疗不及时也容易导致死亡。

（5）并发症多。多发伤由于组织器官广泛损伤、破坏，失血量大，对全身生理扰乱严重，容易发生各种并发症，机体免疫、防御系统破坏容易导致感染的发生。

（6）处理顺序与原则的矛盾。由于多个损伤需要处理，其先后顺序可能发生矛盾。不同性质的损伤处理原则不同，如颅脑伤合并内脏伤大出血，休克治疗与脱水治疗存在矛盾。

严重创伤后体内发生一系列变化，并发休克后可出现低体温、凝血功能障碍及酸中毒，形成所谓的"致死三联征"（或称"死亡三角"）。三者互为因果、恶性循环，最终导致多器官能障碍综合征（MODS），病死率和致残率非常高。

三、复合伤的概念及特点

（一）复合伤概念

复合伤是指由两种或两种以上致伤因素所致人体的损伤。致伤因素指造成人体损伤的不同类型的能量，如机械力、热力、辐射、冲击波等，分别导致机械性损伤、烧伤、放射性损伤、冲击伤等。通常将复合伤分为两大类：有放射损伤者称为放射复合伤，如放射损伤复合烧伤，称放烧复合伤；无放射损伤者称为非放射复合伤，如烧伤复合冲击伤，称烧冲复合伤。复合伤的另一概念指各种创伤合并局部或全身毒剂中毒，称为毒剂复合伤。

（二）复合伤特点

复合伤的基本特点是"一伤为主、复合效应"。"一伤为主"是指复合伤中的主要致伤因素在损伤的发生发展中起着主导作用；"复合效应"是指机体遭受两种或两种以上致伤因素的作用后，所发生的损伤效应，不是单一损伤的简单相加，而是整体伤情变得更为复杂。相互加重是"复合效应"的主要表现，但有些情况下复合伤也表现为不加重甚至减轻。

四、多发伤现场急救

（一）现场评估

现场评估指救援人员对伤员的首次评估，在数分钟时间快速判定有无直接威胁伤员生命的情况，主要判断气道、呼吸、循环、意识和脊柱损伤几个方面。

（1）确定气道是否通畅，有无气道梗阻及梗阻的性质和原因。如口腔内有异物，应立即清除。

（2）判断伤员有无自主呼吸及呼吸频率和深度。如自主呼吸停止或减弱，予以人工呼吸或吸氧。

（3）观察心跳强弱，血压是否正常。有无四肢体表明显外出血，如有予以包扎止血，休克伤员立即采取抗休克措施。

（4）伤后出现的意识变化常提示脑损伤的存在，注意瞳孔大小及对光反射的变化，进行格拉斯哥评分。

（5）初次评估要特别注意脊髓损伤的可能，更不可因急救行为加重损伤或造成新的损伤。对怀疑颈椎损伤的伤员必须妥善以颈托固定，限制颈椎活动。怀疑胸腰椎损伤者，应使伤员保持躯干直线位。

（二）多发伤现场急救

1. 头颅为主损伤的现场救护

迅速将患者搬到安全的地方，根据伤员的意识、瞳孔、脉搏、呼吸、口唇颜色、肢体感觉、运动、温度，判断患者的伤情转变情况进行抢救，对疑有心跳呼吸停止的立即行心肺复苏术。迅速清除口腔内及呼吸道内血凝块、呕吐物、分泌物等。头面部创口有活动性出血者，立即用纱布或棉垫覆盖，用头套或绷带加压包扎，并观察伤口敷料渗血情况，对颅底骨折患者出现脑脊液漏时，让其流出，禁忌填塞。及时拨打120联系救助，在医护人员到来之前不可放弃抢救。颅脑损伤均应给予氧气吸入，保证脑细胞耗氧量及提高脑细胞活性，在转运后送过程中也应持续输液输氧。救援人员要保持沉着冷静，与家属沟通，给予其安慰和鼓励，耐心解释，取得家属的信任、理解和配合。

2. 颈椎脊柱为主损伤的现场救护

怀疑颈椎脊柱伤时要对伤员妥善固定，搬运时必须使用脊柱板或硬木板，由四人喊口令同时平稳搬动，具体方法见脊柱板的使用方法。

3. 胸部损伤为主损伤的现场救护

维持有效呼吸，迅速清理呼吸道分泌物及血凝块，防止气道阻塞，给予氧气吸入。鼓励患者咳嗽排痰，咳嗽时协助患者用双手按压患侧，以减轻疼痛。估计有肋骨骨折的，需作胸壁固定，限制骨折断端活动。若患者生命体征平稳，可取坐位上肢外展，手掌按在头顶，用宽为7～8cm的胶布条，在患者深呼吸后屏气时，紧贴于胸壁，胶布条后端起自健侧脊柱旁，前端越过胸骨。从胸骨下缘开始，依次向上贴到腋窝，上下胶布条重叠，呈叠瓦状。若患者多根肋骨骨折，出现反常呼吸，立即用厚敷料压盖于胸壁软化区，再粘贴胶布固定，或用多头胸带包扎胸部。若患者出现面色苍白、出冷汗、脉搏细速、呼吸急促、血压下降等内出血征象和心肺受压征象，应立即建立静脉通道，遵医嘱补充血容量和抗休克。有开放性胸壁损伤的，立即用无菌敷料封闭伤口，阻止外界空气进入胸腔内而压迫心肺和大血管危及生命，并迅速后送医院作紧急处理。

4. 骨盆及四肢骨折为主损伤的现场救护

骨盆受伤时，要平卧于硬板担架，进行包扎固定，搬运时四人同起同落，步调一致平稳搬运。四肢骨折患者搬动时，先用夹板固定后再搬。如果不固定，骨折断端有可能损伤神经血管，具体操作方法参见"骨折固定"有关内容。

皮肤有破口的开放性骨折，由于出血严重，可用消毒纱布压迫，在纱布外面再用夹板。紧急情况下可用止血带，并在止血带上标明止血的时间，每隔15～20min放松一次。

大量出血的患者，应立即建立静脉通道，遵医嘱补充血容量及抗休克。转运途中尽量避免颠簸或紧急刹车，以减轻疼痛，避免再次损伤。

5. 腹腔脏器损伤为主的现场救护

立即清理口腔污物，开放气道，有条件时给予氧气吸入。对开放性腹外伤及肠管脱出者应立即现场止血、止痛、包扎固定。开放性伤口应严密包扎，脱出的脏器应以浸入生理盐水的无菌敷料覆盖并包扎。条件允许时立即在上肢开辟两条以上的静脉通道，快速输液，尽快恢复有效循环；尽快与医疗救护机构取得联系或医疗后送；后送途中密切观察病情变化，保持氧气吸入及静脉输液通畅，安慰患者及家属，消除患者及家属紧张恐惧的心理；另外也要积极做好抗休克措施，疼痛引发的休克仅次于大出血应立即处理，一般肌肉注射杜冷丁 100mg 或吗啡 5～10mg，但病情不明或呼吸困难者禁用。

五、烧冲复合伤现场急救

复合伤的现场急救同样要优先处理危及人员生命的主要损伤，但由于复合伤的致伤因子不止一类，各种伤害可能会互相交叉，对准确判断伤员伤情造成困难，常会漏判误判，不利于伤员抢救。在各类复合伤中，烧冲复合伤是较为常见且最难急救的伤类。烧冲复合伤常见于化工厂、军工厂、烟花爆竹工厂和地下矿井事故等，其核心是难以诊断和难以把握时机。电力事故中的触电合并高处坠落事故出现的复合伤与烧冲复合伤有相似之处，另外在电缆隧道等有限空间内也可能发生各种损伤合并局部或全身毒剂中毒的毒剂复合伤。本节将以烧冲复合伤为主介绍急救对策。

（一）处理原则

烧冲复合伤处理比单纯烧伤和创伤都困难，因为复合伤时病情重而复杂，两种损伤的处理方式不尽相同，有时还存在矛盾，特别是在烧伤早期矛盾更加突出。处理时应以抢救生命为主，优先处理心搏骤停、窒息、大出血、开放性血气胸、内脏破裂、严重颅脑损伤、重要血管损伤等危及患者生命的复合伤，同时进行复苏。对生命或肢体存活影响不大的复合伤，应待病情稳定后再处理，烧伤创面暂不处理或只做简单处理。如果烧伤严重而复合伤不重，则先处理烧伤，复合伤留待以后处理。对疑有中毒者，应尽快作出正确诊断并给予特效解毒剂，同时加强各器官功能的支持和对症治疗。

（二）损伤特点

1. 致伤因素多、伤情伤类复杂

爆炸所致的烧冲复合伤致伤因素多，热力可引起体表和呼吸道烧伤，冲击波除引起原发冲击伤外，爆炸引起的玻片和沙石可使人员产生玻片伤和沙石伤，建筑物倒塌、埋压可引起挤压伤，人员坠落可引起坠落伤等，给救治带来更大困难。

2. 外伤掩盖内脏损伤、易漏诊误诊

当冲击伤合并烧伤或其他创伤时，体表损伤常很显著，此时内脏损伤却容易被掩盖，而决定伤情转归的却常是严重的内脏损伤。如果对此缺乏认识，易造成漏诊误诊而贻误抢救时机。

3. 肺是损伤最主要的靶器官

肺是冲击波致伤最敏感的靶器官之一，肺也是呼吸道烧伤时主要的靶器官。因此，肺损伤是烧冲复合伤救治的难点和重点。

4. 复合效应、伤情互相加重

爆炸所致的烧冲复合效应不能理解为各单一致伤因素效应的总和，而是由于热力和冲击波各自致伤因素的相互协同、互相加重的综合效应。由于烧冲复合伤的这种复合效应，其结果将使伤情更重，并发症更多，治疗更为困难。

5. 伤情发展迅速

在重度以上冲击伤伤员，伤后短时间内可出现一个相对稳定的代偿期，此时生命体征可维持正常，但不久会因代偿失调和伤情加重而使全身情况急剧恶化，尤其是有严重颅脑损伤、内脏破裂或两肺广泛出血、水肿的伤员，伤情发展更快，如不及时救治，伤员可迅速死亡。因此，对重度烧冲复合伤的伤员，应加强现场和早期救治，争取在尽可能短的时间内获得有效的处理。

6. 治疗矛盾突出

烧冲复合伤致伤的靶器官主要为肺，特征性的病理改变为肺出血和肺水肿。烧伤因大量液体损失而产生低血容量性休克，处理原则要求按烧伤面积和深度迅速补液，以纠正低血容量性休克。当烧冲复合伤合并创伤、失血时，也需通过补液恢复有效循环血量。但冲击伤致伤时，肺水肿又要求限制输液，如输液不当，则可加重肺水肿，加重伤情，甚至产生严重的后果。因此，如何处理好这种治疗上的矛盾是烧冲复合伤救治的难点之一。

（三）临床表现

烧冲复合伤致伤因素多，伤情伤类复杂，因此临床表现也是多种多样，可以是两种致伤因素的综合表现，也可以出现以某种致伤因素为主、辅以其他致伤因素的表现。

一般情况下，伤员咳嗽频繁，呼吸困难甚至呼吸窘迫，每分钟可达35次以上，心动过速，每分钟可达125次以上，发绀、胸痛、胸闷、恶心、呕吐、头痛、眩晕、软弱无力等。胸部听诊时双肺呼吸音低，满布干性和湿性啰音，伴支气管痉挛时可闻及喘鸣音。伴有创伤和烧伤性休克时，可见低血容量性休克的临床表现。冲击伤有胃肠道损伤时可见便血，有肾和膀胱损伤时可有血尿，有肝、脾和胃肠道破裂时则有腹膜刺激症状。

（四）现场急救

1. 迅速脱离爆炸现场

热力烧伤时，应尽快脱去着火的衣服，如来不及脱衣服时，可就地迅速卧倒，慢慢滚动压灭火焰，或用不易燃的军大衣、雨衣、毛毯等覆盖，使之灭火，创面用敷料或干净被单等覆盖。对处在爆炸事故现场的伤员，均应考虑有冲击伤的可能性，应密切观察。

2. 保持呼吸道通畅

清除口、鼻分泌物，开放气道；有呼吸停止者做人工呼吸，呼吸心脏均停止者立即进行心肺复苏；对有舌后坠的昏迷伤员做牵舌固定，或用口咽导管维持通气；对有呼吸道烧伤、严重呼吸困难和较长时间昏迷的伤员，情况允许下做气管切开，清除气管内的分泌物，以保持呼吸道通畅。

3. 止血

有伤口出血者做加压包扎止血，对肢体大动脉出血可用止血带止血，并加上明显标记，优先后送。

4. 止痛

口服或注射止痛药以防休克，胸痛者可做肋间神经封闭止痛。

5. 补液

因失血而发生低血容量性休克时，可输入右旋糖酐 40 或代血浆，能饮水者可口服抗休克液。烧伤伤员可口服烧伤饮料或含盐饮料，有条件时，按烧伤面积和深度开始输入晶体液、胶体液以纠正烧伤休克。

6. 防治气胸

胸部伤口需用厚敷料紧密包扎，有张力性气胸者做穿刺排气。

7. 抗感染

口服或注射抗生素药物等。

复 习 思 考 题

1. 简述烧伤深度的评估方法。

2. 简述成人烧伤程度划分标准。

3. 简述烧伤的现场紧急救护流程。

4. 简述挤压伤与挤压综合征的区别。

5. 简述挤压综合征的病理机制，要如何预防与处理？

6. 什么是非冻结性损伤？

7. 简述几种常用快速复温方法及快速复温的注意事项。

8. 野外被毒蛇咬后应如何就地控制或祛除毒素？

9. 简述干性淹溺与湿性淹溺的区别。

10. 简述人体中暑的先兆表现。

11. 作业现场人员中暑应如何快速进行物理降温？

12. 简述有毒有害气体中毒窒息的现场急救措施。

13. 简述多发伤与复合伤的概念。

14. 简述骨盆及四肢骨折为主损伤的现场救护措施。

15. 简述硫化氢轻度中毒的临床表现。

第八章

其他事故现场医疗救援

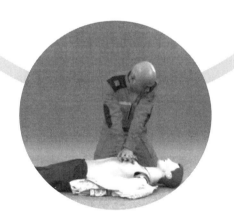

第一节　地震灾害医疗救援

一、常见地震伤害

地震灾害能够造成巨大人员财产损失，是对人类生存、生活构成巨大威胁的主要自然灾害之一，其危害程度与当地经济发展状况、人员密度、地形地貌、工业产业类型等密切相关；新中国成立以来发生了多次重大地震灾害，包括"7·28"唐山地震、"5·12"汶川地震、"4·14"玉树地震以及"4·20"雅安地震等，对人民的生命财产以及社会发展造成巨大损失。地震会造成大量人员伤亡，其中最主要的是建筑物倒塌对人体造成的伤害，另外地震还会引发、诱发火灾、洪水、有毒物质泄漏等次生灾害，威胁人民生命财产安全。

（一）机械性损伤

机械性损伤是地震灾害造成人员伤亡的最主要损伤，是指地震过程中人体受倒塌建筑物、设备、家具等直接砸、压、埋造成的机械力学损伤，一般占地震伤的95%～98%。在山区等地，易受崩落的山石、土块、树木等砸击致伤。地震时倒落物可对人体各部造成机械性损伤，致伤轻重、部位与受砸的着力点和当时体位有密切关系，头面部颅脑伤在震伤中致死率最高，早期可达30%。土埋窒息也属于机械伤，山区地震诱发泥石流、大滑坡可将人体埋于泥浆土体中引起窒息死亡。

（二）挤压伤

挤压伤也是地震中常见的伤害之一，包括身体各处因挤压造成的骨折、出血、坏死等，严重时引发肢体阻隔综合征、挤压综合征等。当人体特别是肌肉发达的肢体被重物长时间挤压，受挤压的肌肉因缺血而坏死，发生横纹肌溶解，当病人受压部位解除外部挤压后，有毒物质随血液循环进入身体，出现全身微循环障碍。由于肾小球滤过率降低，肾小管阻塞、变性、坏死，出现肌红蛋白尿、高血钾和急性肾功能衰竭为主要特征的临床征候群，这就是挤压综合征。

（三）完全性饥饿

地震中伤员可能长时间被埋压在废墟之下，水源、食物来源完全断绝，仅依靠自身储蓄的营养物质维持生命，体内储存物质长时间消耗导致营养物质枯竭，形成完全性饥饿，以致机体代谢紊乱、抵抗力下降、血压降低、虚脱而濒于死亡。

（四）休克

严重的创伤、大出血、饥饿、脱水、衰竭、精神创伤以及挤压综合征等均可以引起休克，约占全部伤员的4%，或重伤员的12%～14%。

（五）其他伤害

由于地震灾害破坏力极强，建筑物坍塌、山体变形等极易引发次生灾害，例如地震后继发海啸，水库、河堤、水坝毁坏，山崩滑坡造成河道淤塞、水位上涨，引起水灾，造成人员淹溺。地震可使电器、炉火、煤气或其他易燃品发生事故而酿成火灾，造成人员烧伤、触电。寒冷地区在地震发生后，居民避震野营，生活艰苦，防寒条件差，可引发人员大批量冻伤，防冻伤是寒区抗震救灾卫生保障的重点任务。

二、地震紧急避险

地震紧急避险是减少地震对人体伤害的有效手段。地震前期，可能会出现地声、地光以及骤风、暴雨等不正常现象。一次地震的持续时间一般为数秒到数十秒，而从地下初动到房屋倒塌会有一个短暂的时间差，这段时间是进行紧急避险与逃生的重要阶段。

（一）地震征兆避险

大地震之前，人们能观察到如下自然界反常现象：

（1）动物异常反应。如骡马牛羊不进圈，老鼠成群往外逃，鸡飞上树猪乱拱，鸭不下水狗狂叫，冰天雪地蛇出洞，燕雀家鸽不回巢，兔子竖耳蹦又撞，游鱼惊慌水面跳，蜜蜂群迁闹哄哄，大猫衔着小猫跑等。

（2）气象异常。如忽雨忽晴、暴风大雨、突然酷热、久旱、洪涝等。

（3）地下水位异常。水位升降大，翻花冒泡，有的变颜色，有的变味道等。

（4）植物异常反应。如提前出苗、开花或重开花等。

（5）地壳变化。在一些地震活动区，中小地震频繁，而后突然平静，这是大地震要很快发生的信号。尤其是在大震前短暂时间内，可看见地光，听见地声等宏观异常现象。

地声、地光一般先于震动到达，地声在地震发生前10min到临震十余秒时声响最大；地光是地壳内逸出的气体，强化了低空静电场所致，其形有带状、片状、球状，颜色以蓝、白、红、黄居多。人们一听见地声、发现地光，立即避震，效果最好。

（二）震中紧急避险

地震发生时，人们能感到并受其害的主要有两种地震波，即P波（纵波）和S波（横波）。在震中区，P波给人感觉是上、下颠簸，造成损失不大，给人以发生地震的信号。S波的运动速度比P波慢，继P波后到达地表，其破坏性极大。它使人感到的是前后左右的摇晃，以及建筑物等倒塌，直接危害人们生命财产安全。自我救助主要是在P波到达地面后的数秒之内。若能在S波到达并造成破坏之前的十几秒内，迅速躲避到安全处，就可给人们提供最后一次自救机会。一般称为12s自救机会。

（三）家庭紧急避险

地震时每个人所处的环境状况各不相同，避震方法不可能千篇一律，有效避震需要平时做好避震准备，对居住环境、办公环境的避震条件熟悉了解，需要综合考虑居住的是平房还是楼房，地震发生在白天还是晚上，室内有没有避震空间，你所处的位置离房门远近，室外是否开阔、安全等。

避震时要行动果断，不可犹豫，这需要平时做好逃生路线、避险空间规划，如住在平房，地震时应抓紧时间逃出，切勿往返。若居住在较高楼层，则应迅速躲避到提前勘察好的避震区域进行避险。

家庭紧急避险注意事项如下：

（1）不要滞留在床上。

（2）不可跑向阳台。

（3）不可跑到楼道等人员拥挤的地方去。

（4）不可跳楼。

（5）不可使用电梯，若地震时在电梯里应尽快离开，若门打不开时要抱头蹲下。

（6）要立即灭火断电，防止烫伤、触电和发生火情。

（7）尽量靠近水源，可蹲在铁质暖气片下，被困后可利用暖气片内存水维持生命，另一方面可敲打暖气片发出求救信号。

（8）可以躲进厨房、厕所、储藏室等开间小的地方。

（9）炕沿下、坚固家具附近以及承重墙墙根、墙角也是相对安全的场所。

家庭避震事先做好避险路线、规划好避险区域、储备应急物资以及进行家庭地震演练，是提高避险成功率，减少人员伤亡最有效最根本的措施。

（四）工作场所避险

工作场所是日常活动最为频繁的地方，通常会聚集大量人员，因此同家庭避险一样，工作场所避险也要事先规划好逃生路径和避险区域，准备应急物资并定期进行地震逃生演练。当正在工作时突然发生地震，若楼层较低（一、二层），应根据事先规划好的逃生路线迅速逃离；若来不及逃离，一定要采取紧急措施，使仪器、机床、电脑断电、停转，然后迅速躲避至避险区域。在变电站、配电室等地方工作应快速远离带电设备，以防触电事故发生；电缆井下作业工人注意不要站在巷道口或竖井井口处，因为地震时地下建筑物相对地面建筑比较安全，所以也不要急于向外跑，但要防止发生触电；车间工人可躲在车、机床及较高大设备下；化工厂工人在避震时要远离易燃、易爆物品。

（五）公共场所避险

在公共场所遭遇地震时，要保持冷静，不要慌乱，要听从现场工作人员的指挥，有序撤离；不要拥向出口；要避免拥挤，避开人流，避免被挤到墙壁附近或栅栏处；判断无法立即撤离时要迅速到近处的大柱子和不易倾倒的大件商品旁边（避开商品陈列橱）躲避，用手或其他东西护头，然后屈身蹲下，等待地震平息。要避开玻璃窗、橱窗及柜台；避开高大不稳和摆放重物、易碎品的货架；避开广告牌、吊灯等高耸或悬挂物；特别是在仓储超市购物时，如发生地震要立刻冲到开阔地区，护住头部以防被砸伤，待地震过后再有序地撤离。

（六）户外避险

（1）就地选择开阔地避险，蹲下或趴下，以免摔倒；不要乱跑，避开人多的地方；不要随便返回室内。

（2）避开高大建筑物，如楼房，特别要避开有玻璃幕墙的建筑，避开过街桥、立交桥、高烟囱、水塔等。

（3）避开危险物，如变压器、电线杆、路灯、广告牌、吊车等。

（4）避开其他危险场所，如狭窄的街道、危旧房屋、危墙、女儿墙、高门脸、雨篷下及砖瓦、木料等物的堆放处。

三、早期自救互救

（一）自救互救

地震发生后迅速组织起有效的救援力量进行自救互救是减少伤亡，提高伤员生存率的有效手段，有报道称90％的伤员是通过自救互救存活下来的。自救互救是指在外援力量未到达之前，灾区人民抢救被压埋人员的应急行动，自救互救能够最大限度地减少伤员现场死亡，为后续治疗创造有利条件。

1. 个人自救

一次强烈地震一般历时几秒到几十秒，很少有超过一分钟的情况，地震结束后被埋在废墟下伤势较轻的人，凭借自己的力量、智慧，根据自己所处的具体情况，寻找脱险的方式，是完全可以自救的，这在历次大的地震中都有实例。若受伤重或暂时不能脱险，不要乱喊乱动消耗体力，要尽量保持呼吸道通畅，寻找可以利用的水、食物，设法延缓生命，等待外援。

2. 家庭自救互救

家庭自救互救指未被埋压或者被压后陆续挣脱出来的人员，抢救家里亲人的活动。

3. 岗位自救互救

岗位自救互救指脱离危险且尚有行动能力的企业员工之间互相救援的活动，企业员工在办公区域较为集中，且人员相对充足，应发挥组织优势迅速形成有效救援力量，对被埋压人员进行搜救。电力企业人员还应迅速排查电力设施、线路受损情况，做好应急处置，做好灾区重点部位保供电方案。

（二）自救互救注意事项

1. 注意人员抢救方法

在抢救过程中可通过被埋压人员亲属、邻居的帮助，迅速判断查明被埋者的位置，或贴耳倾听伤员呼救和呻吟声，查看有无露在外边的肢体、血迹、衣服或其他迹象，应避免盲目图快而造成不应有的伤亡。

2. 救出伤员的处理

应首先暴露头部，迅速清除口、鼻内灰土，进而暴露胸、腹部。如有窒息，应及时施以人工呼吸。若伤势严重不能自行出来，不得强拉硬拽，应设法暴露全身，查明伤情，进行止血、包扎、固定等急救处理，而后送往临时医疗站。

3. 脊柱骨折伤员的处理

在抢救中怀疑伤员有脊柱骨折，搬动时要小心，防止脊柱弯曲和扭转，搬运时要用硬板担架，严禁人架方式，以免加重骨折或损伤脊髓造成伤员终生瘫痪。

4. 防止二次受伤

在挖掘接近伤员时，抢救人员尽量用手挖刨，防止工具误伤。

四、专业紧急救护

（一）检伤分类

破坏性地震后，由于伤员量大，伤类、伤情复杂，加之救治力量有限，救治时间紧迫，必须对伤员的损伤情况进行分类，以保证危急伤员优先得到抢救，一般伤员得到及时治疗。对地震伤员损伤分类，可采用伤部、伤型、伤因、伤情"四考"结合诊断方式，如表8-1-1所示。

表 8-1-1	破坏性地震后伤员损伤的"四考"结合诊断方式
损伤分类	考 量 内 容
伤部	按照解剖的生理关系，把人体分为颅脑部、颌面颈部、胸部、腹部、骨盆部、脊柱、脊髓部、上肢、下肢 9 个部位，看那几个部位受损
伤型	根据伤员体表情况是否完整，可分为闭合性损伤或开放性损伤等
伤因	依据致伤的因素分类，如建筑物倒塌砸伤、尘土掩埋造成呼吸道阻塞窒息、地震次生灾害引起的触电、烧伤、淹溺等
伤情	根据伤员当时神志、呼吸、脉搏、血压变化、有无大出血、有无明显内脏损伤和其他危及生命现象进行分类，并用检伤分类卡进行标注

（二）常见急症早期处理

1. 创伤性休克早期处理原则

创伤性休克伤员的早期处理，要根据不同的季节、不同的致病原因和不同的现场环境采取相应的急救措施。冬天要注意保暖，夏天要注意通风以防中暑；伤员采取平卧位，保持呼吸道通畅；有创伤、出血应立即止血、包扎。有条件立即建立静脉通道和尿路通道，快速补充血容量（明显失血者应立即输血）。颅脑伤伴有脑疝致休克，要立即对脑部创伤进行处理，并尽快脱水降低颅内压。待血压平稳和全身状态好转时，可优先转送。

2. 呼吸道梗阻和窒息早期处理原则

呼吸道梗阻和窒息，是地震伤员最多见的急症。早期处理原则是清除伤员呼吸道异物、血块、黏痰和呕吐物，解开伤员衣领和腰带，保持呼吸通畅。舌后坠造成的阻塞，立即用口咽管通气，或将舌牵出固定。采取半俯卧位，防止误吸。心跳、呼吸停止的伤员，可能时做心肺复苏（口对口人工呼吸和心脏按压）。脑外伤昏迷或严重胸外伤造成呼吸困难及窒息的，要尽早气管插管及辅助呼吸。颌面伤有移位的组织片阻塞呼吸道时，应立即进行复位包扎。外伤合并气体中毒时，在进行抢救复苏的同时，采取相应的解毒急救措施。经初步抢救后，转移到安全、通风、保暖、防雨的地方继续进行急救。待病情好转后，由医务人员护送到震区野战医院及医疗队。

3. 完全性饥饿早期处理原则

伤员被困时间长，造成精神紧张，体力消耗大、代谢紊乱、血压下降。医务人员应针对病情给予静脉输入碱性液体及注射兴奋剂，给予保温、吸氧和适当的热饮料内服，在严密的观察下进行转送。

4. 创伤早期处理原则

出血是造成创伤性休克的主要原因，对有明显出血者，现场早期可根据不同情况采取指压、加压、上止血钳夹、填塞或上止血带等法止血。上止血带后要做出明显标记，记录上止血带的时间，并争取在 1~2h 内送到震区野战医院、医疗队手术止血。

伤口的创面要尽早包扎，以免再污染；重伤肢体要加强固定，以减少继发损伤和止痛，便于搬运。包扎物品可根据创伤不同部位采用急救包、三角巾四头带、丁字带等，如无上述材料可就地取材，使用干净毛巾、衣物、布料等。包扎中接触伤口应尽量使用消毒敷料。包扎伤口可以和加压止血同时进行，包扎效果要可靠，动作要轻，尤其是骨折伤员，不要因为包扎伤口动作粗鲁而造成继发损伤。

凡是骨折、关节损伤、大面积软组织损伤者，均应予以临时固定。固定器材可以是制式器材，也可以就地取材。四肢骨折时，固定范围应包括伤部附近的上下关节，固定中应将肢体末端外露，以便观察肢体血运。遇有伤员主诉剧痛、麻木或发现肢体末端苍白、发凉、青紫时，应及时检查，松开或检查固定器材及内层的绷带，重新固定。

（三）常见损伤早期处理

1. 颅脑伤的早期处理

用无菌敷料、急救包或干净布料将其伤口加压包扎，如有脑膨出，在伤口周围垫以棉圈、纱布或搪瓷碗盖上加以固定包扎。昏迷伤员宜置入通气道，或将舌头牵出口外，以安全针固定在颈、胸部衣服上，保持呼吸道通畅。以侧卧或俯卧位置于担架上，用衣物将头固定，适当给予镇静剂转送震区野战医院、医疗队。简要记录伤员意识、瞳孔及肢体活动情况，以供后续治疗参考。

2. 颌面颈部损伤的早期处理

将移位组织复位，再加压包扎。如果口中有凝血块、碎骨片、异物等，应及时取出；鼻、咽腔伤后水肿者，可用咽导管、鼻咽腔插管挽救生命，窒息严重者可以做环甲筋膜穿刺术。颈部大血管出血时，将伤口内填上止血粉，用对侧上肢做支架加压包扎（不可用绷带环绕颈部包扎）。下颌或上颌伤先用纱布填塞止血，然后包扎。伴有昏迷的颌面颈部损伤的伤员转送时，取侧卧位防止窒息。

3. 胸部损伤早期处理

遇有开放性气胸，应立即用厚垫、纱布、洁净毛巾或衣服等严密封闭伤口，再用敷料加压包扎，敷料处最好加盖塑料布等。有多发肋骨骨折或反常呼吸时，除用敷料包扎外，应加以厚棉垫或衣卷等物垫在伤处，再加三角巾或绷带包扎、固定。遇有张力性气胸时，应立即在伤侧第二肋间锁骨中线处，用粗针头穿刺排气，并在针头尾端套上一带孔的橡皮指套，作为排气活瓣，并尽快转运震区野战医院、医疗队做进一步处理。

4. 腹部损伤的早期处理

包扎伤部，如有腹腔脏器脱出不要送回，用纱布将脏器围好或用搪瓷碗盖上后再进行包扎。地震所致腹部损伤，以闭合性为多，且常有脏器损伤，应立即转送震区野战医院、医疗队，行剖腹探查术处理损伤脏器。

5. 骨盆部损伤早期处理

现场急救包扎伤口，对伴有休克现象者，进行抗休克处理。臀部创伤伴有大量出血时，对伤口施行压迫填塞，或者加压包扎。对有骨盆骨折者，采用三角巾、多头带或宽皮带做环形固定。担架上取仰卧位，膝部垫高，两下肢略外展后送。

6. 四肢伤早期处理

对伤口进行包扎、止血，有骨折、脱位者要进行复位，并利用夹板或就便器材临时固定。对疑有或一旦确定有急性筋膜间隙综合征者，应立即将患肢置心脏水平位，松开一切外固定或压迫因素，同时应用封闭、解痉等药物并密切观察。如果初步解救无效，情况继续恶化，应立即切开筋膜间隙，进行彻底减压处理并尽快转送震区野战医院、医疗队做进一步处理。

7. 脊柱、脊髓伤早期处理

现场早期处理主要是止血、包扎。对处于昏迷状态者注射强心剂及呼吸兴奋剂，注意保温及呼吸道通畅，除特殊情况外不进行人员移动，待专业医疗人员进行救护。情况危急必须转运者，应用脊柱板或硬木板进行搬运，搬运时注意避免造成二次损伤。

（四）伤员后送

伤病员后送的基本要求是迅速、安全。只有将伤病员迅速地送到上级救治机构，才能使他们尽快获得进一步的救治。拖延时间会影响救治效果，甚至造成不良后果。同时，要保证伤病员的安全，不能在后送途中使伤病员的病情恶化或途中死亡。

为了保证伤员伤病情稳定不恶化，确保伤员后送安全，要严格掌握后送指征，做好后送准备工作，做好后送过程中的观察和护理，选择好合适的运输工具。要争取时间迅速后送，不因等待运输工具、等待伤员而耽误时间。要改善运输的组织与方法，提高运输效率。

第二节　洪涝灾害现场救援

一、洪涝灾害常见伤病

（一）淹溺

淹溺是洪涝灾害中最常见的损伤，是指人淹没在水中，由于呼吸道被异物堵塞或喉头发生反射性痉挛（干性淹溺，占 $10\% \sim 20\%$）以及水进入肺后阻塞呼吸道（湿性淹溺，占 $70\% \sim 80\%$），而造成窒息和缺氧。吸收到血液循环的水引起血液渗透压改变、电解质紊乱和组织损害，最后造成呼吸停止和心脏停搏而死亡者，称溺死。

（二）低体温

洪涝灾害中，受灾人员长时间浸泡在水中，特别是低温水中，会造成全身性冷损伤即低体温。体温过低可引起多脏器损害，酸碱平衡失调，严重时还会发生心功能不全、急性肝肾功能衰竭、脑水肿和肺水肿等。另外由于体温下降导致的神经错乱、意识模糊和肌肉痉挛等也是造成人员淹溺的重要原因之一。

（三）传染病

洪涝灾害过后居住环境恶化，机体抗病能力普遍下降（老弱病幼者更加严重），加之水源污染，蚊虫增生，容易引发各种疾病，尤其传染病。

（四）次生灾害

在水中的带电电缆、倒坍电杆上的电线，会使人遭到电击；危化品、有毒物质泄露造成人员中毒；环境潮湿、气温低等会造成大批量冻伤等。

二、自救互救

洪涝灾害现场的自救互救应注意事项如下：

（1）洪涝水灾发生时，不要心慌意乱，要保持头脑清醒，尽快离开危险区域，有组织地撤离到高坡或山地上，尽可能寻找可用于救生的漂浮物，作为救生器材。落水人员应尽量避开主流和水面上的漂浮物。当水面上有柴油、汽油物质时，应赶快离开，以免吸入呼吸道和肺部。

（2）被洪水围困或落水后，必须尽可能地保留身体的能量。水中漂浮是专门用于水中求生的一种方法，而不是尽快地游离现场，因此，漂浮时所有的动作必须是自主性和松散性的，以尽量保留体力。

（3）人在水中所遇到的最大威胁之一是寒冷。若体温迅速下降，会导致冻僵或冻死。在水中，穿衣服比不穿衣服体温下降慢得多，静止比游泳时体温下降慢得多。在预防和防止低体温的过程中，除了接近高处、船只、救生人员或其他可抓靠的物体外，一般不要游泳。不必要的游泳动作可使人体与衣物之间稍热的水流失。另外，手臂和腿部的运动可增加外周的血液循环，也可导致体热的迅速流失。因此，在水中尽可能地减少活动对预防低体温非常重要。

（4）在等待救护时，应尽可能地靠拢在一起，一方面心理上可得到一些安慰和鼓励，更重要的是可以进行互救，并且易于被发现，从而得到及时的救援。

（5）在水中救护时要注意不要被溺水者紧抱缠身，以免累及自身。如被抱应放手，使溺者离开再救。若被溺者紧抓不放，则可将手滑脱，然后再救。

三、洪涝灾害后的防疫工作

洪涝灾害人员落水可导致落水人员窒息，吸入大量河水，致使肺水肿、血液稀释、电解质紊乱，甚至引起心功能、肺功能、肾功能衰竭，缺氧、脑水肿等。大批建筑物被冲毁，可造成人员伤亡，尤以颅脑外伤、脊柱脊髓损伤、骨折、出血、挤压伤、休克等多见。各类伤病紧急救护请参见创伤救护、心肺复苏、低体温救护等相关章节有关内容。

洪涝灾之后存在"大疫"风险，但也并不是没有应对的措施。只要做好卫生防控工作，"大疫"是完全可以避免的。具体来说，可以参考世界卫生组织（WHO）推荐的五个步骤——安全饮食、卫生环境、自我防护、宣传教育、疫情管理，来进行安排和考虑。

（一）安全饮食

灾后初期，灾民主要靠救济食品维持生活，饮食卫生工作的重点是做好救灾食品的卫生监督。

（1）指派专人对救灾食品的贮存、运输、分发进行卫生监督。救灾食品不得与汽油、杀虫剂、灭鼠剂以及其他毒物起贮存，也不得用同一辆车运输；食品仓库和堆放食品的地点要干燥、通风、清洁。发放食品时要有卫生防疫人员把关；禁止发放和食用霉变、腐败、浸水和被污染的食品以及膨胀、漏气与严重锈蚀的罐头食品。

（2）对从水中打捞出的食品进行检验和质量鉴定。对从冷库内搬出的肉类食品要经卫生检验，明显腐败变质者要深埋；轻度腐败者炼工业油；未腐败者经高温处理后方可食用；对淹死的牲畜除经兽医人员检验确定可食用外，一律深埋处理。

（3）恢复经营的餐饮服务要有防疫设备。要保证供应食品的清洁卫生，要创造条件对食具做到用后洗净、消毒。饭菜要烧熟煮透，做到现吃现做。严禁出售腐败变质的食品和病死的禽畜肉。饮食业服务人员要健康，至少无患传染病者。

（4）加强饮食卫生的宣传教育。要求人人不喝未经消毒的生水，不吃腐败变质和不洁食物。

（二）卫生环境

洪涝灾害后由于厕所、粪池被冲坏，粪水外流，大批人畜尸体腐烂形成大量蚊蝇孳生条件，在短期内繁殖大批蚊蝇，必须采取一切有力措施，大力消灭蚊蝇。

1. 专业队伍与群众相结合

灾后早期大规模的消灭蚊蝇往往由外援的专业队伍负责，但也可组织群众中的骨干分子和学生协助。在当地卫生防疫机构和群众卫生组织恢复工作后，清除蚊蝇孳生地以及经常性的灭蚊蝇工作，必须在当地卫生机构领导下依靠群众进行。

2. 灭蚊蝇与消灭蚊蝇孳生地结合

消灭蚊蝇，如果忽视控制和消灭蚊蝇孳生条件，不仅不能巩固成果，当蚊蝇繁殖速度超过杀灭速度时，蚊蝇密度仍会升高。因此对大的或一时无力清除的孳生地，要定期喷洒杀虫剂进行控制。对能清除的孳生地，要发动群众了以彻底清除。

3. 普遍喷洒杀虫剂与重点喷洒结合

蚊蝇密度高，分布面积广时，应普遍喷洒杀虫剂。蚊蝇密度较小时，应重点控制水塘、污水沟、厕所、垃圾堆等蚊蝇孳生和栖息场所。

4. 飞机喷洒与地面喷洒结合

飞机喷洒会留有死角地区，而且只适用于大面积突击性杀灭蚊蝇。因此，必须与地面喷洒紧密结合，才能使灭蚊蝇工作保持经常，巩固效果。

5. 用烟剂熏杀

对室内、地窖、地下道等空气流动较慢的地方和喷雾器喷洒不到的地方，可用敌敌畏、敌百虫、西维因、速灭威等烟剂熏杀蚊蝇，也可用野生植物熏烟杀灭。

6. 多种杀虫剂混合使用或交叉使用

防止蚊蝇产生耐药性，降低杀灭效果。

（三）自我防护

洪水过后的个人自我防护，对于减少灾害带来的传染病的发生十分重要。在天气湿热的情况下，不仅要注意穿着干燥舒适的衣物，做好皮肤的清洁卫生，预防浸渍性皮炎，避免蚊虫的叮咬，还要注意降温，防止中暑。对外伤所致的开放性伤口，要注意及时消毒和处理，并要积极使用抗毒素预防破伤风。

在基础免疫较差的地区，可以对儿童等易感人群进行麻疹等急性传染病疫苗的紧急预防接种或强化免疫接种，避免人群聚集导致的传染病爆发流行。

在抗洪救灾中，需要接触疫水时，可以对军民进行钩端螺旋体等病原体疫苗的接种或者服用抗生素，预防钩体病及血吸虫病等疫水接触性传染病的发生。

洪涝灾害过后对尸体的处理是救灾的当务之急，救援人员在处理尸体的过程中必须做好自身防疫工作。

（1）尸体打捞、掩埋作业小组要配备消毒人员。

（2）消毒人员要紧跟作业人员边打捞边喷洒高浓度含氯石灰（漂白粉）、"三合二"乳剂或除臭剂进行消毒除臭。

（3）打捞、搬运和掩埋尸体作业人员要合理分工，采取多组轮换作业，防止过度疲劳，缩短接触尸臭时间。

（4）掩埋尸体的作业人员要戴防毒口罩，穿工作服，扎橡皮围裙，戴厚橡皮手套，穿高腰胶靴，扎紧裤脚、袖口，防止吸入尸臭中毒和尸液刺激损伤皮肤。

（5）作业人员掩埋尸体完毕，先在距生活区50m左右的消毒站脱下工作服、围裙和胶靴，由消毒人员消毒除臭，把橡皮手套放入消毒缸内浸泡消毒。双手用消毒液浸泡消毒，再用乙醇（酒精）棉球擦手，最后用清水肥皂洗净，有条件时淋浴或擦浴，然后，进宿舍换穿清洁衣服。对运尸车和掩埋尸体工具，要停放在消毒站，由消毒人员用高浓度漂白粉、"三合二"乳剂或除臭剂消毒除臭。

（6）要把开水送到作业人员口中，防止污染饮用水和水碗，掩埋尸体的作业人员应在特设的临时食堂就餐。

（四）宣传教育

要积极协助有关防疫部门，向灾区居民发放卫生防病知识宣传材料及自然灾害传染病预防控制手册，向周围的群众宣传饮食饮水的相关卫生知识等。如果发现传染病病人或者疑似患者，要及时送医，并就近报告防疫部门，以利有关部门及时处理，防止疫情的蔓延和扩散。

（五）疫情管理

洪涝灾过后疫情管理是救援程序的重要一环，要迅速建立疫情报告制度，防止疫情发生。灾区防疫机构应与居委会密切配合，组成疫情报告网，发动群众有病自报互报。各医疗队要开展巡回医疗，可组成3人小组，其分工为：1人负责治疗和发现新病人，同时进行口头宣传；1人携带喷雾器，边走边喷洒杀虫剂；1人为居民消毒饮用水。

积极培养当地防疫人员和群众骨干人员，使他们掌握必要的卫生防疫基本知识和技术，了解灾区卫生和流行病学情况，学习做好饮食卫生、环境卫生和个人卫生的方法要点以及消灭蚊蝇、老鼠的技术，明确灾后多发病的预防方法，充分发挥其模范带头作用，引导群众自发做好自身防疫工作。

第三节　危化品事故现场救援

因危化品的种类多种多样，各类危化品的理化性质大不相同，因此各类危化品事故造成的危害也不相同。常见危化品危险性质有易燃易爆、有毒有害、窒息、强酸、强碱等，危化品事故现场救援要针对各类危化品的不同性质展开不同的救援措施。

一、危化品泄漏危害

各类危化品泄漏事故造成的危害如下：

（1）易燃易爆化学品→泄漏→遇到火源→火灾或爆炸→人员伤亡、财产损失、环境破坏等。

（2）窒息性气体→泄漏→根据地形风向等扩散、聚集→人员伤亡、财产损失等。

（3）有毒化学品→泄漏→急性中毒或慢性中毒人员伤亡、财产损失、环境破坏等。

（4）腐蚀品→泄漏→腐蚀→人员伤亡、财产损失、环境破坏等。

（5）压缩气体或液化气体物理性爆炸→易燃易爆、有毒化学品泄漏。

（6）爆炸品→受到撞击、摩擦或遇到火源等→爆炸→人员伤亡、财产损失等。

二、有毒有害气体现场急救

（一）有毒有害气体中毒机制

一氧化碳、硫化氢、氮气、光气、双光气、二氧化碳及氰化物等有毒有害气体的共同特点是突发性、快速性、群体性、高度致命性，一氧化碳、二氧化碳等无色无味气体还具有隐秘性。这些有毒有害气体，除一氧化碳在极高浓度下数分钟至数十分钟内致人死亡外，氰化物气体及硫化氢、氮气、二氧化碳等在较高浓度下均可于数秒钟内使人发生"电击式"死亡。其机制一般认为与急性反应性喉痉挛、反应性延髓中枢麻痹或呼吸中枢麻痹等有关，常来不及抢救。因此，一旦发现此类窒息性气体的现场有人中毒昏倒，及时正确的施救特别重要。单凭勇敢精神和搭救愿望贸然进入毒源区，非但救不了他人，反而会危害自己。

（二）现场救援基本原则

1. 立即就地、争分夺秒

该原则强调的是救人和抢险的速度，只有快速地行动，才能赢得最终的胜利。

泄漏的有毒气体、挥发性液体导致现场人员中毒的反应速度相当快，往往一口毒气就会造成窒息，因此，现场救护人员要迅速佩戴上呼吸器将中毒者移至安全地点，并立即进行人工呼吸。

2. 先群体、后个人

在救护现场如遇受毒气威胁较多群体的情况时，要遵循"先救受毒气威胁人数较多的群体，后救受毒气威胁人数较少的群体"的原则。

3. 先危重、后较轻

当遇到多个需要救治的中毒者时，要先救治危重的中毒者，后救治较轻的中毒者。如果参与救治的人员较多，可采取分头救治的办法。如果救治中毒者时发现有伤口严重流血时，要按"先治较重的部位，后治较轻的部位"的原则，进行快速止血包扎，防止中毒者因流血过多而造成死亡。如果救护者多于被救者，应同时进行人工呼吸与伤口包扎。

4. 防救兼顾

深入有毒区域进行救人的救护者一定要加强自身防护，如果自己没有穿戴救护用具，就会造成不但没有达到救人的目的，反而使自己中毒甚至生命受到威胁的恶果。另外，在救护人员充足的情况下，救治人员与排除毒气的工作要分头同时进行，因为救人是首要的任务，排毒的目的是为了救人。

（三）现场救援基本方法

现场救援需要救援人员迅速进入事故毒物污染区域，切断毒物来源，转移伤员，清洗消除污染，迅速抢救。救援成功的前提是保证救援人员的安全，这需要根据"危化事故应急处置流程"做好救援方案，救援人员要做好自身防护措施，防止意外发生，具体方法可概括为"一戴、二隔、三救出"。

1. "一戴"

施救者如有条件应立即佩戴好正压式空气呼吸器或送风式防毒面具，系好安全带。无条件可佩戴简型防毒口罩，但需注意口罩型号要与毒物种类相符，腰间系好安全带或绳索，方可进入高浓度毒源区域施救。由于防毒口罩对毒气滤过率有限，故佩戴者不宜在毒源处时间过久，必要时可轮流或重复进入。毒源区外人员应严密观察、监护，并拉好安全带（或绳索）的另一端，一旦发现危情迅速令其撤出或将其牵拉出。

2."二隔"

做好自身防护的施救者应尽快隔绝毒气继续被中毒者吸入，以免中毒进一步加深，失去抢救时机。最佳的办法是由施救人员携带送风式防毒面具或防毒口罩，尽快将其戴在中毒者口鼻上，紧急情况下也可用便携式供氧装置（如氧气袋、瓶等）为其吸氧。如毒气来自进气阀门，应立即予以关闭。此外，毒源区域迅速通风或用鼓风机向中毒者方向送风也有明显驱毒效果。

3."三救出"

抢救人员在"一戴、二隔"的基础上，争分夺秒地将中毒者移离出毒源区，进一步作医疗急救。一般以两名施救人员抢救一名中毒者为宜，可缩短救出时间。中毒者救出后，待毒源得到控制，经中和或洗消处理后再撤除。对呼吸停止伤员，应在做好防护措施的情况下进行人工呼吸；如呼吸心跳停止，要立即进行胸外心脏按压。

三、化学烧伤现场急救

（一）化学烧伤特点

化学烧伤不同于一般的热力烧伤，其致伤因子与皮肤接触时间往往较热烧伤长，因此某些化学烧伤可以造成局部很深的进行性损害，甚至通过创面等途径吸收中毒，导致全身各脏器的损害。

危化品事故通常会对伤员造成烧伤、创伤、中毒等多种伤害，因此在危化品事故中，伤员损伤多见为以化学烧伤为主要损伤的复合伤，且不同的伤员损伤的侧重面不同。

各类有毒有害气体、粉尘以及易挥发的强酸强碱等的挥发气体，极易进入眼睛以及伴随伤员呼吸进入呼吸道，因此化学烧伤中眼及呼吸道的烧伤较一般火焰烧伤更为常见。

更严重的是化学物质从烧伤创面进入组织，会加深创面损伤，被呼吸道、消化黏膜等吸收，随血液侵入人体器官，引起中毒和内脏继发性损伤，甚至死亡。

（二）化学烧伤现场急救

化学烧伤的处理方法类基本与一般烧伤处理方法相同，其首要任务是迅速使伤员脱离现场，终止化学物质对机体的继续伤害，采取有效解毒措施，防止中毒，进行全面体检和化学检测。

1. 脱离热源

当化学物质接触皮肤后，其致伤作用与这些化学物质的浓度、作用时间有关。一般来说，浓度越高，时间越长，对机体的损害越重，故受伤后应立即脱去被化学物质浸渍的衣服，用大量清水冲洗创面及其周围的正常皮肤。其目的一是稀释，二是机械冲洗可将化学物质从创面和黏膜上冲洗干净，冲洗时可能产生一定的热量，但由于持续冲洗，可使热量迅速消散。冲洗用水要多，时间要够长，一般清水（自来水、井水和河水等）均可使用，冲洗持续时间一般要求在1h以上，尤其在碱烧伤时，冲洗时间过短很难奏效。如果同时有火焰烧伤，冲洗尚有冷疗的作用。当然有些化学致伤物质并不溶于水，但冲洗的机械作用，可将其创面清除干净。如生石灰烧伤时，应先将石灰去除再用大量清水冲洗，以免遇水后石灰生热，加深创面损害。大面积烧伤应注意保暖，因此要求冲洗的水温以 40℃ 左右为宜，应持续冲洗后包裹创面，迅速送往专科医院治疗。

2. 皮肤化学烧伤紧急处理

对化学中毒和烧伤的关键性治疗为特效抗毒药及抗休克药物的应用，原则是早期、足量、尽快达到治疗的有效量，注意防止副作用。莨菪碱类药物联用地塞米松冲击疗法对大部分化学中毒和烧伤有较好效果。高铁血红蛋白血症时，可给予 1% 亚甲兰（美兰）5mL ＋维生素 C 2g 加入 5% 葡萄糖液 20mL 中静脉缓缓注入，早期也可用强的松、氢化可的松或地塞米松减轻溶血反应。有些毒物迄今尚无特效解毒药物，在发生中毒时，应使毒物尽快排出体外，以减少其危害。一般可静脉补液以及给予利尿剂，以加速排尿。氰化物、苯胺或硝基苯等中毒所引起的严重高铁血红蛋白血症，除给氧外，可酌情输注适量新鲜全血，以改善缺氧状态。

（1）保护创面。创面要用清洁的被单或衣服简单包扎，尽量不弄破水泡，保护表皮。严重烧伤者不需要涂抹任何药粉、药水和药膏，以免给入院后的诊治造成困难。眼部烧伤时可用生理盐水（0.9%）冲洗，用棉签拭除异物，涂抗生素眼膏或滴消炎眼药水。

（2）镇静止痛抗休克。烧伤患者都有不同程度的疼痛和烦躁不安，应给予口服安定镇静剂（如利眠宁、安定等），伤员若出现脱水及早期休克症状，如能口服，可给淡盐水少量多次饮用，不要饮用白开水和糖水。超过 40% 的大面积烧伤伤员，进食后易呕吐，加上吞咽气体易致腹胀，因此伤后 24h 内必须禁食，伤员口渴不止时，可给少量水滋润口咽，注意保暖。

（3）迅速抢救生命。在抢救化学烧伤的同时，尤其要注意的是检查有无直接威胁生命的复合伤或多发伤存在。如窒息、心跳呼吸骤停、脑外伤、骨折或气胸等，若有则应按外伤急救原则作相应的紧急处理。

3. 眼部化学烧伤处理

眼部化学烧伤的治疗可分早期及晚期两个阶段。早期主要是急救和防止坏死病变进一步扩展，恢复伤区组织营养，防止感染，减少并发症和后遗症。晚期针对并发症与后遗症进行治疗，如眼球粘连、结膜瘢痕、肉膜样血管翳、角膜白斑以及角结膜干燥症等。下面主要介绍现场紧急处理的方法。

（1）立即彻底冲洗。眼部化学烧伤的首要任务是立即用大量水进行冲洗，动作要轻柔，如有条件可用等渗盐水冲洗，否则一般清水亦可。由于许多酸碱化学物质对眼组织损伤大且穿透快，冲洗应分秒必争，迅速清除结膜囊内化学物质以减少其与眼部组织的接触，尽量减轻烧伤程度。可用流动清水冲洗眼部，或将面部浸入水盆中，睁开眼或拉开双睑转动眼球并不断摇动头部，同时应充分暴露穹窿部，将结膜囊内的酸碱物质彻底冲洗干净，如有固体异物残留，要用棉签彻底擦除。冲洗时间持续 15～20min。

（2）中和治疗。中和治疗的目的在于中和组织内的酸碱性物质，但临床上其实际意义并不太大，且必须在伤后 1h 内进行才有一定意义，故不宜过分强调。酸灼伤可用弱碱性溶液，如 2% 碳酸氢钠，碱灼伤则用弱酸性溶液，如 1% 乳酸溶液、2%～3% 硼酸溶液或2% 枸橼酸溶液等进行冲洗。

第四节 狭小空间事故现场救护

狭小空间医学（Confined Space Medicine，CSM）是指在狭小空间（也称密闭空间、有限空间、受限空间）内进行的医疗活动。CMS 要救助的伤病对救助者的要求与日常外伤对救助者的要求不同，由于狭小空间内环境恶劣、活动受限且已发生突发事件，伤员伤病存在多样性、紧急严重性且伤员普遍存在巨大的心理压力，这对救援人员的救援技术、心理素质、身体素质等各方面具有更高要求。

一、狭小空间医学救援特点

（一）救援环境恶劣

救援人员需要面对黑暗、狭窄、酷热、寒冷、潮湿、流水、烟雾、粉尘的环境，在各类地下井道中还会面临缺氧窒息、中毒燃爆、通信失联、高处坠落、触电昏迷等风险。这样的环境极大地增加了救援难度，有很大概率引起救援人员和伤病人员继发性损害。

（二）身体活动受限

进入狭小空间，尤其是封闭或半封闭空间内，救援人员需要做好自身防护，必须穿着大量防护装备，如防护服、头盔、防风镜、防尘口罩、耳塞、手套、护腕、护膝等保护装置，这会影响医疗操作者的视野和限制自身的活动，也妨碍了过细的医疗操作。

（三）伤情的多样性

由于狭小空间内情况复杂，可能会发生各类意外情况，伤员伤情多种多样且难以判断。常见的损伤有中毒窒息、摔伤骨折、皮肤外伤、头部外伤、低体温、脱水等，电缆隧道内除以上损伤外触电、烧伤、烟呛等也很常见，且伤情常以一伤为主的复合伤、多发伤的形式存在，救治困难。

（四）救护的紧急性

各类管道、隧道中常见的危险就是有毒有害气体聚集，造成人员缺氧窒息和中毒，而人的大脑窒息缺氧 4～6min 以上，就会发生脑水肿、脑死亡等不可逆的破坏，危及人员生命安全。应急救援的目的不仅是将人员救出，更重要的是经过积极救治使伤员能够重新回归社会，正常生活，因此狭小空间救援的时效性就显得格外重要。

（五）伤员心理压力十分巨大

黑暗和狭窄都使得伤员出现高度紧张和恐怖感，精神压力巨大。

二、狭小空间医学救援

狭小空间内救援存在很多潜在的危险因素，为防止继发性损伤，在进行医疗救援时要有完善的准备及活动指导。CSM 活动包括：进入前准备、进入救援、救护原则、医疗救护、伤员转运等过程。

（一）进入前准备

1. 强制通风

为降低有限空间内有毒有害气体浓度，提高氧含量，尽可能降低被困人员接触危害，增加救援成功概率，在救援时应第一时间向有限空间内输送新鲜空气，稀释有毒、有害气体，为被困人员安全提供保障，有些情况下，部分被困人员只要有新鲜空气，就能实现自行逃生。最常用的通风方式就是用大功率机械通风设备在距受困人员受困地点最近的有限空间出入口处进行通风。

2. 及时阻断有毒有害物质

对于存在有毒有害物质泄漏导致的事故，应及时采取措施，组织人力物力阻断物质泄漏，如关闭管线上下游控制阀以截断物质流入，防止环境的进一步恶化。

3. 气体检测

在条件允许的情况下，使用便携式泵吸式气体检测报警仪监测有限空间气体环境，为救援人员判断救援环境是否安全提供数据支持。

4. 做好个体防护

国际救援奉行的救援理念是在不伤害救援人员的情况下救援，只有在确保救援人员自身安全的前提下，才能有机会救援出更多的人，而要防止救援人员发生中毒、窒息危险。首先应做好救援人员呼吸系统防护，进入有限空间救援应使用外观完整、性能正常的正压式空气呼吸器，并确保压力不小于 25MPa 以及报警系统、面罩气密性良好。其次是做好防坠落防护，救援人员应穿戴安全带，在有限空间外架设三脚架，并使用防坠器安全进入。第三是做好设备安全防护，最常见的就是当有限空间内存在或可能产生易燃易爆气体时，所有携带入内的设备设施均应符合防爆安全要求，防止发生次生事故。

（二）进入救援

（1）进入狭窄空间后，由于环境复杂且烟雾、黑暗等情况会阻隔视线，因此对于长距离救援活动救援人员需要做好标记符号，要牢记退路，以便紧急情况发生时能够快速有序撤离。

（2）发现伤员后与伤员进行语言交流，给予精神支持。根据其应答大致了解需救助者状态、年龄、性别以及受伤人数等。

（3）查看伤员伤情，怀疑颈椎伤的伤员安装颈托，无法安装颈托时，要告知伤员不要活动头部，并采取保护伤员颈部的其他措施。对于颈椎、脊柱伤伤员必须使用脊柱板进行搬运，若条件不允许应就地采取有效措施保护伤员颈部和脊椎。

（4）评估伤员全身状况并决定救出计划。

（三）救治原则

狭小空间内医疗原则与基本医疗原则相同，遵循"先救命，后治伤；先危重，后较轻"的原则。具体可表达如下：

（1）窒息（呼吸道完全堵塞）或心跳呼吸骤停的伤员，必须先进行人工呼吸或心脏复苏后再搬运。

（2）对出血伤员，先止血后搬运。

（3）对骨折的伤员，先固定后搬运。

（四）医疗救护

（1）稳定生命体征。通过确保气道开放、管理呼吸、维持循环、防止挤压综合征的发生、除颤以及保温等措施稳定生命体征。

（2）对骨折部位和脊柱进行保护和固定。

（3）切断四肢。当伤员生命出现危机、其他的救出手段无效时，四肢切断又是唯一的救命手段，而且有足够准备的情况下，救援人员应确定最终的选择方法。

（4）镇痛。无论从人道，还是从预防疼痛、防止疾病恶化的角度来看，现场使用镇痛药是必要的。在美国，现场常使用吗啡和氧化亚氮等。

（5）精神支持。黑暗和狭窄会使需救助者高度紧张、充满恐怖感，将要经历长时间的痛苦。利用声音和肢体接触与需救助者建立良好的信任关系，缓解需救助者的不安，给予需救助者精神上的支持。支持和鼓励在治疗上是非常有效的一个手段。

（五）伤员转运

尽早为受困人员提供安全防护能够防止在救援过程中发生二次伤害，并提高后续救治成功概率。一般的安全防护措施包括：对于竖向狭小空间，为受困人员系上安全带或救生带，可顺利完成提升。对于横向狭小空间，在出入口允许的情况下，建议使用担架，当出入口狭窄时，尽量采取多人"圆木"式搬运方式。为还有自主呼吸的受困人员佩戴呼吸防护用品，如防毒面具或正压式供气式呼吸器。如果狭小空间内有积水、淤泥，被困人员昏迷后口、鼻可能被压在地面，甚至水或泥浆里，救援人员应优先确保其呼吸通畅，再实施救援。为受困人员佩戴安全帽，防止救援过程中头部受到二次撞击。

三、狭小空间救援注意事项

（一）明确现场情况

救援队伍到达现场后首先向现场指挥总部报到确认指挥命令系统，明确救援任务与现场情况，包括现场安全、狭小空间内部状况、危险程度、需救助者的情况、紧急状况下的应对以及天气、温湿度等，根据现场情况拟定营救计划。

（二）做好防护准备

（1）个人安全防护用品准备十分重要，要牢记安全第一的原则。

（2）至少要携带和穿着安全防护装备，包括：①带有防爆灯的安全帽；②正压式空气呼吸器；③定位手环；④皮手套；⑤安全靴；⑥护肘、护膝；⑦防爆通信工具等。

（3）携带必要的医疗器材与药品等。

（4）在进入后，要牢记退路（标记符号）。

（三）尽快发现伤员

尽快发现伤员是实施学救援的第一步，救援人员应该充分利用各种工具和设施，现场采用生命探测仪探测有关生命迹象，以便及早发现伤员，并与之建立有效的联系。

（四）迅速救出伤员

无论何种场合，只要现场存在危险因素，如火灾现场的爆炸因素、地震现场的再倒塌因素、毒气泄漏现场的毒气扩散因素等，都可能危及伤员和救援人员的生命，使救援人员无法完成急救任务，甚至危及自身安全，所以必须要先将伤员想方设法转移至安全处。

（五）防止或减轻后遗症的发生

从狭小空间救出的伤员还需要注意防止或减轻后遗症发生，把灾害事故给伤病者带来的损失减到最小。

（1）尽快给予伤病者生命支持。

（2）采取预防措施，防止病情加重或发生继发性损伤。

（3）对脊柱损伤的患者切不可随意搬动，以免发生或加重截瘫。需在医务人员指导下搬动。

（4）如有必要应进行追加处置，确保安全将伤员转运到医院。

（5）狭小空间内外的协调、医疗和消防密切合作、医务人员与伤员配合是救援成功的关键。

复 习 思 考 题

1. 地震灾害中常见的损伤有哪些？

2. 地震发生时家庭避险的注意事项有哪些？

3. 地震灾害发生后如何进行早期自救互救？

4. 洪涝灾害过后应进行哪些防疫措施？

5. 简述有毒有害气体泄露现场救援的基本原则。

6. 眼部化学烧伤后应该如何处理？

7. 狭小空间救援的特点有哪些？

8. 狭小空间救援时要注意哪些事项？

第九章

心理危机干预

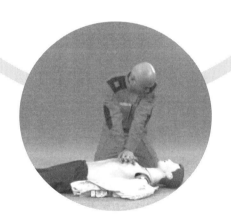

第一节 相关心理学知识

心理学是一门具有长远历史的学科，早在古希腊时期心理学就已开始萌芽，但心理学被确立为一门独立的学科却只有一百多年的历史。在这一百多年的历史中，心理学领域迸发出了各种各样的流派，各流派从各自不同角度出发表达各自观点，其中以精神分析学派、人本主义心理学和行为主义心理学影响最大，被称为心理学的三大主要理论，各治疗方法各有特点，也各具局限性。

一、不同流派的理论基础

1. 精神分析理论

弗洛伊德（S. Freud）认为人性本恶，人类具有天生的破坏欲望，力比多（Libido，性本能）是人类心理活动与发展的基本动力。在其三部人格理论中，自我、本我、超我无法协调以及被压抑到潜意识中的不能被客观现实、道德理智所接受的各种本能的要求和对欲望的渴求，还包括被意识遗忘而埋藏在潜意识中的童年时期不愉快经历、心理创伤等，是心理问题或障碍以及病态行为出现的根本原因。精神分析理论基于上述假设通过释梦、自由联想等方法挖掘患者潜意识中早年创伤和痛苦体验，使患者在意识层面真正了解自身病因，从而正视这些冲突和焦虑并将其消除。

2. 人本主义理论

人本主义认为人性是至善的，人都有向往美好的追求，认为心理健康个体的"现实我"与"理想我"接近，而出现心理问题或障碍的个体的两种自我之间评价差距过大。人本主义理论着眼于人生的意义与价值，重视人的尊严与责任，通过对个体的积极关注和调动主观能动性解决其心理问题。

3. 行为主义理论

行为主义理论认为人性非善非恶。其基本假设是：心理问题或障碍的产生是习得的，适应不良的行为也是习得的。行为主义理论将人的心理状态比作"黑匣子"，不是心理学研究的对象，通过各种刺激得到的外显状态才值得关注，因此行为主义理论认为只需通过实验室中发展而来的行为治疗技术就可以纠正来访者的特殊行为症状，就能解决心理问题或障碍。

二、不同流派对攻击性的解释

1. 精神分析派

经典精神分析学家认为，每个人都有一种无意识的死的本能，也就是说，具有一种自我毁灭的无意识的愿望。但是，一个具有健康人格的人是不会自我伤害的，所以这种自我毁灭的冲动就会转向外面，以攻击的方式向别人表达出来。另外，一些精神分析学家认为，当人要达到自己目标的行为受阻时，就会产生攻击行为。一个处于巨大挫折体验的人，例如在实现自己的目标屡遭挫败的人，就可能出现比较持久的攻击行为。在大部分情况下，这个人没有意识到这种攻击行为的真正的原因。

2. 人本主义流派

人本主义心理学家不承认有些人生来就具有攻击性。许多人本主义心理学家认为，人的本性是善良的，如果能在富足和充满鼓励的环境中成长，所有人都能成为乐观、和善的人。当某些因素妨碍了这种自然成长的过程，就会出现问题。

3. 行为主义流派

行为主义心理学家认为人们会像学习其他行为一样，学会攻击行为。如果孩子的攻击行为受到奖赏，进而受到强化，他们将继续表现为攻击行为。人们还能从观看榜样行为进行学习。儿童可能会看到伤害别人有时候是有用的，因而从富于攻击性的同学那里学会的了攻击。

三、不同流派对抑郁的解释

1. 精神分析派

弗洛伊德认为，抑郁是一种转向内心的愤怒。处于抑郁中的人存在一种无意识的愤怒和敌意感。精神分析学家还认为，每个人都有内在的、阻止人表现出敌意的社会标准和价值观念。因此，这些愤怒感就转向内心，人就"向自己出气"。用精神分析的理论来解释，这是一种无意识水平的表现。

2. 人本主义流派

人本主义流派用自尊来解释抑郁，就是说，经常为抑郁困扰的人，是那些不能建立良好的自我价值感的人。人的自尊心是在成长的过程中建立起来的，它像人格的其他概念一样，在不同时间和情景是相对稳定的。人本主义心理学家在治疗遭遇抑郁困扰的患者时，一个重要的目标就是让他们接纳自己，甚至接纳自己的错误和弱点。

3. 行为主义流派

行为主义流派考查的是导致抑郁的学习经验的类型。行为主义者认为，抑郁是由于生活中缺乏积极强化物导致的。它假设，抑郁是因对厌恶情境的体验导致的，在这种情境中，人们感觉自己几乎控制不了什么。这一理论认为，处于不可控制的事件中，会使人产生一种无助感，并且泛化到其他情境中，形成典型的抑郁综合征。

四、不同流派的治疗方法

1. 精神分析派

精神分析理论是当代心理咨询与治疗的重要理论基础。精神分析学派的创始人弗洛伊德是现代心理咨询与心理治疗的鼻祖，他的理论与方法在帮助人们克服心理障碍和治疗心理疾病中有许多可取之处。精神分析疗法包括以下几种方法：自由联想、疏导宣泄、认知与领悟、暗示疗法等。

2. 人本主义派

人本主义认为人性本善，它为人性提供了一幅乐观画图，认为人是具有潜能和成长着的个体，如果各方面发展良好，人就由意识导引其行为直到完全实现其最大潜能，成为一个独特个体。心理或行为障碍的产生乃是由于其个人成长受到压抑所致，自我意识不良和他人施加的价值条件是引起心理问题的根源，这些问题通过治疗可以消除。

3. 行为疗法派

行为疗法也叫行为矫正法，它是建立在行为理论基础上的一种心理治疗方法。其基本理论主要来自行为主义的学习原理，即经典条件反射原理、操作性条件反射原理和模仿学习原理，它认为异常行为和正常行为一样，是通过学习、训练后天培养而获得的，自然也可以通过学习和训练来改变或消失。行为疗法是所有心理咨询方法中应用最广的一种，其中包括了许多经典的具体方法，包括系统脱敏法、满灌疗法（暴露疗法）、厌恶疗法、代币法、放松疗法等。

第二节　心理危机干预概述

一、基本危机理论

基本危机理论以社会精神病学、自我心理学和行为学习理论为基础，1944 年由林德曼（Lindeman）最先提出，1964 年凯普兰（Caplan）又对该理论进行了补充和发展。

基本危机理论是由林德曼在对丧失亲人所导致的悲哀性危机研究中提出，他认为悲哀的行为是正常的、暂时的，并且可通过短期危机干预进行治疗。

而这种"正常"的悲哀行为反应包括：总是想起死去的亲人、认同死去的亲人、表现出内疚和敌意、日常生活出现某种程度的紊乱、出现某些躯体表现。

林德曼在对创伤进行危机干预时，采用了平衡/失衡模式。这一模式分为如下的四个时期：紊乱的平衡、短期治疗或悲哀反应起作用、求助者试图解决问题或悲哀反应、恢复平衡情况。

凯普兰认为危机是一种状态，而造成这种状态的原因是生活目标的实现受到阻碍，且用常规的行为无法克服。阻碍的来源既可以是发展性的，又可以是境遇性的。

基本危机理论强调人们在创伤性事件中所表现出来的普遍反应是正常的、暂时的，并可以通过短暂的危机干预技术进行治疗。治疗的关键在于帮助危机者认识和矫正创伤性事件引发的暂时的认知、情绪和行为的扭曲。

基本危机理论认为所有的人都会在其一生的某个时候遭受心理创伤，但应激和创伤两者本身都不构成危机，只有在主观上认为创伤性事件威胁到需要的满足、安全有意义的存在时，个体才会进入应激状况，危机是应激障碍的结果。

每个人的每次危机都可能是不同的，因此，危机干预工作者必须将每一个人和造成危机的每一个事件都看作是独特的。布拉默提出，应用危机理论包括三方面：发展性危机、境遇性危机、存在性危机。

发展性危机指正常成长和发展过程中，急剧的变化和转变所导致的异常反应；境遇性危机是指当出现罕见或者超常事件，且个人无法预测和控制时出现的危机；存在性危机是指伴随着重要的人生问题，如关于人生目的的责任、独立性、自由和承诺等出现的内部冲突和焦虑。

区分境遇性危机和其他危机的关键在于它的问题的随机性、突然性、震撼性、强烈性和灾难性。在各类突发事件中，灾民以及救援人员面临的心理危机，绝大部分都是境遇性危机。

二、心理危机干预的意义和任务

（一）心理危机干预的意义

心理危机干预是指在重大事故灾难发生后，通过各种手段或方式对受灾群众提供心理帮助，减轻其心理损伤，使其恢复到正常生活中的方法。

灾后心理危机干预在一些西方国家作为一项重要的治疗技术已经相对成熟，我国起步较晚。我国的心理干预始于 1994 年新疆克拉玛依火灾，后来在张北地震、洛阳火灾、"非典"危机中，心理干预逐渐被引入。在 2008 年的汶川地震中，心理干预活动达到了史无前例的规模。在灾难性事件中，灾区人民的生理、心理都会遭受不同程度的损害，在重特大灾难现场，甚至包括医护人员在内的各类救援人员也会产生不同程度的应激反应。有效的心理危机干预能够使存在心理危机的人们正确地面对危机和困难，调整自己的应激状态，尽快恢复到正常的生活中去。另外，针对各类事故灾难有针对性地对救援人员进行心理培训，既能够提高救援人员的心理救助能力，也能有效提高其自身抗压能力，提高救援效率。

地震、洪水、台风或核泄漏、大爆炸等重特大自然灾害、事故灾难都会对人们的心理造成强烈冲击，若不能快速有效地控制和及时缓解，就会导致人们在认知、情感和行为上出现功能失调。出现心理危机的伤员会表现出悲伤、厌世、敏感、易怒等消极情绪，不仅不利于自身健康和恢复，还会影响到周围的人，形成群体效应，从而导致社会秩序混乱。

对于群体而言，灾难性事故与事件往往会使伤员原来所属的群体遭到破坏，伤员与原来所属群体的联系丧失。社会群体既是人们生活的基本单位，又是社会重要的结构要素，是社会和个人相连接的纽带。通过对伤员的干预与救助，可以帮助伤员尽快恢复与原来所属群体的联系，尽快建立归属感，恢复伤员所属的群体，这有利于伤员尽快恢复正常生活。通过采取对伤员以及更大范围的社会公众进行心理干预与救助，帮助伤员尽快地适应社会，重新融入社会生活中来，也可以有效地使社会心理恢复到正常状态，最终有利于社会的和谐与稳定。

（二）心理危机干预的任务

心理危机干预的主要任务在于对特定的需要干预的人群或个人，如当事人、伤员亲人等，通过心理干预手段，使他们正确的面对危机和困难，调整自己的应激状态，尽早回复到正常。一般认为，各种类型心理危机的干预目标有三种：一是初级目标，稳定危机者的情绪；二是中级目标，使危机者的心理状态恢复到危机前水平；三是高级目标，使危机者的心理状态发展到高于危机前水平。

除此以外，心理干预还承担着面向大众普及知识的任务，通过心理干预知识的学习和教育，使得他们具有心理健康的意识，对于心理干预有正确认识，在有需要时接受或选择相应的心理干预的途径和方法。从长远来看，后者具有更加深刻的意义。作为公众中的一员，每个人都应具备一定的应急管理知识及良好的心理素质，了解在危机事件发生时应该做什么，除了需要基本的救援能力以外，具备良好稳定的心理素质，较好地运用相关技巧，会帮助我们提高应变处理能力，使人们在面对危机情况时从容面对、积极救援、与他人合作、救人和自救，进而赢得宝贵的生存机会，在灾害发生后也能尽快地恢复正常的心态和状态，使得社会免遭更大的损失和造成个人和家庭的更大的痛苦。

三、应激与应激障碍

（一）应激的概念

不同学科领域对应激的解释有所不同，心理学认为应激是指当环境刺激威胁到一个人的重要需求和其应对能力时，个体所产生的一类特殊心理、生理反应，通常由危险或出乎意料的外界情况的变化所引起。

灾难应激是指人们由于面对或经历灾难性事件而引起的心理压力，这种压力超出了自身可以承受的能力而引发心理危机。也就是指突然发生的灾难性事件，使个体的思维和行为受到严重干扰，发生紊乱后进入的一种失衡状态，这种失衡状态，又叫心理危机状态。在这种状态下人们会表现出痛苦、不安、冷漠、幻想、自责、轻生等各种消极情绪和反常行为，这些情绪和行为都是应激反应。大部分应激反应会慢慢平复，但是倘若事故灾难严重、持续时间长、灾民受到难以磨灭的心理或生理创伤、没有及时得到关怀和心理疏导等，就会发展成心理应激障碍；一般灾难应激障碍分为两种：急性应激障碍（ASD）和创伤后应激障碍（PTSD）。

（二）急性应激障碍（ASD）

1. 概念

急性应激障碍（ASD）是指受灾人群突然遭受重大打击、精神创伤等，短时间内表现出来的生理、心理症状；通常在受到强烈刺激后几分钟至数小时内发生，持续时间较短，一般病程持续时间不少于 2 天，不超过 4 周。

在强烈刺激后幸存者通常会很快出现极度悲哀、痛哭流涕，进而出现呼吸急促，甚至短暂的意识丧失。幸存者初期为"茫然"阶段，以茫然、注意狭窄、意识清晰度下降、定向困难、不能理会外界的刺激等表现为特点。随后，幸存者可以出现变化多样、形式丰富的症状，包括对周围环境的茫然、激越、愤怒、恐惧性焦虑、抑郁、绝望，以及自主神经系统亢奋症状，如心动过速、震颤、出汗、面色潮红等一系列生理、心理反应。

急性应激障碍（ASD）属于急症，但危害相对较轻，一般应激源消除后短时间内症状便可消失，预后良好，可完全治愈；但若 ASD 患者处理不及时或处理不当，有 20％～50％的患者会发展为创伤后应激障碍（PTSD），使其长期处于痛苦状态，留下严重心理创伤；因此灾难发生后应及时对表现出 ASD 的患者进行关怀和心理干预。

2. 临床表现

按照患者的表现，一般可将患者分为三种类型：精神运动抑制型、精神运动兴奋型和抑制与兴奋混合型。

精神运动抑制型患者的主要表现为表情呆滞，处于茫然状态，继而不动不语，呆若木鸡，对外界刺激反应迟钝或没有反应，判断力减弱，呈木僵状态；极度疲倦，全身无力，也称为心因性木僵。

精神运动兴奋型患者主要表现为意识朦胧状态，具体表现有：不能对周围事物清晰感知、自言自语，内容零乱；表情紧张、恐怖、激越、叫喊，呼吸急促，大汗淋漓；还可以出现定向力障碍，片断的幻觉、错觉和妄想，并可在幻觉、妄想支配下产生攻击或危害周围人的行为；动作杂乱、无目的，或躁动不安、冲动毁物；事后不能全部回忆，也称为心因性意识模糊。

抑制与兴奋混合型患者主要表现为上述症状有变化的交替出现，多自责、忧郁，焦虑，有的出现头晕、头痛、睡眠障碍、全身不适等躯体症状。

有的患者因强烈和持续一定时间的心理创伤直接引起精神病性障碍。称为"急性应激性精神病"，也称为"反应性精神病"。这是急性应激障碍的一种亚型。其表现以妄想和情感症状为主，症状内容与应激源密切相关，较易被人理解，经适当治疗，预后良好，恢复后精神正常，一般无人格缺陷。

急性应激障碍的患者，在强烈的精神刺激作用下，出现情绪低落、抑郁、愤怒、悔恨、沮丧、绝望、自责自罪，严重时有自杀行为；并有失眠、噩梦多、疲乏，难以集中注意力，对生活缺乏兴趣，对未来失去信心，但无精神运动抑制现象。症状缺乏晨重夜轻的变化，情感和行为多能为旁人所理解，与外界接触尚好，称为急性心因性抑郁状态。少数患者在强烈的精神刺激作用下，出现情绪兴奋、欣快、言语增多，并有夸大特点，内容与精神因素有关，易被人理解，有时亦可出现伤人、毁物行为，多数伴失眠，称为心因性躁狂状态。

3. 诊断标准

国际疾病分类（ICD）对急性应激障碍（ASR）的定义及诊断标准如下。

（1）定义。急性应激障碍为一过性障碍，作为对严重躯体或精神应激的反应发生于无其他明显精神障碍的个体，常在几小时或几天内消退。应激源可以是势不可挡的创伤体验，包括对个体本人或其所爱之人安全或躯体完整性的严重威胁（如自然灾害、事故、战争、受罪犯的侵犯、被强奸）；也可以是个体社会地位或社会关系网络发生急骤的威胁性改变，如同时丧失多位亲友或家中失火。若同时存在躯体状况衰竭或器质性因素（如老年人），发生本障碍的危险性随之增加。

并非所有面临异乎寻常应激的人都出现障碍，这就表明个体易感性和应付能力在急性应激反应的发生及表现的严重程度方面有一定作用。症状有很大变异性，但典型表现是最初出现"茫然"状态，表现为意识范围局限、注意狭窄、不能领会外在刺激、定向错误。紧接着这种状态，是对周围环境进一步退缩（可达到分离性木僵的程度），或者是激越性活动过多（逃跑反应或神游）。常存在惊恐性焦虑的植物神经症状（心动过速、出汗、面赤）。症状一般在受到应激性刺激或事件的影响后几分钟内出现，并在2～3天内消失（常在几小时内），对于发作可有部分或完全的遗忘。

（2）诊断要点。异乎寻常的应激源的影响与症状的出现之间必须有明确的时间上的联系。症状即使没有立刻出现，一般也在几分钟之内出现。此外，症状还应有以下表现：

1）表现为混合性且常常是有变化的临床相，除了初始阶段的"茫然"状态外，还可有抑郁、焦虑、愤怒、绝望、活动过度、退缩，且没有任何一类症状持续占优势。

2）如果应激性环境消除，症状迅速缓解；如果应激持续存在或具有不可逆转性，症状一般在24～48h开始减轻，并且大约在3天后往往变得十分轻微。

3）本诊断不包括那些已符合其他精神科障碍标准的患者所出现的症状突然恶化。但是，既往有精神科障碍的病史不影响这一诊断的使用，包含：急性危机反应、战场疲劳、危机状态、精神休克。

（3）中国诊断标准。中国诊断标准是由中华精神科学会于 2000 年颁布的《中国精神障碍分类与诊断标准》（第 3 版）（CCMD-3）。关于急性应激障碍的诊断标准如下：

急性应激障碍的诊断标准：以急剧、严重的精神打击作为直接原因。在受刺激后立刻（1h 之内）发病。表现有强烈恐惧体验的精神运动性兴奋，行为有一定的盲目性；或者为精神运动性抑制，甚至木僵。如果应激源被消除，症状往往历时短暂，预后良好，缓解完全。

症状标准：以异乎寻常的和严重的精神刺激为原因，并至少有下列一项：

1）有强烈恐惧体验的精神运动性兴奋，行为有一定盲目性；

2）有情感迟钝的精神运动性抑制（如反应性木僵），可有轻度意识模糊。

严重标准：社会功能严重受损。

病程标准：在受刺激后若干分钟至若干小时发病，病程短暂，一般持续数小时至 1 周，通常在 1 月内缓解。

（三）创伤后应激障碍（PTSD）

1. 概念

1980 年版的《美国精神障碍诊断与统计手册》（第 3 版）（DSM-Ⅲ）首次提出创伤后应激障碍（PTSD）的概念，表述为：异乎寻常的威胁性或灾难性应激事件或情景的延迟或延长的反应，或为一个人经历了异乎寻常的、几乎对所有的人都会带来明显痛苦的事件后所发生的精神障碍。《美国精神障碍诊断与统计手册》（第 4 版）（DSM-Ⅳ）对创伤事件的定义除了亲身经历的死亡或死亡威胁事件，也包括目睹他人躯体的完整性受到威胁。比如"丧亲"，自己并没有经历死亡，但死亡事件对自己构成了严重的伤害，并带来了明显的创伤体验等精神创伤。

2. 临床表现

PTSD 的主要临床表现可分为三组，第一组为各种形式的反复发生的闯入性创伤性体验重现，如侵入性的回忆和反复出现的噩梦；第二组为保护性的分离反应，有持续性的回避与整体感情反应麻木的特点；第三组为持续性的警觉性增高，如过度警觉、情绪烦躁、入睡困难等。症状持续至少 1 个月，其中症状小于 3 个月称为急性 PTSD；超过 3 个月为慢性 PTSD；症状开始于应激发生 6 个月后，为延迟性 PTSD。

（1）反复性体验症状。这种症状表现为反复闯入性地、痛苦地记忆起这些事件，没有警告，就像"从天而降"，不需要刺激或者相关引发物，PTSD 个体可能会生动地看到当时的情境，好像创伤再次发生，被称为侵入性回忆或者"闪回"。反复闯入记忆的痛苦事件，还会在人睡眠状态以梦魇的形式发生。

另外，如果遇到与此创伤事件有关的具有象征意义的或者是实际的线索，都会引发个体强烈的心理反应（恐惧、恶心、抑郁等），或者是生理反应（心跳加快、出汗、呼吸加快等）。一方面个体难以控制症状的发生时间和次数；另一方面它们会引发个体强烈的痛苦感觉，就像再次经历创伤事件一样。有些引发恐惧的线索或者是刺激是明显的，但是有些情况下，线索与创伤之间似乎没有直接的联系。

（2）回避与情感麻木。这是 PTSD 的核心特征，反映了个体试图在生理和情感上远离创伤。创伤体验产生了非常强烈的情绪，如压倒一切的恐惧、害怕和焦虑，这些情绪反应可持续终生。许多创伤事件的幸存者报道在他们的生活中情感体验受限，通常指情感麻木。事实上，创伤员有能力体验和表达患病前的所有情感，情感上的麻木并非创伤体验导致，而是 PTSD 患者对负性情感刺激常做出过度的回避反应所致。对创伤记忆的回避可以暂时缓解痛苦，但是却强化了回避性行为。

情感分离是为了切断侵入性创伤记忆与痛苦情感之间的联系。但是严重时会阻碍个体与他人建立正常联系，享受日常生活，保持创造力，以及计划未来等多个方面。个体为了避免回忆起创伤和与之相联系的痛苦经历，往往以一种单调固定的方式生活。

（3）持续性警觉增高。这一症状在创伤暴露后的第一个月最普遍、最严重。在这种状态中，个体会花很多的时间和精力去寻找环境中的威胁性信息（高度易感性）。同时，个体还会体验到难以入睡或者睡眠不深、易激惹或易怒，难以集中注意力，对刺激的过度反应（比如过分的惊吓反应）。在危机中，这样的反应是适应性的。但是在安稳的情境中，过度的警觉性会扰乱个体的正常生活，使人感到衰竭，破坏机体健康。

3. 诊断标准

DSM-5 关于创伤后应激障碍的诊断标准如下（注：以下诊断标准适用于成人、青少年和 6 岁以上的儿童。对于 6 岁及以下的儿童，需参阅"6 岁及以下儿童创伤后应激障碍"）。

患者以下列一种（或多种）方式接触于真正的或者被威胁的死亡，严重创伤，或性暴力等创伤事件：①直接经历创伤事件；②亲眼目睹发生在他人身上的创伤事件；③获悉关系密切的家庭成员或关系密切的朋友接触于创伤事件；④反复经历或极端接触于创伤事件中的恶性细节中（如，急救人员收集尸体残骸）。注：诊断标准④不适用于通过电子媒体、电视、电影或图片的接触，除非这种接触与工作相关。

在创伤事件发生后，存在以下一种或多种与创伤事件有关的重新体验症状：①反复地、不自主地和侵入性痛苦地回忆起这些创伤事件（注：6 岁以上的儿童，可能通过反复玩与创伤事件有关的主题或某方面内容来表达）。②反复做内容或情景与创伤事件相关的痛苦的梦（注：儿童可能做可怕的梦但不能辨认其内容）。③出现分离反应（如，闪回），似乎创伤事件正在重现个体的感受或动作，这种反应可以连续出现，最极端的表现是对目前的环境完全丧失意识（注：儿童可能在游戏中重演特定的创伤）。④暴露于象征或类似创伤事件某方面的内在或外界迹象时，出现强烈而持久的心理痛苦。⑤暴露于作为此创伤事件的象征或很相像的内心或外界迹象之时，出现显著的生理反应。

创伤事件后开始持续地回避与创伤事件有关的刺激，出现以下一种或两种情况：①回避或努力回避有关创伤事件或与其高度相关的痛苦记忆、思想或感受；②回避或努力回避能够唤起有关创伤事件或与其高度相关的痛苦记忆、思想或感觉的外部提示（人、地点、对话、活动、物体、情景）。

与创伤性事件有关的认知和心境方面的消极改变，在创伤事件发生后开始出现或加重，具有以下两种（或更多）情况：①患者不能记起创伤性事件的某个重要方面（通常是由于分离性遗忘症，而不是诸如脑损伤、酒精、毒品等其他因素所致）；②对自己、他人或世界的持续性夸大的消极信念与预期（如"我很坏""没有人可以信任""世界是绝对危险的""我的整个神经系统永久地损坏了"）；③由于对创伤事件的起因或结果抱有持续性的认知歪曲，导致患者责怪自己或他人；④持续的消极情绪状态（如，害怕、恐惧、愤怒、内疚或羞愧）；⑤明显地很少参加有意义活动或没有兴趣参加；⑥有脱离他人或觉得他人很陌生的感受；⑦持续性地难以体验到积极情感（如，不能体验幸福、满足或爱的感受）。

与创伤事件有关的警觉性或反应性有显著的改变，在创伤事件发生后开始或加重，表现为下列两项（或更多）情况：①激惹行为或易发怒（在很少或没有挑衅的情况下），典型表现为对他人或物体的言语或身体攻击；②莽撞或自我伤害行为；③高度警觉；④过分的惊吓反应；⑤难以集中注意；⑥睡眠障碍（如，难以入睡，或睡得不深，睡眠不安）。

病期超过 1 个月。

四、心理危机干预模式

目前常用的心理危机干预模式主要有三种类型，分别是平衡模式、认知模式和心理社会转换模式。在干预的早期阶段主要应用平衡模式，干预后期可以应用认知模式和心理社会转换模式。三种模式为不同的心理危机干预策略和方法提供基础。

（一）平衡模式（Equilibrium Model）

又称平衡/失衡模式，适用于处理危机的早期干预。危机状态下的人由于原有的常规方法和应对机制都不能解决当前的特殊问题，因此其心理或情绪处于一种失衡状态，无法控制自己，找不到解决问题的方向。干预者的工作重心是努力稳定受害者的心理和情绪，使其重新获得危机前的平衡状态。

（二）认知模式（Cognitive Model）

适用于危机已经稳定下来并接近于危机前平衡状态的干预阶段。认知模式的目的是通过改变危机状态下的个体错误的思维方式，使其意识到自己认知中的非理性、非合理和自我否定成分，从而重新获得对事件的理性认识及自我肯定，并自觉控制目前存在的危机状态。

（三）心理社会转换模式（Psychosocial Transition Model）

和认知模式一样，也适用于危机状态已经稳定下来的干预阶段。该模式主要基于这样一种认识，人是生理、心理和社会三方面共同作用的产物，人总是受到多方面的影响，因此对危机的干预不仅要考虑个体内部因素也要考虑外部因素，以及两者的相互作用。把受灾者的心理资源、应对方式和社会支持等外部环境结合起来，从而使其有更多的选择机会去解决当前遇到的危机问题。

五、心理危机干预程序

（一）心理危机干预程序的六个步骤

心理危机干预程序的六个步骤如下：

（1）明确问题。

（2）确保当事人的安全。

（3）提供支持。

（4）诊察可资利用的应对方案。

（5）制订计划。

（6）获得承诺。

在心理危机干预程序的六个步骤中，前三个步骤主要是倾听活动，而不是实际的干预行动；后三个步骤主要是心理救助人员实际采取的行动，但是，倾听活动贯穿于评估的全过程，因而也贯穿于这后三个步骤。

评估是贯穿于心理危机干预全程的一个策略或方法，它以行为为导向，以情境为基础。这种危机干预方法是我们最为推崇的，它有利于推动由心理救助人员主导的各种技能的系统运用。对这些技能的运用应该是一个连续的、灵活的过程，而不应该机械、僵化。整个六步骤过程的施行应以心理救助人员的评估为背景。

（二）倾听

步骤（1）、步骤（2）、步骤（3）主要是些倾听活动。

1. 步骤（1）：明确问题

危机干预的第一步，是要从需要接受危机干预的当事人的角度，明确并理解他们所面临的问题是什么。心理救助人员必须以与危机当事人同样的方式来感知或理解危机情境，否则，他所采用的任何干预策略或干预程序可能都会不得要领，并因而对当事人没有任何意义。所以建议，在危机干预的起步阶段，心理救助人员应采用核心倾听技术（共情、真诚、接纳或积极关注），以了解灾后需要接受危机干预的当事人的危机是什么。

（1）传达对当事人的共情。利用共情来帮助当事人有五种重要的技术，分别是专注、以语言向当事人传递共情的理解、以非语言的方式向当事人传递共情的理解、以沉默的方式向当事人传递共情的理解、向当事人反馈自己的感受。

专注是倾听的第一步，在此过程中心理救助人员不需要说什么，更多的是看着对方、倾身聆听并专注于当事人的诉说。富有成效的心理救助人员会全身心地关注危机当事人，不仅通过面部表情，而且通过身体的姿势。通过点头、眼神的接触、微笑、适度的神情严肃、倾身探向当事人、保证开放的姿态、身体的接近（但不要侵入当事人的个人空间）等，向当事人传达出的是专注、关心、投入、信任等。心理救助人员说话时和声细语、抑扬顿挫、措词亲切等，都有助于让当事人感到心理救助人员对自己的关注。通过密切注意当事人的言语的及非言语的反应，心理救助人员很快就能把握到自己是否正在与当事人建立一种共情的关系，或是加强了当事人对是否愿意建立这种关系的不信任感、恐惧感和不确定感。所以，专注既是一种态度，也是一种技能。说它是一种态度，是因为心理救助人员此时此刻正全身心地关注当事人，这时救助人员自己的一切事情都抛诸脑后；说它是一种技能，是因为如何向当事人传递自己的关心是需要训练的。

（2）以言语的方式传递共情的理解。如果心理救助人员能够准确听出并理解当事人内心情感的主旋律，并且也能准确而关切地将自己对当事人的理解传递给他，那么心理救助人员的倾听就是有效的。心理救助人员听得（理解得）越深入，也就越能有效地帮助其当事人。例如，如果心理救助人员将听出的信息反馈给当事人，当事人觉得心理救助人员给他的反馈信息是准确的而加以接受，这对当事人就是很有帮助的。

（3）情感的反馈。情感的反馈是探索当事人回避或否认的内心情感的强有力的工具之一。在正统的心理治疗中，我们往往需要想尽一切办法以揭示出当事人内心的情感，因为当事人对那些具有威胁性以及被压抑的情感的治疗是有抵抗的。但是，在危机干预中，试图解释当事人内心的情感往往不是一个最好的治疗策略。要想有效地将共情的理解传递给当事人，就必须集中于当事人所表达出的情感和认知的内容。共情的理解的关键就在于集中于当事人当下的感受和心事，并用心理救助人员自己的话将对当事人的感受简洁地说出来，反馈给当事人。

（4）非言语沟通。非言语信息可以通过多种方式表达出来。身体的姿势、身体的运动、体态、面部的各种表情、说话的语调、眼睛的运动、四肢的运动以及身体的其他各种暗示等，都可以表达一定信息，心理救助人员应该对所有这些细加观察。当事人可能会以各种身体的信息来表现不同的情绪，心理救助人员还要特别注意当事人的非言语信息是否与言语信息一致。共情的理解就包含这样一层含义，即向当事人言明，他的非言语信息与言语信息不一致，因为当事人自己可能对此没有意识。心理救助人员一定要注意，不要根据当事人的身体语言作出过多推测，因为通过身体语言来传达共情的理解往往并不十分可靠。其实，心理救助人员对非言语沟通的关心应该更多的是关心自己通过非言语沟通传递的信息。作为心理救助人员，自己的非言语信息也必须与自己的言语信息一致。如果，心理救助人员的身体语言能够向当事人传递出"我会全身心地去理解你的心事和感受，不会分心于其他任何事情"等此类信息，并不会被当事人误解，那么，心理救助人员就能够以非言语的方式将共情的理解传递给当事人，并因此处于帮助当事人的更好的位置。

（5）沉默。在危机干预的沟通过程中，当当事人接不上话或稍有停顿时，如果危机心理救助人员能够保持沉默并给予当事人密切的关注，这其实是很好地体现了深层的、共情的理解。这种沉默作为一种非言语沟通，就类似于说："我能理解，你正在努力想着怎样用语言把你的感受表达出来，这很好。我也知道，这其实是很难的，但我相信你能行。当然，我随时可以帮助你表达你的感受。"

（6）传达对当事人的真诚。一定要真诚地保持自己的自我本色，而不是刻意地模仿自己看到或听说过的某一治疗师，这对于危机心理救助人员来说非常重要。保持真诚就意味着要言行一致，意味着心理救助人员不仅要对自己的自我、感受、经验等有明确的自我意识，而且，在危机干预情境中，在需要的时候，他应该将自己的自我、感受、经验等无保留、无条件地拿出来与危机当事人共享。

艾根曾探讨过真诚的基本要素，这些要素包括不受角色的束缚、自发性、不要有防御、要言行一致、与别人分享自我。

（7）传达对当事人接纳。心理救助人员若能以完全接纳危机当事人的态度与之发生互动，就必然表现出对当事人的无条件积极关注，而不管危机当事人自身的品质、信念、问题等。即使当危机当事人所做的事、所说的话以及对情境的理解与心理救助人员自己的信念及价值观是完全相对立的，心理救助人员也应该能够尊重、关心并完全地接纳危机当事人。心理救助人员应该能够做到将自己的需要、价值观、愿望等放在一边，而且不要以当事人的任何特殊反应作为完全接纳她的附加条件。

2. 步骤（2）：确保当事人的安全

心理救助人员必须自始至终将确保当事人的安全放在全部干预工作的首要位置，这是毋庸置疑的。所谓确保当事人的安全，简单地说就是将当事人无论在身体上还是在心理上对自己或他人造成危险的可能性降到最低。虽然在这个模型中我们将确保当事人安全放在第二步，但如前所述，我们对每一个步骤的运用都是灵活的，这也就意味着安全问题在整个危机干预过程中都处于首要的考虑。对安全问题进行评估并确保当事人及他人的安全是危机干预工作中最紧要的，不管怎么强调都不过分。因此，任何危机心理救助人员一定要将安全问题作为他们全部思考和行动的自然出发点。

3. 步骤（3）：提供支持

危机干预的第三个步骤所强调的是一定要让危机当事人相信，他的事情就是心理救助人员的事情。作为心理救助人员，我们不能想当然地假定危机当事人会觉得我们很在乎他、很关心他。所以，这个步骤实际上给心理救助人员提供了一个机会，以向当事人保证"这里有一个人真的很关心你"。在第三个步骤中，向当事人提供支持的就是心理救助人员。这就意味着心理救助人员必须能以一种无条件的、积极的方式接纳所有的当事人，不管当事人是否将会对他们有所回报。真正能给当事人以支持的心理救助人员才能接纳当事人，并尊重当事人作为人的价值，而其他人未必能对当事人做到这一点。

（三）行动

步骤（4）、步骤（5）、步骤（6）主要包括一些实际的行动策略。

1. 步骤（4）：诊察可资利用的应对方案

危机干预的第四个步骤所关心的恰恰是危机当事人和心理救助人员都常忽视的一个问题，即探查出各种可供当事人选择和利用的应对方案。在严重受创而失去能动性时，危机当事人往往不能充分分析他们最好的选择方案，有些当事人实际上认为他们的境况无可救药了。可供选择的应对方案可以从以下三个角度来寻找：

（1）情境的支持，实际上就是当事人过去和现在所认识的人，他们可能会关心当事人到底发生了什么。

（2）应对机制，实际上就是当事人可以用来摆脱当前危机困境的各种行为、行为方式或环境资源。

（3）当事人自己的积极的、建设性的思维方式，实际上就是当事人重新思考或审视危机情境及其问题，这或许会改变当事人对问题的看法，并减缓他的压力和焦虑水平。

有效的心理救助人员可能会想出无数适合当事人的应对方案，但只需与当事人讨论其中少数几种，因为当事人事实上并不需要太多的应对方案，他们只需要对他们的具体情境而言现实可行的方案。

2. 步骤（5）：制订计划

危机干预的第五个步骤，即制订计划，是第四个步骤的自然延伸。这个行动计划应该确定出其他的个体及组织团体等，应该随时可以请求他们过来提供支持帮助；提供应对机制，这里所谓应对机制应该是当事人能够立即着手进行的某些具体的、积极的事情，是当事人能够掌握并理解的具体而确定的行动步骤。这个计划应着眼于当事人危机情境的全局以求获得系统的问题解决，并对当事人的应对能力而言是切实可行的。虽然在危机进程的某些特殊时刻，心理救助人员可以是高度指导性的，但计划的制订必须与当事人共同讨论、合作完成，这样才能让当事人感觉这是他自己的计划，因而更愿意去执行这个计划。在制订计划时，一定要向当事人解释清楚在计划执行过程中可能会发生什么，并获得当事人的同样，这是非常重要的。在计划的酝酿与制定中，最重要的是不要让当事人觉得他们的权利、独立性以及自尊被剥夺了。计划制定中两个核心问题是当事人的控制力和自主性，之所以让当事人去执行这个计划，就是为了帮助他由此重新获得对生活的控制感并重获信心，相信他没有因危机而变得依赖于支持者，如心理救助人员等。

3. 步骤（6）：获得承诺

第六个步骤是第五个步骤的自然延伸，而且步骤（5）中的两个核心问题，即控制力和自主性，同样也是步骤（6）的核心问题。

如果第五个步骤即制订计划完成的比较好，第六个步骤即获得当事人对计划的承诺也就较为顺利。通常情况下，步骤（6）比较简单，只是要求当事人复述一下计划即可，其目的是让当事人承诺，一定会采取一个或若干个具体、积极、有意设计的行动步骤，从而使他恢复到危机前的平衡状态。心理救助人员要注意，在结束一个干预疗程之前，一定要从当事人那里获得诚实的、直接的、恰当的承诺保证。在随后的干预疗程中，心理救助人员要跟踪当事人的进展，并对当事人作出必要而恰当的反馈报告。对步骤（6）而言，前述核心倾听技术同样极为重要，其重要性不亚于在步骤（1）之中。

第三节　心理危机评估方法

一、创伤后应激障碍自评量表（PCL - C）

（一）概述

PTSD检查表平时版（PCL - C）是美国创伤后应激障碍研究中心行为科学分部于1994年11月根据DSM - Ⅳ制定的，PTSD症状调查表由17项条目组成。中文译文是由姜潮教授、美国纽约州立大学布法罗学院张杰教授和美国PTSD研究中心于2003年7月完成。PCL - C量表是专为评价普通人在平时生活（与战争相对而言）中遭遇创伤后的体验而设计的，它要求被试者根据自己在过去的一个月被问题和抱怨打扰程度打分，分5个等级：1（"一点也不"）、2（"有一点"）、3（"中度的"）、4（"相当程度的"）、5（"极度的"）。可分为4个因素，分别为：警觉增高反应、回避反应、创伤经历反复重现反应、社会功能缺失反应。累计各项的总分为17～85分，分数越高，代表PTSD发生的可能性越大。此表基于症状的数量和严重程度而提供一个连续的评分，是一个多纬度观察PTSD的工具，可以对临床治疗护理提供对PTSD主要症状更详尽的描述，还可在临床研究中作为评价心理干预效果的工具。在美国，PCL - C量表常作为PTSD症状诊断和干预或治疗PTSD的效果评价量表，如表9 - 3 - 1所示。

表 9 - 3 - 1   创伤后应激障碍自评量表（PCL - C）

序号	项　　目	一点也不	有一点	中度	相当程度	极度
1	过去的一段压力性事件的经历引起的反复发生令人不安的记忆、想法或形象	1	2	3	4	5
2	过去的一段压力性事件的经历引起的反复发生令人不安的梦境	1	2	3	4	5
3	过去的一段压力性事件的经历仿佛突然间又发生了、又感觉到了（好像您再次体验）	1	2	3	4	5
4	当有些事情让您想起过去的一段压力性事件的经历时，你会非常局促不安	1	2	3	4	5
5	当有些事情让您想起过去的一段压力性事件的经历时，有身体反应（比如心悸、呼吸困难、出汗）	1	2	3	4	5
6	避免想起或谈论过去的那段压力性事件经历或避免产生与之相关的感觉	1	2	3	4	5
7	避免那些能使您想起那段压力性事件经历的活动和局面	1	2	3	4	5
8	记不起压力性经历的重要内容	1	2	3	4	5
9	对您过去喜欢的活动失去兴趣	1	2	3	4	5
10	感觉与其他人疏远或脱离	1	2	3	4	5
11	感觉到感情麻木或不能对与您亲近的人有爱的感觉	1	2	3	4	5
12	感觉好像您的将来由于某种原因将被突然中断	1	2	3	4	5
13	入睡困难或易醒	1	2	3	4	5
14	易怒或怒气爆发	1	2	3	4	5
15	注意力很难集中	1	2	3	4	5
16	处于过度机警或警戒状态	1	2	3	4	5
17	感觉神经质或易受惊	1	2	3	4	5

（二）评价标准

参考值范围为 38～47 分。

（1）17～37 分：无明显 PTSD 症状。

（2）38～49 分：有一定程度的 PTSD 症状。

（3）50～85 分：有较明显 PTSD 症状，可能被诊断为 PTSD。

二、事件冲击量表（IES - R）

（一）概述

事件冲击量表（IES）是由美国心理学家 Horowiz、Wilmer 和 Al - varez 在 1979 年编写的。IES 主要是测量人在经历灾难后的两个主要反应：不由自主地回忆那些有关灾难的影像；有意地不去想或是谈他们所经历的灾难以及所有与此灾难有关的事务。1992 年，Joseph、Wil - liams、Yule 和 Walker 等研究了一群经历过海难的成年英国人，他们发现还可能存在第三个反应，即情绪上的高唤醒（arousal）。尽管 IES 依然拥有着广泛的用途，但第 4 版《美国精神障碍诊断与统计手册》发行后，Weiss（1997）又根据手册上对创伤后应激障碍（PTSD）的阐述，对 IES 加上了 6 个测量情绪唤起某些闯入的影像和思想激发了人的焦虑和不安等项目，就形成了 22 个项目的 IES，并称为修改版的事件冲击量表（IES－R），如表 9－3－2 所示。IES－R 的有效性和直接性使其在许多非英语国家的学术界得到了快速的发展。

表 9－3－2　　　　　　　　　事 件 冲 击 量 表 （IES－R）

序号	项　　目	一点没有	很少出现	有时出现	常常出现	总是出现
1	任何与那件事相关的事物都会引发当时的感受	0	1	2	3	4
2	我很难安稳地一觉睡到天亮	0	1	2	3	4
3	别的东西也会让我想起那件事	0	1	2	3	4
4	我感觉我易受刺激、易发怒	0	1	2	3	4
5	每当想起那件事或其他事情使我记起它的时候，我会尽量避免使自己心烦意乱	0	1	2	3	4
6	即使我不愿意去想那件事时，也会想起它	0	1	2	3	4
7	我感觉，那件事好像不是真的，或者从未发生过	0	1	2	3	4
8	我设法远离一切能使我记起那件事的事物	0	1	2	3	4
9	有关那件事的画面会在我的脑海中突然出现	0	1	2	3	4
10	我感觉自己神经过敏，易被惊吓	0	1	2	3	4
11	我努力不去想那件事。	0	1	2	3	4
12	我觉察到我对那件事仍有很多感受，但我没有去处理它们	0	1	2	3	4
13	我对那件事的感觉有点麻木	0	1	2	3	4
14	我发现我的行为和感觉，好像又回到了那个事件发生的时候那样	0	1	2	3	4
15	我难以入睡	0	1	2	3	4
16	我因那件事而有强烈的情感波动	0	1	2	3	4
17	我想要忘掉那件事	0	1	2	3	4
18	我感觉自己难以集中注意力	0	1	2	3	4
19	令我想起那件事的事物会引起我身体上的反应，如：出汗、呼吸困难、眩晕和心跳	0	1	2	3	4
20	我曾经梦到过那件事	0	1	2	3	4
21	我感觉自己很警觉或很戒备	0	1	2	3	4
22	我尽量不提那件事	0	1	2	3	4

（二）计算方法

（1）回避量表：5＋7＋8＋11＋12＋13＋17＋22＝　　　。

（2）闯入量表：1＋2＋3＋6＋9＋14＋16＋20＝　　　。

（3）高唤醒量表：4＋10＋15＋18＋19＋21＝　　　。

回避＋闯入＝0～8（亚临床）、9～25（轻度）、26～43（中度）、44～88（重度）。

三、抑郁自评量表（SDS）

（一）概述

SDS 是由仲克（Zung）于 1965 年编制，如表 9 - 3 - 3 所示，是用于心理咨询、抑郁症状筛查及严重程度评定和精神药理学研究的量表之一。其特点是使用简便，并能相当直观地反映抑郁患者的主观感受，主要适用于具有抑郁症状的成年人，包括门诊及住院患者。只是对严重迟缓症状的抑郁，评定有困难。同时，SDS 对于文化程度较低或智力水平稍差的人使用效果不佳。

表 9 - 3 - 3 抑 郁 自 评 量 表 （SDS）

序号	项　目	没有或很少时间	小部分时间	相当多时间	绝大部分或全部时间
1	我觉得闷闷不乐，情绪低沉				
2	我觉得一天之中早晨最好				
3	我一阵阵哭出来或觉得想哭				
4	我晚上睡眠不好				
5	我吃得跟平常一样多				
6	我与异性密切接触时和以往一样感到愉快				
7	我发觉我的体重在下降				
8	我有便秘的苦恼				
9	我心跳比平时快				
10	我无缘无故地感到疲乏				
11	我的头脑跟平常一样清楚				
12	我觉得做经常做的事情并没有困难				
13	我觉得不安而平静不下来				
14	我对将来抱有希望				
15	我比平常容易生气激动				
16	我觉得做出决定是容易的				
17	我觉得自己是个有用的人，有人需要我				
18	我的生活过得很有意思				
19	我认为如果我死了，别人会生活得好些				
20	平常感兴趣的事我仍然感兴趣				

（二）评分标准与应用

评分标准如下：正向计分题按 1 分、2 分、3 分、4 分计；反向计分题（题号：2、5、6、11、12、14、16、17、18、20）按 4 分、3 分、2 分、1 分计。

SDS 的主要统计指标是总分，由受试者评定后，将所有项目的得分相加，即得到总粗分 X，然后通过公式 $Y = INT(1.25X)$ 转换，即用粗分乘以 1.25 后取整数部分，就得到标准分 Y。但在实际应用中，很多使用者仅使用原始粗分。

临床使用时可以采用抑郁严重指数（0.25～1.0）来反映受试者的抑郁程度。

抑郁严重指数＝粗分（各条目总分）/80（最高总分）

抑郁程度可分以下四类：无抑郁（抑郁严重指数小于0.5）、轻度抑郁（抑郁严重指数0.5～0.59）、中度抑郁（抑郁严重指数0.6～0.69）、重度抑郁（抑郁严重指数0.7以上）。

（三）注意事项

（1）评定的时间范围，应强调是"现在或过去一周"。

（2）在评定结束时，工作人员应仔细地检查一下自评结果，应提醒受试者不要漏评某一项目，也不要重复评定。

（3）SDS应在开始治疗前由受试者评定一次，然后至少应在治疗后（或研究结束时）再自评一次，以便通过SDS总分变化来分析自评者症状的变化情况。如在治疗期间或研究期间评定，其间隔可由研究者自行安排。

（4）要让受试者理解反向评分的各题，SDS有10项反向项目，如不能理解会直接影响统计结果。为避免这类理解与填写错误，可将这些问题逐项改正为正向评分，具体改动例如"2. 我觉得一天中早晨最差""5. 我吃得比平常少"等。

四、焦虑自评量表（SAS）

（一）概述

焦虑自评量表（SAS）是由仲克（Zung）于1971年编制，从量表的形式到具体的评定方法都和抑郁自评量表相似，也分20个项目，四级计分。它主要是评定受试者焦虑的主观感受，适用于焦虑症状的成年人，具有很广泛的使用性。

（二）焦虑自评量表（SAS）

如表9-3-4所示，表中有20条文字，请仔细阅读每一条，把意思弄明白。然后根据您最近一周的实际情况，在适当的方格里面画一个"√"。每一条文字后的四个方格，表示没有或很少时间、小部分时间、相当多时间、绝大部分或全部时间。

表 9 - 3 - 4　　　　　　　　焦 虑 自 评 量 表 （SAS）

序号	项　目	没有或很少时间	小部分时间	相当多时间	绝大部分或全部时间
1	我觉得比平时容易紧张和着急				
2	我无缘无故地感到害怕				
3	我容易心里烦乱或觉得惊恐				
4	我觉得我可能将要发疯				
5	我觉得一切都很好，也不会发生什么不幸				
6	我手脚发抖打颤				
7	我因为头疼、头颈痛和背痛而苦恼				
8	我感觉容易衰弱和疲乏				
9	我觉得心平气和，并且容易安静坐着				
10	我觉得心跳得很快				

续表

序号	项 目	没有或很少时间	小部分时间	相当多时间	绝大部分或全部时间
11	我因为一阵阵头晕而苦恼				
12	我有晕倒发作或觉得要晕倒似的				
13	我呼气、吸气都感到很容易				
14	我手脚麻木和刺痛				
15	我因为胃痛和消化不良而苦恼				
16	我常常要小便				
17	我的手脚常常是干燥温暖的				
18	我脸红发热				
19	我容易入睡，并且一夜睡得很好				
20	我做噩梦				

（三）评分标准与应用

评分标准如下：正向计分题按 1 分、2 分、3 分、4 分计；反向计分题（题号：5、9、13、17、19）按 4 分、3 分、2 分、1 分计。

SAS 的主要统计指标是总分，由受试者评定后，将所有项目的得分相加，即得到总粗分 X，然后通过公式 $Y = INT(1.25X)$ 转换，即用粗分乘以 1.25 后取整数部分，就得到标准分 Y。但在实际应用中，很多使用者仅使用原始粗分。

分值越小越好，临界值 T 为 50 分，分值越高，焦虑倾向越明显。其中 50～59 分为轻度焦虑，60～69 分为中度焦虑，70 分以上为重度焦虑。

（四）注意事项

（1）评定的时间范围，应强调是"现在或过去一周"。

（2）在评定结束时，工作人员应仔细地检查一下自评结果，应提醒受试者不要漏评某一项目，也不要在相同一个项目里打两个勾（即不要重复评定）。

（3）SAS 应在开始治疗前由受试者评定一次，然后至少应在治疗后（或研究结束时）再让他自评一次，以便通过 SAS 总分变化来分析自评者症状的变化情况。如在治疗期间或研究期间评定，其间隔可由研究者自行安排。

五、艾森克人格问卷简式量表中国版（EPQ‑RSC）

（一）概述

艾森克人格问卷（Eysenck Personality Questionnaire，EPQ）是英国伦敦大学心理系和精神病研究所爱森克教授编制的，他搜集了大量有关非认知方面的特征，通过因素分析归纳出三个互相成正交的维度，从而提出决定人格的三个基本因素：内外向性（E）、神经质（又称情绪性）（N）和精神质（又称倔强、讲求实际）（P），人们在这三方面的不同倾向和不同表现程度，便构成了不同的人格特征。艾森克人格问卷是目前医学、司法、教育和心理咨询等领域应用最为广泛的问卷之一。

（二）艾森克人格问卷简式量表中国版（EPQ‐RSC）

请回答下列问题，回答"是"时，就在"是"上打"√"，回答"否"时就在"否"上打"√"，每个答案无所谓正确与错误，这里没有对你不利的题目。请尽快回答，不要在每道题目上太多思索。回答时不要考虑应该怎样，只回答你平时是怎样的。每题都要回答。

1	你的情绪是否时起时落？	是 ☐	否 ☐
2	当你看到小孩（或动物）受折磨时是否感到难受？	是 ☐	否 ☐
3	你是个健谈的人吗？	是 ☐	否 ☐
4	如果你说了要做什么事，是否不论此事可能如果不顺利你都总能遵守诺言？	是 ☐	否 ☐
5	你是否会无缘无故地感到"很惨"？	是 ☐	否 ☐
6	欠债会使你感到忧虑吗？	是 ☐	否 ☐
7	你是个生机勃勃的人吗？	是 ☐	否 ☐
8	你是否曾贪图过超过你应得的分外之物？	是 ☐	否 ☐
9	你是个容易被激怒的人吗？	是 ☐	否 ☐
10	你会服用能产生奇异或危险效果的药物吗？	是 ☐	否 ☐
11	你愿意认识陌生人吗？	是 ☐	否 ☐
12	你是否曾经有过明知自己做错了事却责备别人的情况？	是 ☐	否 ☐
13	你的感情容易受伤害吗？	是 ☐	否 ☐
14	你是否愿意按照自己的方式行事，而不愿意按照规则办事？	是 ☐	否 ☐
15	在热闹的聚会中你能使自己放得开，使自己玩得开心吗？	是 ☐	否 ☐
16	你所有的习惯是否都是好的？	是 ☐	否 ☐
17	你是否时常感到"极其厌倦"？	是 ☐	否 ☐
18	良好的举止和整洁对你来说很重要吗？	是 ☐	否 ☐
19	在结交新朋友时，你经常是积极主动的吗？	是 ☐	否 ☐
20	你是否有过随口骂人的时候？	是 ☐	否 ☐
21	你认为自己是一个胆怯不安的人吗？	是 ☐	否 ☐
22	你是否认为婚姻是不合时宜的，应该废除？	是 ☐	否 ☐
23	你能否很容易地给一个沉闷的聚会注入活力？	是 ☐	否 ☐
24	你曾毁坏或丢失过别人的东西吗？	是 ☐	否 ☐
25	你是个忧心忡忡的人吗？	是 ☐	否 ☐
26	你爱和别人合作吗？	是 ☐	否 ☐
27	在社交场合你是否倾向于待在不显眼的地方？	是 ☐	否 ☐
28	如果在你的工作中出现了错误，你知道后会感到忧虑吗？	是 ☐	否 ☐
29	你讲过别人的坏话或脏话吗？	是 ☐	否 ☐
30	你认为自己是个神经紧张或"弦绷得过紧"的人吗？	是 ☐	否 ☐
31	你是否觉得人们为了未来有保障，而在储蓄和保险方面花费的时间太多了？	是 ☐	否 ☐

32	你是否喜欢和人们相处在一起？	是 ☐	否 ☐
33	当你还是个小孩子的时候，你是否曾有过对父母耍赖或不听话的行为？	是 ☐	否 ☐
34	在经历了一次令人难堪的事之后，你是否会为此烦恼很长时间？	是 ☐	否 ☐
35	你是否努力使自己对人不粗鲁？	是 ☐	否 ☐
36	你是否喜欢在自己周围有许多热闹和令人兴奋的事情？	是 ☐	否 ☐
37	你曾在玩游戏时作过弊吗？	是 ☐	否 ☐
38	你是否因自己的"神经过敏"而感到痛苦？	是 ☐	否 ☐
39	你愿意别人怕你吗？	是 ☐	否 ☐
40	你曾利用过别人吗？	是 ☐	否 ☐
41	你是否喜欢说笑话和谈论有趣的事？	是 ☐	否 ☐
42	你是否时常感到孤独？	是 ☐	否 ☐
43	你是否认为遵循社会规范比按照个人方式行事更好一些？	是 ☐	否 ☐
44	在别人眼里你总是充满活力的吗？	是 ☐	否 ☐
45	你总能做到言行一致吗？	是 ☐	否 ☐
46	你是否时常被负疚感所困扰？	是 ☐	否 ☐
47	你有时将今天该做的事情拖到明天去做吗？	是 ☐	否 ☐
48	你能使一个聚会顺利进行下去吗？	是 ☐	否 ☐

（三）评分标准与应用

将48个答案分为正向记分和反向记分，可以归纳为P量表、E量表、N量表和L量表四类，如表9-3-5所示。

表9-3-5　　　　　　　　　艾森克人格问卷简式量表评分标准

量表类别	正向记分	反向记分
P 精神质（Psychoticism，P）量表	10、14、22、31、39	2、6、18、26、28、35、43
E 内外向（Extroversion，E，或称外倾）量表	3、7、11、15、19、23、32、36、41、44、48	27
N 神经质（Neuroticism，N）量表	1、5、9、13、17、21、25、30、34、38、42、46	无
L 掩饰性（Lie，L）量表，效度量表	4、16、45	8、12、20、24、29、33、37、40、47

1. P量表（精神质）

并非暗指精神病，它在所有人身上都存在，只是程度不同。但如果某人表现出明显程度，则容易发展成行为异常。

P分很高的成人表现为不关心人，独身者，常有麻烦，在哪里都感不合适，有的可能残忍，缺乏同情心，感觉迟钝，常抱有敌意，进攻，对同伴和动物缺乏人类感情。P分很高的儿童（一定用儿童版测试），古怪，孤僻，麻烦的儿童。对同伴和动物缺乏人类感情。进攻、仇视即使是很接近的人和亲人。这样的儿童缺乏是非感，不考虑安危。对他们来说，从来没有社会化概念，根本无所谓同情心和罪恶感、对人的关心。P分低的无上述情况。

2. E量表（内外向）

用来测量受测者的内外向程度。

E分很高者：爱交际，喜参加联欢会，朋友多，需要有人同他谈话，不爱一人阅读和作研究，渴望兴奋的事，喜冒险，向外发展，行动受一时冲动影响。喜实际的工作，回答问题迅速，漫不经心，随和，乐观，喜欢谈笑，宁愿动而不愿静，倾向进攻。

E分很低者：安静，离群，内省，喜爱读书而不喜欢接触人。保守，与人保持一定距离（除非挚友），倾向于事前有计划，做事瞻前顾后，不凭一时冲动。不喜欢兴奋的事，日常生活有规律，严谨。很少有进攻行为，多少有些悲观。踏实可靠。价值观念是以伦理做标准。

3. N量表（神经质）

反映的是正常行为，与病症无关。

N分很高者：情绪不稳定，焦虑、紧张、易怒，往往又有抑郁。睡眠不好，往往有几种心身障碍。情绪过分，对各种刺激的反应都过于强烈，动情绪后难以平复，如与外向结合时，这种人容易冒火，以至进攻。概括地说，是一种紧张的人，好抱偏见，以致错误。

N分很低者：情绪过于稳定，反应很缓慢，很弱，又容易平复，通常是平静的，很难生气，在一般人难以忍耐的刺激下也有所反应，但不强烈。

4. L量表（掩饰性）

测定被试者的掩饰、假托或自身隐蔽，或者测定其社会性朴实幼稚的水平。L与其他量表的功能有联系，但它本身代表一种稳定的人格功能。

掩饰量表原来作为分别答卷有效或无效的效度量表。L分高，表示答得不真实，答卷无效。但后来的经验（包括MMPI的使用经验）说明，它的分数高低与许多因素有关，而不只是真实与否一个因素。例如年龄（中国常模表明，年小儿童和老年人均偏高）、性别（女性偏高）因素。

每一维度除单独解释外，还可与其他维度相结合作解释。例如，E量表与N量表结合，以E为横轴，N为纵轴，便构成四相，即外向-不稳定，Eysenck认为它相当于古代气质分型的胆汁质；外向-稳定，相当于多血质；内向-稳定，相当于粘液质；内向-不稳定，相当于抑郁质。各型之间有移行型，因此他以维度为直径，在四象限外画成一圆，在圆上可排列四个基本型的各过渡型。

经过测量P（精神质）、E（内外向）、N（稳定性）、L（掩饰性）四个量表的分数后，可分析出被测者的人格特征。

在这四项分数中，最重要的是E（内外向）和N（稳定性），由此分出四种人格特征。精神质（P）是测人是否正常，掩饰性（L）是测人是否说了实话。分别是外向稳定，外向不稳定，内向稳定，内向不稳定。

这样测出的分数只是原始分数，要算出T值才能进行比较。43.3～56.7为中间型，表明性格不明显；38.5～43.3和56.7～61.5为倾向型；38.5以下和61.5以上就是典型型了。

第四节 心理危机干预方法

一、心理危机干预的基本原则

心理危机干预的基本原则是及时、就近、简洁，其基本方法是心理干预为主、药物治疗为辅。

由于心理危机是由强烈的应激性生活事件引起，心理治疗具有重要的意义。首先，是让患者尽快摆脱创伤环境、避免进一步的刺激。在能与患者接触的情况下，建立良好的医患关系，与患者促膝交谈，对患者进行解释性心理治疗和支持性心理治疗可能会取得很好的效果。要帮助患者建立起自我的心理应激应对方式，发挥个人的缓冲作用，避免过大的伤害。

药物主要是对症治疗，但在急性期也是采取的措施之一。适当的药物可以较快地缓解患者的抑郁、焦虑、恐惧、失眠等症状，便于心理治疗的开展和奏效。

心理干预的理想时间是灾难发生后 24～48h 之间，在事件发生后 24h 内不进行心理危机干预。

心理危机干预的方法有很多种，在进行干预时应根据灾难类型、受灾环境、干预对象、干预人数等具体情况选取不同的方法，本章节将介绍主要的几种心理危机干预方法。

二、心理急救（PFA）

（一）PFA 的概念

PFA（the Psychological First Aid Field Operations Guide）由美国国立儿童创伤应激网与国立创伤后应激障碍中心共同组织编写。PFA 是实证支持的模块化方法，其思想是灾后幸存者还没有严重身心障碍，通过心理救援人员的支持和关爱，可以有效控制其早期心理反应，促进其短期和长期适应功能的恢复。它以幸存者的长处、优势或资源为出发点，结合其受教育水平，正常化其灾后的感受，帮助他重建社会支持，尽量避免给他贴上患有某一精神疾病的标签。

心理急救（PFA）是突发事件发生后立刻用于受害者的支持性措施。它适用于各种不同场合，如医院、各级救护机构、灾民安置点、学校、养老院以及其他社区机构等。PFA 具有以下优点：

（1）为心理救助人员提供收集信息的方法技能，能使心理救助人员迅速获取幸存者的相关信息，了解其内心需求并提供帮助。

（2）PFA 的措施是经过实践检验并有事实根据的，这些措施适用于一切灾害场合。

（3）PFA 强调关注幸存者身心发育情况，强调要尊重不同文化，对不同年龄和不同社会背景的人采取不同的干预方式，因此 PFA 适合所有年龄和背景的人。

（4）PFA 是一本康复手册，包括分发资料、提供康复过程的重要方法，可以为青少年、成人和家庭提供指导。

（二）PFA 的目的

（1）以不冒昧的、富有同情心的方式建立与幸存者的联系。

（2）加强即时和持续的安全性，提供身体和精神上的安慰。

（3）安抚和引导受到极大精神刺激的心神狂乱的幸存者。

（4）让幸存者对你说出他们目前的需要和担心的具体事情；用适当方式收集其他信息。

（5）尽快使幸存者与社会支持网络建立联系，包括家庭成员、朋友、邻居和社会救助资源。

（6）促进幸存者提高适应力，认识到自己适应灾难的能力和优势，给他们力量；鼓励家庭成员在康复中扮演积极的角色。

（7）提供帮助幸存者积极处理灾难带来的精神影响的信息。

（8）清楚自身作用（在适当时候），为幸存者联系另外一个康复机构、精神健康服务、公共部门的服务和其他组织。

（三）PFA 的核心行动

PFA 的核心行动共有八个方面。在每个行动内，PFA 对救援人员提供了各种具体建议，这取决于幸存者的个性化需要和提供服务的环境。每个核心行动的理论基础是有关极端事件后压力、应对及适应的理论与研究。为促进创伤后积极适应，PFA 提出了选择策略和技术的五项基本原则：促进安全感，促进镇静，促进自我效能感和社区效能感，促进联络与沟通，激发希望。

1. 接触和投入

其目标是以无干扰、富有同情心、乐于助人的方式积极主动地接触幸存者，并且在与幸存者沟通时要了解当地文化规范和风俗。一般而言，遭受严重创伤性事件会使人怀疑和远离正常人的经验。与幸存者的初始接触，就是要让他重新感受到社会交往过程中的尊重、信心和信赖。即使初始接触非常短暂，也有助于幸存者把心理救助人员看做是帮助与同情的一个资源。

2. 安全与舒适

该行动包括提高幸存者即时和持续安全的策略以及提供物质与精神安慰的策略。为解决幸存者的情感舒适，心理救助人员可能会面对一系列问题，如严重的悲伤反应、创伤性悲伤、儿童和青少年对死亡的理解、父母或看护者的去世对儿童的不同影响等，针对具体状况，提出具体策略。对创伤的生理和心理反应往往是深刻的，PFA 策略旨在帮助幸存者停止这些生理反应与伴随的心理影响，尽可能快地消除威胁。极端事件也对与依恋、分离和丧失有关的心理和生物系统形成挑战，PFA 策略和技术主要目的是说明或提供家庭成员的准确信息，让幸存者尽可能多地承担依恋关系中的自然角色，如安慰、保护所爱的人。

3. 稳定情绪

其目标是提供各种各样的策略来帮助儿童和成人在必要时平静和调节崩溃性情绪。对于调节环境或管理崩溃性情绪具有极端困难的那些人，PFA 提供了"接地技术"把个人带到目前相对安全的环境并促进平静，这样可减少相关的创伤焦虑以及高觉醒、麻木或情绪性，防止过度焦虑可能产生的负面结果。

4. 信息收集

其目标是确认幸存者当前的需求和忧虑，为幸存者提供最有效和最有利的援助，这是所有其他 PFA 核心行动的基础。收集信息主要包括：①确定目前需要关注的问题；②监测未来要干预的高危人群；③确定关键性风险因子和复原力因子。基于灾难后的研究和经验，专家建议，大规模创伤后早期阶段的灵活干预、收集信息需要特别关注个人需要。同时要重视发展和文化问题，对创伤者经历的反应要慎重。在厘清有关灾害的创伤性经历方面，心理救助人员应避免要求幸存者深度描述创伤的经历，否则可能会引起其不必要的痛苦。

5. 实际帮助

其目的是帮助儿童和成人确认自己目前最迫切的需求或问题，讨论行动计划，并在解决需要的行动中提供切实有效的帮助。在需要确定后，PFA 根据行动计划优先次序和阶段提供策略。灾难研究表明，那些失去个人、社会和经济资源最大的人往往是受伤最严重的，并且能够维持他们资源的那些人也是最有能力恢复的，严重创伤会降低他们个人资源的自我和集体效能感。因此，虽然帮助个人获得实际需要满足可能不是心理干预，但其对灾后心理恢复具有深远的影响。

6. 联系社会支持

其目的是帮助受害者与主要支持者或其他支持来源建立联系，救助的重点是联系个人、家庭和社会，并得到支持。研究表明，社会支持有助于严重创伤后情绪健康的改善和恢复。PFA 提供各种各样的策略来保持与家人、朋友和社区资源的联系，确认并帮助缺乏强有力支持的那些人与其他资源的联系。

7. 应对信息

其目的是为幸存者提供应对信息与减少应激反应、应对紧张以及促进适应功能有关的心理教育。为促进这一目标，PFA 提供与受害者应激反应有关的信息以及与其谈论身体、行为与情绪反应策略的信息，介绍良好与不良适应的应对信息，以及急性灾难后必要的简要放松方法。同时提供不断促进自我效能感和希望感的应对信息。研究表明，效能感和希望感的提升有助于鼓励积极应对和减少消极应对，并提高持续应激控制感。给个人和家庭讲授问题解决的简单放松技巧和应对方法，有助于减轻他们的应激反应，提高其适应功能。

8. 联系协助性服务机构

其目标是帮助幸存者与他们目前或以后需要或可以利用的相关服务机构建立联系，提高灾害初始阶段个体获得额外资源的希望感，包括使用适当的转诊程序和资源，促进连续性服务等。因为很多人在灾害发生后是不太可能寻求精神健康服务的，PFA 试图增加寻求帮助的可能性，通过提供早期实用的、即刻帮助来实现此目标。

（四）对心理救助人员的要求

（1）得到相关救援组织和政府部门的认可。

（2）适当地保密信息，也不要超越权限。

（3）满足幸存者的要求，在需要的时候向其他领域的专家请教。

（4）有足够的知识，能意识并处理因文化理解所带来的差异。

（5）留意自身的情绪和身体反应，做好自我保护。

（6）树立良好的形象，有礼貌、镇静、自然、循序渐进、有条不紊。

（7）委婉地与幸存者沟通，不能唐突直入，然后通过询问简单的、体面的问题决定下一步的解决方案。

（8）很多时候，建立接触的最好方法是提供实际帮助，如食物、水和毯子等。

（9）接触前必须明确你的介入不会引起幸存者觉得受到侵犯。

（10）做好两手准备，一是幸存者可能会拒绝接触你或者会过多地接触你。

（11）如幸存者愿意交谈，做好准备聆听。

（12）聆听时请专注于他/她想说的内容，以及你能如何提供帮助。

（13）说话时镇定自若，带着耐心、负责和灵敏的态度。

（14）语速放慢，用简单易懂的词汇，不要使用缩略语或术语。

（15）认可幸存者求生过程中做得对的安全措施。

（16）针对幸存者最迫切的需求和目标提供直接的信息，如需要可重复讲解说明。

（17）提供准确的适合幸存者年龄段接受水平的信息。

（18）如需要通过翻译交谈，请看着您谈话的对象与他交谈，切忌对着翻译交谈。

（五）注意事项

（1）不要去假设幸存者曾经和正在经历的一切。

（2）不要假设每个经历灾难的人都会受到精神创伤。

（3）不要进行病理判断。幸存者在经历了灾难之后，很多激烈的反应都是可以理解可以理解的，不要将他们的反应归为"症状"，或者用"诊断""病情""病态"或"障碍"之类的语言来描述。

（4）不要用俯视的态度来跟幸存者交谈，或专注于他们的无助、虚弱、过失甚至残疾，而是关注他们在灾难时和目前做了什么有效或者对他人有帮助的行为。

（5）不要询问灾难过程的细节。心理救助的目标是减轻情感伤痛，提供帮助，促进适应行为的开始，而不是询问悲惨经历的细节与其中的损伤；不要假设每一个幸存者都愿意交谈甚或需要与你交谈；通常以安静辅助的态度陪伴在幸存者的周围能给他们以安全感。

（6）不要猜测甚至提供不准确的信息，如果你无法准确回答幸存者的问题，应尽力去了解事实。

（7）工作对象是青少年、年幼儿童时，要坐下来或者蹲着，和孩子的眼睛齐高。

（8）帮助学龄儿童让他们讲出自己的感受、顾虑和困惑，提供简单的代表简单情感反应的标签（比如，异常激动、伤心、惊恐、担忧等）。不要使用极端的言语如"恐惧的"或者"惊骇的"，因为这样可能会增加他们的焦虑。

（9）仔细聆听并向儿童确认，确保你理解他/她。

（10）让你的语言贴近儿童的发展水平，越是年幼的儿童一般说来越难以明白诸如"死亡"之类的抽象概念，尽量使用直接点、简单点的语言。

（11）用"成年人—成年人"的方式和青少年交谈，这样你释放出信息表达你尊重他们的感受、顾虑和困惑。

（12）把这些技巧补充给孩子的家长或者关照者，帮助他们给小孩提供合适的情感支持。

（13）对于那些听力有障碍的老年人，说话要清晰但是音调要低。

（14）不要根据外貌或者年龄等就假定一个老者思维混乱，在记忆，推理和判断上有不可逆转的问题。表面上的混乱可能是这几个原因造成的：灾难发生后周围环境的改变造成方位感迷失；缺乏营养或者脱水；缺乏睡眠；视力或者听力障碍；生病中或者有医疗困难，社交上自闭；还有无助感或者脆弱感。

（15）患有精神障碍的老年人在陌生环境里也许会更烦躁、混乱。如果你能识别这样的人，为他们帮助安排心理咨询或者转诊介绍。

（16）工作对象是残疾幸存者时，尽量找一个噪声小、干扰小的地方提供帮助。

（17）和本人直接沟通，而不是其关照者，除非直接交流有困难。

如发现幸存者有交流障碍（例如听力、记忆力、语言能力方面的损伤），请放慢语速，并注意使用简单词汇进行交流。如果幸存者声称自己有某方面的残疾和障碍，请务必相信他/她，即便他/她所声称的障碍在你看来并不明显。当你不确定应以何种方式帮助幸存者的时候，请问"我能做些什么来帮助您么？"，并按照你所获得的回答来行动如果可能的话，尽量帮助受助人员实现自理，请搀扶视觉障碍者，帮助他们在陌生的环境里走动，如需要可通过纸、笔和受助者进行书面上的沟通，注意不要将受助人和他/她的协助器具（药品、氧气罩、呼吸器、轮椅等）分开。

三、眼动减敏及重整法（EMDR）

（一）概述

眼动减敏及重整法（EMDR）的英文全称是 Eye Movement Desensitization and Reprocessing。这是一种可以在短短数次晤谈之后，便可在不用药物的情形下，有效减轻心理创伤程度及重建希望和信心的治疗方法，是由美国心理学家 Francine Shapiro 在一个偶然的机会下发现的。

1. EMDR 的原理

在一般情况下，人的思想受到打击时，一部分大脑会立即动员起来，前来救援受伤害的地方，但是非常沉重的打击会毁掉大脑的这一自然机制，于是伤痕便得不到应有的消除，从而留下心理疾患。EMDR 可以重新激活大脑的这一机制，把那些沉重的打击变成以往经历中的一件平常事，再不用一想起来就背起消极情绪的包袱。在某种条件下，眼睛可以像梦幻一样，激活这一部分大脑，Francine Shapiro 经过研究，还发现患者自己不能自我施行这种疗法，必须靠专业人员在患者眼前移动手指，同时用提问来引导他们回忆时才能有效。

2. EMDR 的基本理论假设

人会遭遇到不幸的事件，但人们也有一种内在的本能去冲淡和平衡不幸事件所带来的冲击，并从中学习使自己茁壮成长。虽然 EMDR 疗法的机制尚未完全明朗，并继续在研究之中，但基本上可能和增进左右半脑之间的神经顺畅运作及沟通有关。根据研究，创伤记忆和负面资讯常被储存，凝滞在大脑右半球的身体知觉区，使大脑本身的调适功能和健康的神经传导受到阻碍，因此造成了想法上的执着和知觉、情绪上的不适。在这样的情形下，让双眼的眼球有规律的移动，可以加速脑内神经传导活动和认知处理的速度，使阻滞的不幸记忆动摇，让正常的神经活动畅通。

在一次 EMDR 的疗程中，通常患者被要求在脑中回想自己所遭遇到的创伤画面、影像、痛苦记忆，及不适的身心反应（包括负面的情绪），然后根据治疗师的指示，让患者的眼球及目光随着治疗师的手指，平行来回移动 15～20s。完成之后，请患者说明当下脑中的影像及身心感觉。同样的程序再重复，直到痛苦的回忆、及不适的生理反应（例如心跳过快、肌肉紧绷、呼吸急促）被成功地敏感递减为止。若要建立正面健康的认知结构，则在程序之中，由治疗师引导，以正面的想法和愉快的心像画面植入患者心中。

（二）EMDR 具体操作流程

为了方便学习和操作，Shapiro 把 EMDR 总结了 8 个步骤：心理诊断访谈、治疗准备、认知分析评价、眼动脱敏、经验意义和认知的重建、躯体感觉检查、疗效的再体验和评估、治疗结束。其中眼动脱敏是这 8 个步骤中的一个部分，Shapiro 认为每一个治疗步骤都是产生有效治疗效果所必不可少的过程。EMDR 把人看做是一个整体，在整个治疗过程中，EMDR 都始终关注正在发生的情感和生理上的变化。

1. 心理诊断访谈

与来访者建立真诚和互相信任的治疗关系，了解来访者个人信息和心理痛苦资料，以及创伤性事件带给来访者的痛苦和意义。评估来访者对 EMDR 的合适性有多大，向来访者介绍 EMDR 治疗的性质和过程，并在访谈过程中使来访者理解创伤事件及创伤的意义是什么，即当事人在创伤发生时所亲自体验和感受到的情景、声音、味道、思想、感觉、情感等并没有被适应性处理，而是被凝结和阻滞在当事人内在的神经信息处理系统中，致使在事件发生后，这些情景和感觉会不断地干扰和破坏当事人的心理状态，并产生痛苦。而 EMDR 可以帮助和激活当事人的内在神经信息处理系统的功能，对创伤经验和意义重复进行适应性处理，使症状减轻或消失。治疗者可以和来访者进行 2～3 次准备性谈话，谈话内容包括治疗资源的调动和治疗信心、勇气的发展，并建立安全、信任和稳定的治疗关系。

2. 治疗准备

主要包括确定治疗师与来访者的位置和示范眼动过程。一般治疗师坐在来访者右方，椅子成 45°角，距离以来访者合适为宜。要求患者双目平视，治疗者用并拢的食指和中指在患者视线内做有规律地左右、上下、斜上斜下或划圈运动（间距约 60cm，频率约每秒运动动一次），要求患者始终注视着治疗者的手指，眼球跟随手指左右转动。可对治疗者与患者间的距离、手指晃动间距及频率做相应调整，以患者不感到不适为好。

3. 认知分析评价

这一步来访者要选择他想处理的一个特定记忆，并且选定与事件有关的、最使来访者感觉痛苦的视觉图像。治疗者与来访者一起讨论和评估主观不适感觉单位（Subjective Units of Discomfort，SUD）的水平和他们认知准确性的程度（Validity of Cognition，

VOC）。前者是指那些与事件有关的闯入性的表象、印象、思绪、情绪、观念想法、声音、感觉、闪回，对周围事物的麻木、反应迟钝等所引起来访者心理痛苦的程度，分为 0～11 级。后者是指事件的发生使来访者产生了哪些负性的信念和价值，或使来访者过去的哪些信念、价值发生了负性改变和改变的程度，分为 1～7 级。

4. 眼动脱敏

主要是针对诱发来访者创伤性痛苦的扳机信息状态（包括映象、幻觉、情景、思维信念、情绪、躯体的一些生理活动等，一般是诱发闯入性或再体验的负性信息），让来访者集中注意于视觉映象和甄别出的负性信念、情绪以及伴随的躯体感觉，同时在治疗者的手指带动下做眼球运动（10～20 次）。此后完全放松，让患者闭目休息，排除头脑中的各种杂念。休息 2～3min 后，提示患者体验和评价躯体有何不适感（如头胀、胸闷、肩痛等），并按上述对 SUD 重新进行评估。如果分值较高或痛苦感觉较严重（包括躯体和情绪方面），则带着目前状态重复做上述眼球运动。这种负性状态会在眼动过程中逐渐淡化或消失。眼球运动做几次需要根据痛苦缓解的程度来定。如果 SUD 降到 1～2 级，则可进行积极认知及情绪导入。在治疗者的引导下使患者进入积极认知及情绪状态，然后进行眼球运动、体验与重新评价，评估指标为认知准确性（VOC）。

5. 经验意义和认知的重建

与来访者就主要痛苦体验和诱发痛苦体验的扳机信息等问题一起进行讨论和协商，以便促使来访者对事件、创伤、创伤性反应的表现和意义，以及创伤所带来的负性的信念和价值、适应性应对方式进行领悟，促使来访者对消极信念的重新建构，以期待发展出适应的应对方式。积极或正性认知重建的效果可以用 VOC 评估，直至患者对认知准确性（VOC）的评分升到 7 分。

6. 躯体感觉检查

治疗者要求来访者在想象视觉印象和正性认知的同时，让患者闭目检查全身各部位的感受，注意是否还有其他身体紧张或不适的感觉。因为情绪的痛苦往往会以躯体不适的形式表现，所以只有当创伤性记忆出现在来访者意识中，且来访者并不出现情绪和躯体上的紧张的时候，治疗才被认为完成。如果来访者报告有身体不适，可以针对这些不适继续进行眼动处理，直到不适感减轻或消失为止。

7. 疗效的再体验和评估

治疗者和来访者一起就双方在整个治疗过程的内容、体验、收获和遗留的问题进行协商和讨论。可以使用 SUD、VOC 和躯体感觉自我报告的评估，重点在于强化干预对象在本次治疗所获得的效果和影响。

8. 治疗结果

告诉患者治疗将结束，解答患者的疑问，并要求患者做治疗后记录。然后共同制订下一步的目标和治疗计划，并结束本次治疗。

（三）EMDR 的适应症

EMDR 治疗主要是减轻由于创伤性童年经验的痛苦情绪和帮助危机事件受害者的心理康复。这一心理治疗的对象主要包括创伤性事件的受害者，如受交通事故、亲人死亡、暴力攻击、性攻击、自然灾难、人为灾难、生产事故、冲突或战争创伤等影响的受害者，因为这些创伤性事件通常都会使成人和儿童受害者（当事者和目击者）产生恐惧症、惊恐发作、梦魇、失眠、注意力不集中、警觉性增高、创伤性闪回、回避、物质乱用和尿床、对抗行为、睡眠紊乱等症状。另外，EMDR 还被用来治疗由童年痛苦创伤性经验所致的人格障碍和心理障碍、儿童和青少年被虐待等。

（四）EMDR 在事故灾难中的应用

EMDR 的基本方法是治疗师通过一边让患者讲述或主动回忆创伤情境记忆，一边通过各种方式，如交替的左右眼刺激、或者两侧触觉、听觉刺激来使求助者发生模仿做梦时的快速眼动过程，其目的是使求助者的左右脑能交替接受刺激影响，从而消除源自创伤的某些心理和生理症状，并将创伤情结销蚀和连接融入到新的认知体系中去，也就是说使记忆系统能够接纳新的记忆进入，新的记忆的进入能够淡化原有的创伤记忆，从而使人从萦绕在内心挥之不去的创伤记忆中逐渐解脱出来。

特点是经济快速，实施较为方便，效率很高。对于不明原因的创伤记忆造成的人格失调，一般治疗程序是首先找出过去的伤痛记忆来源，只要找到根源情结，使用这种疗法将事半功倍，有效的治疗要求在实施过程中求助者能主动回忆创伤根源。而在灾后心理危机干预中，创伤是相对近期的，明摆着的，不需要费力寻找，只要做好相应的诱导动作引起眼动过程，同时适时引导求助者倾诉，就可以达到快速治疗的效果。因此，这一方式是进行心理危机干预的高效疗法。

目前业界更倾向于研究快速眼动疗法的作用机理，以期能开发出更为行之有效和标准的治疗流程。目前根据可观察的结果而得出的较流行的猜想是：由于求助者被要求同时将注意保持在过去事件（被要求回忆）和当下治疗情境（被动地接受刺激），使得其认知脑和情感脑之间由于创伤形成的保安隔离被强行贯通了。一般认为创伤记忆会形成一种封闭效果，类似于伤疤，使这部分记忆不与新近的记忆发生交流，这本身可以认为是一种自我保护措施，但却会使创伤情绪淤积不化，使个体在相当长的时间内都可能受这种情绪的负性影响。而通过一些安全的措施来触碰这类情绪，使旧的创伤情结得以通过与新近记忆和情绪相接触，其实就是等于告诉自己生活依然是美好的，从而使旧有的痛苦情节得到释放。记忆中的痛苦释放之后，虽然记忆的内容还在，但求助者就有能力坦然面对和接纳了，正确的接纳才能淡忘。

面对类似的刺激造成的应激反应，例如大灾难，并不是每个人都会产生那种类似自闭的情绪郁结，其实多数人都有自己克服悲伤的方式。很多人并不留恋过去，而是通过新的生活事件不断获得新的刺激，从而使旧有的创伤记忆与新的记忆相融合，这类似于告诉自己，虽然曾经的经历很悲惨，但毕竟生活还要继续，对比昨天，今天是美好的。但也有很多人，比如靠意志力压抑情结，他们自我强制将创伤记忆隔离，将心灵的某些区域封锁起来。这种治愈类似于结痂，是假性的。很多行为疗法就是靠假性治愈支持而有效的。精神分析系列的疗法所耗费多年做的工作本质上也就是让被阻隔的情结进入意识，从而使个体能处理这类情结。

相比较而言，快速眼动疗法则可能只需要数十分钟或者数次的治疗，同样也可能达到有效的治疗效果。这种治疗的一个显著不同是并不和求助者讲道理。求助者无需达到精神分析所期望的对生活的领悟，而只是需要用身体刺激来重建对生活的积极态度而已，这就足够了。其实通过前面的描述大家应该已经认识到，正确的治疗形式恰恰是不拘一格的，我们要达到目的无非是使个体不郁结于某种应激情绪，那么任何一种能使大家获得放松或者能调动左右脑运作的形式就都是可取的。

在灾区需要心理危机干预的人群是大量的，遇难者家属和幸存者、各类救援人员都有可能需要心理危机干预。人们在应激状态下不少人还能坚持维持着积极的活动，丧失活力的人只是一部分。但当大局基本上定下来了的时候，疲劳感开始释放，一些人就会开始出现创伤后应激障碍的症状，或者抑郁、恐惧症，也可能并发这些病症，此时需要较大规模的团体心理干预。

四、满灌疗法（Flooding Therapy）——快速行为治疗

（一）概述

满灌疗法也称暴露疗法或冲击疗法，满灌疗法不需要进行任何放松训练，它鼓励受治者直接接触引致恐怖焦虑的情境，直到紧张感觉消失，是一种快速行为治疗法。著名行为治疗专家马克斯（Marks）在谈到满灌疗法的基本原理时指出："对患者冲击越突然，时间持续得越长，患者的情绪反应越强烈，这样才能称之为满灌。迅速向患者呈现让他害怕的刺激，并坚持到他对此刺激习以为常为止，是不同形式的满灌技术的共同特征。"

满灌疗法一开始时就应让受治者进入最使他恐惧的情境中，一般采用想象的方式，鼓励病人想象最使他恐惧的场面，或者心理医生在旁边反复地，甚至不厌其烦地讲述他最感恐惧情境中的细节，或者使用录像、幻灯片放映最使受治者恐惧的情境，以加深受治者的焦虑程度，同时不允许受治者采取闭眼睛、哭喊、堵耳朵等逃避行为。在反复的恐惧刺激下，即使受治者因焦虑紧张而出现心跳加快、呼吸困难、面色发白、四肢发冷等植物性神经系统反应，但受治者最担心的可怕灾难却并没有发生，这样焦虑反应也就相应地消退了。或者把受治者直接带入他最害怕的情境，经过实际体验，使其觉得也没有导致什么了不起的后果，恐惧症状自然也就慢慢消除了。"习能镇惊"是满灌疗法治疗的要诀。国外报道，即使病程超过 20 年的恐惧症，经过 3～15 次满灌治疗，也有希望治愈。

（二）基本原理

满灌疗法认为恐惧行为是一种条件反应。某一事物或情境在一个人身上所引起的恐惧体验会激发他产生逃避行为，而不管此事物或情境是否真的构成了对他的威胁。这种逃避行为会导致恐惧体验增强，从而起着负性强化作用，反过来增强其逃避行为。满灌疗法是让伤病员直面恐惧，克服恐惧以达到治疗效果。

（三）满灌疗法的应用

满灌疗法可被用于抑郁症、恐惧症、强迫症等广泛问题，在救援前期或者救援过程中可用来帮助救援人员克服心理恐惧。

在事故灾难现场需要谨慎使用满灌疗法，这是因为受灾群众刚刚经历过严重打击，身体、心理存在不同程度的创伤，满灌疗法在治疗过程中要激活伤员的恐惧记忆，这可能引起患者剧烈的生理反应，在治疗过程中甚至会出现意外或并发症，例如晕厥、心动过速等。而对于 PTSD 合并有严重心肺疾病的患者，暴露疗法可能加剧恐惧、焦虑的情绪反应，导致治疗中断，甚至可引起呼吸循环意外，对患者的人身健康安全带来极大的

隐患。

有学者认为漫灌疗法的治疗手法太过严厉、冷酷，在治疗的过程中要求患者在现场暴露中坚持半个小时至一个小时，直到患者的主观困扰程度下降到最高点的 50％ 为止。因为满灌疗法强调在治疗的后期（即疗效的巩固和维持），主要取决于患者的信心、毅力和坚持，一旦治疗失败，患者会产生自我怀疑，归咎于自己的信心和毅力不足，从而增加患者的内疚和自责，而刚刚经历过事故灾难的人们心理生理都遭受沉重打击，可能无法承受满灌疗法带来的刺激而导致治疗失败，进一步加剧伤患者心理问题。

（四）治疗对象的筛选

（1）满灌疗法的治疗对象要有一定的文化程度，有强烈的求治要求和良好的合作态度。

（2）以下人员不适用满灌疗法：①严重的心血管病，如高血压、冠心病、心瓣膜病等；②中枢神经系统疾病，如脑瘤、癫痫、脑血管病等；③严重的呼吸系统疾病，如支气管哮喘等；④内分泌疾患，如甲状腺疾病等；⑤老人、儿童、孕妇及各种原因所致的身体虚弱者；⑥PTSD 早期或者恐惧焦虑情绪得不到控制的患者。

五、系统脱敏疗法

（一）概述

系统脱敏疗法（Systematic Desensitization）又称交互抑制法，属于行为疗法中的一种，其源于对动物的实验性神经症的研究，可用于治疗求助者对特定事件、人、物体或泛化对象的恐惧和焦虑。

虽然都属于行为疗法，但系统脱敏疗法与满灌疗法不同，它不会使受治者直接暴露于恐怖的想象或场景中去，而是循序渐进地一步步增加刺激强度，最终达到脱敏的目的。

系统脱敏疗法是由美国学者沃尔帕创立和发展的。沃尔帕发现人和动物的肌肉放松状态时，其各种生理生化反应指标，如呼吸、心率、血压、肌电、皮电等，都会表现出同焦虑状态下完全相反的变化，由此提出肌肉放松状态与焦虑情绪状态，是一种对抗过程，一种状态的出现必然会对另一种状态起抑制作用。

系统脱敏疗法主要是诱导受治者缓慢地暴露于导致神经症焦虑、恐惧的情境，并通过心理的放松状态来对抗这种焦虑情绪，从而达到消除焦虑或恐惧的目的。系统脱敏法的程序是逐渐加大刺激的程度，当某个刺激不会再引起受治者焦虑和恐怖反应时，救助者便可向处于放松状态的受治者呈现另一个比前一刺激略强一点的刺激。如果一个刺激所引起的焦虑或恐怖状态在受治者所能忍受的范围之内，经过多次反复的呈现，他便不再会对该刺激感到焦虑和恐怖，治疗目标也就达到了。

（二）理论基础

系统脱敏疗法的理论基础是学习理论，即经典的条件反射与操作条件反射。基本假设如下：

（1）个体是通过学习获得了不适应的行为的。

（2）个体可以通过学习消除那些习得的不良或不适应行为，也可通过学习获得所缺少的适应性行为。

系统脱敏疗法理论认为构成神经症的基本原因是原本不引起紧张情绪的中性刺激，当其与焦虑的情绪反应多次相连接，最终就会成为比较牢固的条件刺激，产生过度的或异常的紧张、恐惧等情绪或行为反应。如果将引起焦虑的刺激物与焦虑反应相反的另一种反应反复多次相连接，比如总是与松弛反应相连接，两种情绪状态相互抑制，于是渐渐削弱原有的刺激与焦虑反应之间的联系，逐渐减轻对焦虑刺激的敏感程度。也就是说，系统脱敏法的治疗原理是对抗条件反射。

沃尔普解释系统脱敏法时说：当个体在面临刺激情境而产生焦虑反应时，形成一个与焦虑不相容的反应，就能导致全部或部分抑制焦虑反应，从而削弱刺激与焦虑之间的联系。

（三）基本步骤

系统脱敏疗法进行治疗应包括以下三个步骤：找出并建立受助者恐惧或焦虑的等级层次，这是进行系统脱敏疗法的依据和主攻方向；放松训练，一般需要 6～8 次练习，每次经历 20～30min，每天 1～2 次，以达到全身肌肉能够迅速进入松弛状态为合格；要求受助者在放松的情况下，按某一恐怖或焦虑的等级层次进行脱敏治疗。

1. 建构焦虑等级

建构焦虑等级表，既是对引发受助者特定焦虑的刺激因素的归纳整理，也是对受助者实施系统脱敏治疗的必要准备。在受助者说出引起焦虑的事件或情境后，要求其本人把引起焦虑的事件或情境排一个顺序，从引起最小的焦虑到最大的焦虑。一般是让受助者给每个时间指定一个焦虑分数，最少焦虑是 0，最大焦虑是 100。这样就构成了一个焦虑等级表，0 代表完全放松，100 代表极度焦虑。理想的焦虑等级建构应当做到各等级之间极差要均匀，是一个循序渐进的系列层次。尤其要注意的是，每一级刺激因素引起的焦虑，应小到能被全身松弛所拮抗的程度，这是系统脱敏治疗成败的关键之一。要使这一等级的刺激定量恰到好处，要使各等级之间的级差比较均匀，主要取决于受助者本人。要求受助者闭上眼睛就可以想象出各种刺激画面，画面要具体、清晰，并且置身其中能出现相应的情绪变化。当然，如果有实际的刺激物，就用不着闭目想象。

2. 放松治疗

让受助者靠在沙发上，全身各部位处于舒适位置，双臂自然下垂或搁置在沙发扶手上。让受助者想象自己处于令其放松的情境中，例如静坐在湖边或者漫步在一片美丽的田野上，使其达到一种安静平和的状态。然后，救助者用轻柔、愉快的声调引导受助者一次练习放松前臂、头、面部、颈、肩、背、胸、腹及下肢，重点强调面部肌肉放松。每日 1 次，每次 20～30min。一般 6～8 次即可学会放松。要求受助者在家中反复练习，直至能在实际生活中运用自如。放松的具体方法见本章放松疗法有关内容。

3. 系统脱敏治疗

受助者基本掌握放松技巧后，就可以开始脱敏练习。按照设计的焦虑等级表，由小到大依次逐级脱敏。

（1）首先进行想象脱敏训练。由救助者做口头描述，并要求对方在能清楚地想象此事时，便伸出一个手指头来表示。然后，让受助者保持这一想象中的场景 30s 左右。想象训练一般在安静的环境中进行，想象要求生动逼真，像演员一样进入角色，不允许有回避停止行为产生，一般忍耐 1h 左右视为有效。实在无法忍耐而出现严重恐惧时，采用放松疗法对抗。每次放松后救助者都要询问受助者有多少焦虑分数，如果分数超过 25 分，就需要继续放松。反复次数不限，直到受助者如此想象不再感到紧张焦虑时为止，此时算一级脱敏。接着让受助者想象更高一等级的刺激事件或情境，直到达到最高级的恐怖事件的情境也不出现惊恐反应或反应轻微而能忍耐为止。一次想象训练不超过 4 个等级，如果在某一级训练中仍出现较强的情绪反应，则应降级重新训练，直至完全适度。

（2）想象脱敏训练完成后进行实地脱敏适应训练。这是治疗的关键步骤，也是从最低级到最高级，逐级训练，以达到心理适应。一般均重复多次，直到情绪反应完全消除，方进入下一等级。每周治疗 1～2 次，每次 30min 左右。比如对一个经历过地震灾难并对灾难场景过分害怕的人，在治疗中，便先让她看地震的照片，谈地震的事情；等到看惯了，不害怕了，再让她接触地震灾难相关视频、报道；再让他接触地震模拟场景；最后让其去感受、接纳震后真实场景，逐渐去除自身不良的情感反应。

六、严重事件集体减压（CISD）

（一）概述

严重事件集体减压（Critical Incident Stress Debriefing，CISD）是一种心理服务方式，更侧重于心理疏导，而不是正式的心理治疗。CISD 的目的并不是咨询，而是让参与者有机会抒发自己在危机事件之后的想法与情绪，同时聆听到别人对此事件会出现的反应与症状，同时指导者以正常化（normalize）的技巧来协助成员接受自己可能会有的反应，并告诉成员在危机事件之后可能会出现的症状与状况，以做预备。

消防队员、执法警察、医护人员等救援人员在救援过程中始终处在高压力的情境中，容易产生工作耗竭（burnout）现象，有时还会引发 PTSD，CISD 能够有效缓解救援人员的精神压力，预防工作耗竭现象和 PTSD 发生，保障救援人员心理健康。

1983 年曾任消防员和军医的杰弗里·米切尔（Jeffrey Mitchell）博士提出了一种类似的方法，能够减轻如消防员、急救医务人员、警察等应急人员的应激反应。他将士兵在战场上感受到的战斗应激与急救人员在后续创伤事件中感受到的应激作比较，说明救援人员中存在从不受影响到受到创伤的多种情况，他称这些事件为关键事件（critical incidents），并且进一步发展了应用广泛的危机事件应激晤谈方法。他相信如果能够为救援人员提供系统的课程帮助他们交流创伤事件和感受，对救援人员的心理健康大有裨益。并且，如果能在他们经历过同样事件的同事中也开展类似课程，将更为有益。危机事件应激晤谈背后的理论依据是事件的认知结构，例如思想、感觉、记忆和行为在复述事件并体验情感释放时都会得以修正。这样，反过来，通过减少急性应激症状，降低急性应激障碍（ASD）、创伤后应激障碍（PTSD）及抑郁风险，则会缓解创伤事件带来的心理学后果。

CISD 可分为现场或临近现场的晤谈、非正式减压和正式减压三类，是一种有组织的处理应激的方法，由情感宣泄，组织的支持与安慰，调动资源三部分组成。CISD 最理想的干预时间是灾后 24～48h 内，6 周之后效果甚微。

（二）CISD 技术基本程序

CISD 通常由合格的精神卫生专业人员指导，事件后 24～48h 进行。组织者必须对群体动力学有全面的了解，不在第一个 24h 内进行，8 人比较合适，全部过程 2～3h，在灾难现场的所有人必须强制性进行正式的 CISD。

CISD 的程序包括导入期、事实期、感受期、症状期、辅导期和再入期。

1. 导入期

组织者自我介绍，讲述 CISD 的过程、方法、规则及保密原则，圆形围坐。在这个导入期，有的人可能不愿参加，团体领导者会沟通："你的参加会帮助别人，有的人可以自己帮助自己，但是从别人处获得帮助恢复更快。""灾难事件不是正常情况，是异常情况，异常事件会让人感到压迫等反应，而且同一事件感受可以有所不同。"允许有不同的观点存在，彼此尊重、平等，不能有攻击行为和语言。晤谈后若还有其他的问题，可以再找组织者沟通或者进行个别心理咨询。组员选择保持同一性，控制场面，先详细讲解规则，规则明确化，一个一个按顺序叙述，轮完后可以随意补充，每个阶段可以有两次发言的机会。

2. 事实期

从自己的角度和经历中谈灾难时所见所闻，依次轮流，不做批评判断，多鼓励他们倾诉。短期的痛苦带来长期的收获，不让痛苦深埋内心，避免以后重现、诱发，不谈论并不意味着已经不存在。这一阶段每个成员自我介绍，讲述创伤事件发生时自己身在何处，经历了什么，看到什么，听到什么，闻到什么；创伤时间发生后又发生了什么，听说了什么，自己在事件中的角色，重建事故现场。鼓励参与者发言倾诉，不评判，同时提醒参加者讨论后有可能使症状过性加重，如"谢谢你刚才讲的这些""你说这些时真勇敢""我知道讲这些让你很难受，如果你愿意，如果你不介意，能否分享你所看到的"。这个阶段只讲事实，不涉及情绪反应，可以提醒参加者会有机会谈到情绪。每个人 2～5min。

3. 感受期

这个阶段当事人情绪会比较强烈一些，他们不仅要说出在应激事件中的想法，还要表达情绪。帮助参加者识别情绪、表达情绪，并指出情绪反应是对非常情景的正常反应。在这个阶段，相当多的参与者都会哭泣。鼓励谈出感受，要特别注意暴露出来的内疚、自责等感受，如果组员觉得自己做得不够，做错了什么，要给予及时的关怀，让其谈当时和现在的感受。

4. 症状期

从心理、生理、认知、行为等各方面顺序回顾，确定个人出现的症状，避免将个体的反应病理化，避免使用症状术语，不要贴上疾病的标签。但要对每个参与者进行症状评估，以便提供进一步服务。询问工作家庭生活发生了什么变化？躯体有何变化？睡眠食欲如何？人际关系、兴趣爱好有何变化？

5. 辅导期

团体领导者准确介绍应激反应综合征，指出上述反应都是非常事件的正常反应，介绍积极地应对措施。这个阶段介绍正常的反应和适应性应付过程，语言准确，具有权威性，指出描述的情况非常符合严重压力下的表现，是健康人面对异常情况的正常反应，不必过于担心。强调适应能力，讨论积极的适应、应对方式，参与者可以提问，团体领导者回答、总结。提醒此时有可能出现新的问题，比如酗酒、酒依赖等。

6. 再入期

团体领导者总结晤谈的过程，回答提问，消除顾虑，讨论行动计划。提供可利用的服务措施，共同支持帮助；指导积极地与别人沟通；允许自己感觉不好，不要跟症状作对；尽量保持规律、正常的生活，不做过大的生活变动。这个阶段强调相互支持，提供转诊信息和服务。

（三）CISD 技术的注意事项

（1）对于有动机、有需要的人员来说，六个阶段后参与者会发现自己的反应是大家共同的反应，应激程度会有不同程度的降低。

（2）CISD 不是心理治疗，不是心理咨询，更多的是引导充分的疏泄。

（3）团体领导者要有控制局面的能力，现场条件简陋艰苦，心理工作者要灵活运用现场的资源。

（4）对同一小组只进行一次 CISD。

（5）以预防出现进一步的精神卫生问题为目的，减少 PTSD 的发生，只要干预得当，可以在相当程度上有效预防 PTSD。

（6）那些处于抑郁状态的人或以消极方式看待晤谈的人，可能会给其他参与者带来负面影响。

（7）晤谈与当地特定文化背景相一致，加入当地的文化仪式会更好。

（8）急性悲伤的人，并不适宜参加集体晤谈，可能会给团体带来灾难性创伤。

（9）不强迫叙述灾难细节。

（10）关于心理干预，如果政府没有统一的组织结构和有序的安排，凭心理工作者自己去联系单位的时候，就会扰乱参与者的常规工作，同时干预工作会遭到拒绝。

（11）参与人员自己获得心理干预的动机和意识不够，在团体的参与中投入和专注不够，会影响心理干预效果。

（12）现场条件有限，环境中非常容易受到干扰，影响干预效果。

（13）对各类救援人员进行团体辅导时，要求参与者穿便装。若穿工装，参与人很难放下职业防御，造成分享不够开放和坦诚，会影响干预效果。

第五节　灾后心理救援队伍的建设

一、培训心理救助志愿者

培训大批成熟、自我控制力强的志愿者，是灾后心理救助顺利开展的基本保证，各类志愿者参与灾后心理救助是目前世界各国的成功经验。一般来讲，应综合考虑志愿者的性格特征、身体状况、适应能力、社会经验及人际沟通能力等方面对其进行筛选，进行心理危机干预知识培训，帮助志愿者掌握应急事件的应对技巧及干预方法。灾后救助体系中，不论政府还是民间，都注意到了社会工作在灾后救助中发挥的特殊作用。灾后应设置各级心理危机干预指导机构，配备精神卫生、心理干预等相关专业人员联合当地医疗机构、红十字会和志愿者组织有计划地为各地心理卫生工作提供技术指导与人员培训。对从事心理危机干预的指导人员、实施人员、志愿者进行培训，建立心理救助人才储备库。

二、建立专业人员储备库

要建立专业心理干预人员储备库，专业心理干预人员储备库主要包括四类专业人员：

（1）第一类是既懂技术又懂管理的专家组，他们了解国内危机干预人员的能力和水平，在危机出现时他们参与决策和组织专业干预队伍，负责专业队伍的组织和领导。

（2）第二类是技术支持专家，他们在灾难事件发生后，组织专业干预人员并进行专业督导。在平时对灾难心理服务人员进行危机干预等方面的技术培训。

（3）第三类是接受过相关培训、具有心理学或精神病学知识、可以进行危机干预的专业人员，在灾难事件发生后，他们主要负责承担心理社会干预工作。

（4）第四类是针对具体灾难发生后，经筛选和培训的长期性工作队，一般由灾难发生当地的社会工作者和志愿人员构成，经过培训使他们具备心理学和精神病学一般知识，在危机情况发生时可以从事热线及社区心理卫生服务，以解决可能出现的大面积灾后心理危机。

有了专业心理干预人员储备库，在灾难发生时就可以尽快从专业心理干预人员储备库中根据需要抽调人员组成危机干预队伍，在最短的时间奔赴灾区最有效率地开展工作。专业心理干预人员储备库的建立可保证专业人员队伍具有良好的组织体系，通过这几类人员的储备，协同合作，做好灾后心理康复工作。

三、队伍组成与构建

急性期心理危机干预队伍的组建应当以受灾当地的精神卫生机构的精神科医生为主，精神科护士、心理咨询师、社会工作者为辅。有灾难危机干预经验的成员为优先人选，应尽量避免单人行动。组建的心理危机干预队伍进行紧急培训后，可即刻投入灾后的心理危机干预工作，建议队伍分为三级。

（1）核心专家。包括政府相关部门负责人、官方指派心理专家、曾组织参与过其他类型的灾后心理危机救援专家等。

（2）心理专家。包括各类组织中的心理工作者、医疗系统的心理医生、部队心理工作者、院校中资深心理专家、各地心理协会中注册心理咨询师等。

（3）心理干预人员。包括医务人员、志愿者、社会各级组织中的心理咨询人员。

核心专家统筹大灾后心理危机干预宏观的工作目标、原则和工作方法、团队人员调配、心理危机干预与救援人员的督导、与灾后救援其他工作组织的沟通协调以及突发事件应急处置。

心理专家负责心理危机干预技术层面的确定及应用、心理干预人员的培训、管理及督导、筛查工作后对收集上来的评估结果汇总甄别，制定针对重点高危个体的后续心理危机干预计划并组织实施。

心理干预人员负责在统一的工作目标、原则和方法的指导下，进行早期心理危机干预，根据急性应激障碍表现并结合干预对象的躯体状况、社会支持、目前安全性以及自伤风险四方面的情况给予心理支持和帮助，使其平稳度过灾后应激期，确保个体安全并为后续心理康复奠定基础。

四、队伍组建原则

根据国家卫生计生委通知，在卫计委的统部署下组建团队，政府主导地位能确保心理危机干预的效果。灾后心理危机干预与救援工作主要负责人的选择由事件发生地政府和卫生计生组织，在心理专家以及民政部门、街道、医院的密切合作下快速有序地展开。由于设立了统一的市级指挥机构，由市、区政府统一负责和协调各个部门之间的关系，避免了角色的混乱和资源的浪费，采取以小组形式进入安置点，每个小组由 1 名核心专家负责，2 名以上心理专家及若干名心理干预人员组成，采取流动和定点两种工作模式。

复 习 思 考 题

1. 心理干预的对象有哪些？为什么要进行心理干预？

2. 如何诊断急性应激障碍（ASD）？

3. 简述创伤后应激障碍（PTSD）的临床表现。

4. 简述心理危机干预程序的六个步骤。

5. 心理急救（PFA）核心行动包括哪八个方面？

6. 对灾后人员进行严重事件集体减压（CISD）时要注意哪些问题？

参 考 文 献

［1］ 吴大明. 美国联邦应急管理规划及其发展趋势（上）［J］. 劳动保护，2018（7）：96-98.

［2］ 吴大明. 美国联邦应急管理规划及其发展趋势（下）［J］. 劳动保护，2018（8）：97-99.

［3］ 黄燕芬，韩鑫彤，杨泽坤，等. 英国防灾减灾救灾体系研究（上）［J］. 中国减灾，2018（21）：58-61.

［4］ 黄燕芬，韩鑫彤，杨泽坤，等. 英国防灾减灾救灾体系研究（上）［J］. 中国减灾，2018（23）：60-61.

［5］ 刘治永，张晓飞，付卉青. 国内外应急救援标准化发展现状与趋势分析［J］. 标准科学，2018（9）：76-80.

［6］ 庞宇. 美日澳应急管理体系现状及特点［J］. 科技管理研究，2012，32（21）：38-41.

［7］ 曹东林，田军章，李观明，等. 日本应急医疗救援体系建设的基本做法和理念［J］. 现代医院，2013，13（3）：137-140.

［8］ 李雪峰. 中国应急管理40年回顾与前瞻［J］. 中国应急管理，2018，（12）：11-16.

［9］ 贺定超. 推进中国特色应急管理法律法规体系建设［J］. 中国应急管理，2018（6）：39-41.

［10］ 杨建华，贺鸿. 电网企业应急管理［M］. 北京：中国电力出版社，2012.

［11］ 刘立文. 灾害现场救援［M］. 北京：中国人民公安大学出版社，群众出版社，2018.

［12］ 胡雪慧，张慧杰. 灾害应急与卫勤演练医疗救援护理手册［M］. 西安：第四军医大学出版社，2015.

［13］ 李宗浩. 紧急医学救援［M］. 北京：人民卫生出版社，2017.

［14］ 李宗浩. 中国灾害救援医学（下卷）［M］. 天津：天津科学技术出版社，2013.

［15］ 何庆，万智. 心脏电除颤发展史［J］. 中华医史杂志，2007（3）：161-164.

［16］ 海云. 异物卡喉应用海氏急救法［J］. 农村新技术，2016（8）：61-62.

［17］ 马荣华，李俊飞. 心肺脑复苏时开放气道的方法［J］. 西藏医药杂志，2012，33（1）：23-25.

［18］ 冯庚. 院前急救时的检伤分类——概述［J］. 中国全科医学，2012，15（2）：231-232.

［19］ 王宏，王海威，陈永鹏，等. 突发公共卫生事件时检伤分类原则的伦理学研究［J］. 中国医学伦理学，2010，23（1）：57-58，118.

［20］ 王丹. 智能检伤分类系统的研究与开发［D］. 北京：中国人民解放军军事医学科学院，2016.

［21］ 王东明，郑静晨，李向晖. 灾害医学救援中的检伤分类［J］. 中国灾害救援学，2014，2（4）：186-190.

［22］ 赵伟. 灾害救援现场的检伤分类方法——评述院外定性与定量法［J］. 中国急救复苏与灾害医学杂志，2007，（2）5：291-294.

［23］ 沈洪，刘中民. 急诊与灾难医学［M］. 2版. 北京：人民卫生出版社，2013.

［24］ 姚元章，丁茂乾. 灾难应急救援转运新策略［J］. 中华卫生应急电子杂志，2016，2（1）：10-13.

［25］ 杨雅娜，罗羽，刘秀娜，等. 重大灾害后大批伤员转运管理中心的研究进展［J］. 护理管理杂志，2009，（9）2：31-33.

［26］ 于来福. 人身触电的预防及急救知识［J］. 农电技术，2015，（6）：46-47.

［27］ 田迎祥. 电力生产现场自救急救［M］. 北京：中国电力出版社，2018.

［28］ 孙玉叶，夏登友. 危险化学品事故应急救援与处置［M］. 北京：化学工业出版社，2008.

[29] 周芬，陈一峰. 挤压伤的院前急救 [J]. 医护论坛，2010，17（33）：164－165.

[30] 刘芳，付平，陶冶，等. 地震灾害后挤压综合征及急性肾功能衰竭救治——汶川地震特稿 [J]. 中国实用内科杂志，2008，28（7）：598－600.

[31] 张斌，刘凤. 挤压综合征的早期识别和处理原则 [J]. 中国全科医学，2008，11（17）：1567－1568.

[32] 何庆，杨旻，姚蓉. 对地震挤压伤患者院前急救的反思与研讨 [J]. 华西医学，2009，24（4）：968－970.

[33] 薛长江，夏玉静，刘嘉瀛. 冷损伤临床研究进展 [J]. 中国职业医学，2015，42（3）：338－340，344.

[34] 陈孝平，汪建平. 外科学 [M]. 8 版. 北京：人民卫生出版社，2013.

[35] 孙妍，刘莉，李青霞，等. 压力固定技术在毒蛇咬伤急救中的应用研究进展 [J]. 实用医院临床杂志，2019，16（1）：246－248.

[36] 赵爱源，赵艳敏，王心，等. 蜱虫侵袭相关疾病的预防与救治 [J]. 武警后勤学院学报，2017，26（7）：637－640.

[37] 陈旭昕，付玉梅. 淹溺的紧急救治原则与方法 [J]. 中国临床医生杂志，2016，44（1）：3－5.

[38] 张婕. 急性一氧化碳中毒的护理 [J]. 中国药物与临床，2019，19（3）：515－516.

[39] 张科军. 危险化学品现场自救急救 [M]. 济南：山东友谊出版社，2012.

[40] 覃仕跃，张远聪，陈静清，等. 急性一氧化碳中毒院前急救 57 例分析 [J]. 华夏医学，2017，30（5）：113－114.

[41] 王月丹. 洪灾过后话防疫 [N]. 人民政协报，2017－07－12（7）.

[42] 秦妍，刘艳，陈娅，等. 浅析有限空间作业事故应急救援对策 [J]. 职业卫生与应急救，2016. 34（1）：63－65，67.

[43] 王辉. 重度急性氯气中毒急救与护理体会 [J]. 临床心身疾病杂志，2015，21（z2）：177－178.

[44] 李小林. 高处坠落伤的院外急救护理体会 [J]. 吉林医学，2014，35（10）：2210－2211.

[45] 李静，杨彦春. 灾后本土化心理干预指南 [M]. 北京：人民卫生出版社，2012.

[46] 茌圆圆，常运立，程祺. 创伤后应激障碍暴露疗法的争议 [J]. 中国医学伦理学，2018，31（2）：174－176.

[47] 刘艺. 论延迟暴露疗法与系统脱敏法的异同 [J]. 牡丹江教育学院学报，2015，（8）：135－136.

[48] 贺庆莉. 从汶川地震反思我国突发灾难事件后的心理援助服务 [J]. 湖南第一师范学报，2009，（3）：143－145.

[49] 邓明昱. 创伤后应激障碍的临床研究新进展（DSM－5 新标准）[J]. 中国健康心理学杂志，2016，24（5）：641－650.

[50] ［美］查理德·格里格，菲利普·津巴多. 心理学与生活 [M]. 王垒，等，译. 北京：人民邮电出版社，2016.

[51] 李小霞，王卫红. 美国灾难心理服务对我国灾后心理重建的启示 [J]. 四川教育学院学报，2009，25（5）：1－3.

[52] 罗增让，郭春涵. 灾难心理健康教育的创新方法——美国《心理急救现场操作指南》的解读与启示 [J]. 医学与哲学，2015，36（17）：58－60，70.

[53] 苏彬，刘燕，王火，等. 救援医学中心肺脑复苏术的应用 [J]. 武警医学院学报，2010，19（6）：498－499.

[54] 国家能源局. 电力行业紧急救护技术规范：DL/T 692—2018 [S]. 北京：中国电力出版社，2019.

[55] 国家安全生产应急救援指挥中心. 危险化学品应急救援 [M]. 北京：煤炭工业出版社，2008.

[56] 岳茂兴. 灾害事故现场急救 [M]. 2 版. 北京：化学工业出版社，2018.